快慢之间有中读

宋

风雅美学的十个侧面

三联书店

总　　序

李鸿谷

杂志的极限何在?

这不是有标准答案的问题，而是杂志需要不断拓展的边界。

中国媒体快速发展二十余年之后，网络尤其智能手机的出现与普及，使得媒体有了新旧之别，也有了转型与融合。这个时候，传统媒体《三联生活周刊》需要检视自己的核心竞争力，同时还要研究如何持续。

这本杂志的极限，其实也是“他”的日常，是记者完成了 90 % 以上的内容生产。这有多不易，我们的同行，现在与未来，都可各自掂量。

这些日益成熟的创造力，下一个有待突破的边界在哪里?

新的方向，在两个方面展开 :

其一，作为杂志，能够对自己所处的时代提出什么样的真问题。

有文化属性与思想含量的杂志，重要的价值，是“他”的时代感与问题意识。在此导向之下，记者以他们各自寻找的答案，创造出一篇一篇文章，刊发于杂志。

其二，设立什么样的标准，来选择记者创造的内容。

杂志刊发，是一个结果，这个过程的指向,《三联生活周刊》期待那些被生产出来的内容，能够称为知识。以此而论，在杂志上发表不是终点，这些文章，能否发展成一本一本的书籍，才是检验。新的极限在此！挑战在此！

书籍才是杂志记者内容生产的归属，源自《三联生活周刊》一次自我发现。2005年，周刊的抗战胜利系列封面报道获得广泛关注，我们发现，《三联生活周刊》所擅不是速度，而是深度。这本杂志的基因是学术与出版，而非传媒。速度与深度，是两条不同的赛道，深度追求，最终必将导向知识的生产。当然，这不是一个自发的结果，而是意识与使命的自我建构，以及持之以恒的努力。

生产知识，对于一本有着学术基因，同时内容主要由自己记者创造的杂志来说，似乎自然。我们需要的，是建立一套有效率的杂志内容选择、编辑的出版转换系统。但是，新媒体来临，杂志正在发生的蜕变与升级，能够持续，并匹配这个新时代吗？

我们的"中读"APP，选择在内容升级的轨道上，研发出第一款音频产品——"我们为什么爱宋朝"。这是一条由杂志封面故事、图书、音频节目，再结集成书、视频的系列产品链，也是一条艰难的创新道路，所幸，我们走通了。此后，我们的音频课，基本遵循音频－图书联合产品的生产之道。很显然，所谓新媒体，不会也不应当拒绝升级的内容。由此，杂志自身的发展与演化，自然而协调地延伸至新媒体产品生产。这一过程结出的果实，便是我们的"三联生活周刊"与"中读"文丛。

杂志还有"中读"的内容，变成了一本一本图书，它们是否就等同创造了知识？

这需要时间，以及更多的人来验证，答案在未来……

目　录

没有一个朝代，

比宋朝更懂生活、更懂美。

正如陈寅恪先生所言：

「华夏民族之文化，历数千载之演进，

造极于赵宋之世。」

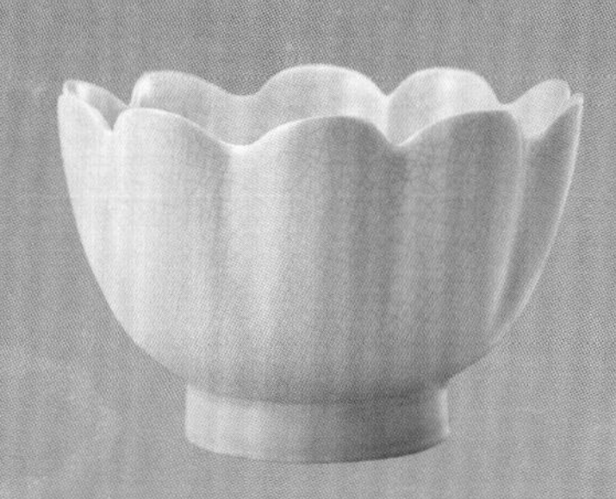

朱红 / 宋真宗坐像 局部

第一讲

宋朝的再认识

邓小南
——北京大学历史学系教授
人文社会科学研究院院长

中国古代的帝制大致延续了两千年，宋代处于这个漫长历史时期的中段。宋代前期的统治中心在北方的开封，因此被称为北宋；北宋灭亡后，王朝的统治中心南移至杭州，史称南宋。两宋自公元960年至1279年，大约320年的时间。

纵观中国历史，可能没有另外一个朝代，像宋代这样面临着两极的认识。一方面，我们看到宋代在经济、文化等领域的辉煌成就；另一方面，也能深切感受到它面对周边民族政权挤压的无奈，以及末日来临时的苍凉。我们就从赵宋王朝的立国形势讲起。

1 宋朝的立国形势

天下大势分南北

赵宋一朝，我想基本上可以用“生于忧患，长于忧患”这八个字简单概括。

20世纪中期，针对赵宋王朝的整体国力，学界一直有“积贫积弱”的批评，钱穆先生《国史大纲》就痛感宋代是“积贫难疗”“积弱不振”，后来许多教科书也沿用这种说法。这样的概括在一定程度上反映出宋代“生于忧患，长于忧患”的历史特征。

宋代历史上，确实存在“积贫”“积弱”的情形。在宋人的说法中，“积贫”通常是自民生角度着眼而非自国家财政用度出发；“积弱”则是指对外较量中本朝国势疲弱不振。二者所指，并非同一层面的问题；对于相关现象的强调与批评，则体现出问题的持续存在和时人的忧患意识。

宋代所处的历史时期，始终面临着非常严峻的外部压力。赵宋不是严格意义上的统一王朝，用宋人的话来说，“天下大势分为南北”，事实上是中国历史上又一个“南北朝”时期，北方一直有契丹、党项、女真、蒙古等民族政权与之并存。宋朝的疆域，是中国各主要王朝里面积最为狭小的；到南宋的时候，以淮河—大散关一线作为宋金之间的边界，更是偏安一隅。

10—13世纪，是中国历史上北方民族活跃的又一个重要阶段。在这一历史时期中，相对于宋朝来说，契丹民族建立的辽、党项民族建立的夏、女真民族建立的金，都不再是周边附属性的民族政权，而已经成长为在政治、军事、经济诸方面都能够与赵宋长期抗衡的少数民族王朝。

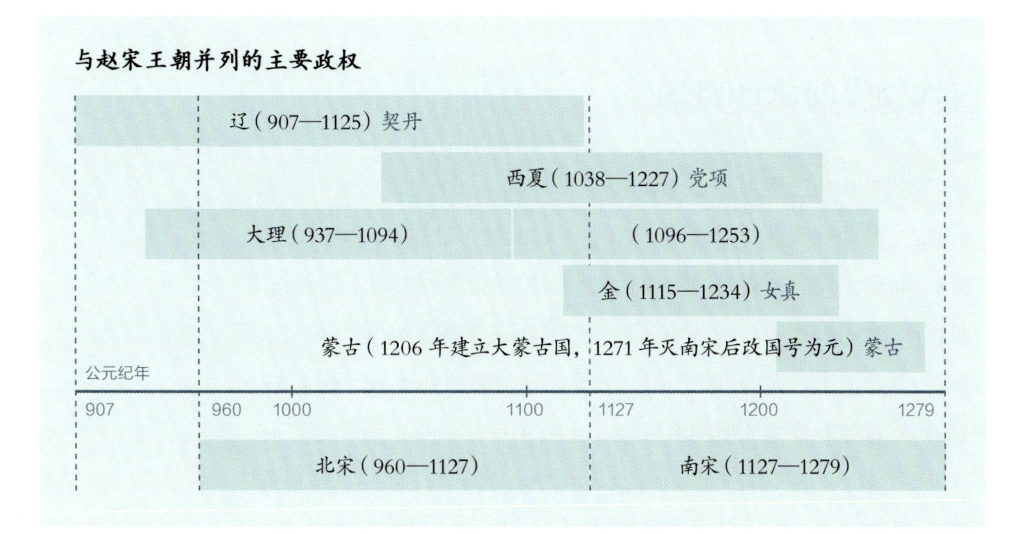

中原王朝的核心地位和领头作用，不再体现为统一大业的领导权，而是表现在政治制度、社会经济和思想文化的深远影响上。如果我们把10—13 世纪的南北对峙放在亚欧大陆的视域中观察，便会看到相当不同的情景：中原王朝视为边缘的地区，在亚欧大陆上其实是处于中间地带、衔接部，多民族在这里交汇混居。契丹、女真、蒙古这些北方民族，恰恰是当时连接南北大陆带、驰骋于东西交通道的核心力量。这样的外部环境，给宋代的历史带来了沉重的压力和刺激，也带来了深刻的影响。

宋 海船纹青铜镜

中国国家博物馆藏宋代海外贸易繁盛，传统的对外贸易路线从陆上转移至海上。当时的造船技术日趋成熟，加之指南针在航海上的应用，为远洋贸易提供了技术保障

正是在这样的整体格局之下，自中唐以后，中原地区对外贸易交流的重点地带逐渐转向东南沿海，出现了我们经常讲到的“海上丝绸之路”。实际上，从考古发现中，我们清楚地看到，“海上丝绸之路”主要的贸易产品已经不再是丝绸，而是大量的瓷器，也有一些金银器、铁器乃至书籍等等。前些年从广东阳江海域出土的“南海一号”，正是这方面的一个范例。

内忧外患的总体格局

宋代的历史呈现着许多看似矛盾的现象，从这个角度来看，也可以说这一时期有非常开阔的研究空间。我们既看到两宋三百年在经济、文化、制度建设方面有辉煌的成就，也痛切地感觉到王朝末日的苍凉。在这样一个时代里，一方面有宋徽宗这样酷爱艺术的帝王，对“太平盛世”刻意追求、大肆渲染；另一方面，这个时期并不是三百年太平，而是始终伴随着外部环境的挑战。

宋代军事力量的不振，历来受到诟病。有学者指出：“纵观两宋与辽、西夏、金、蒙元战争的重要战役，若以进攻和防守这两种战争基本形式和双方进行战争的目的来衡量，宋的军事失败基本上都发生在宋发动的进攻战役方面，而宋在境内抵抗来自辽、西夏、金、蒙古进攻的防御战，则多能取得不俗的战绩。”“宋代整个战略架构中最脆弱、最经不起考验的，就是从和平突然转取攻略这一个环节。”这种军事上的被动情形，与宋太宗以来“守内虚外”“强干弱枝”的基本国策密切相关：重点防范内部变乱，而对外消极防御。

与此相关，两宋时期的文武关系，尤其是“重文轻武”政策，成为被关注的话题。对于这一问题，应该放在具体的历史情境下来认识。所谓“武”，范畴不宜笼统混沌，若能分别自武略、武力、武人等层面予以观察，我们的感觉会十分不同。大家知道，面临强大的北方政权，宋人清楚“今日之势，国依兵而立”，宋朝要立国则无法轻忽武力；宋太祖、宋太宗对于禁军统帅的提防限制，不是“轻武”的表现，而是鉴于五代教训，清楚军事将领对于政权的利害，他们管理军队的心思主要用于防范兵变。

长期以来，宋廷对于武将既有笼络、利用、联姻、待遇丰厚的一面，又有深入骨髓的猜忌。朝廷的任人取向，可以说是崇文抑武。这一政策不仅对朝政也对民间产生了重要影响，甚至形成了“重文轻武”的社会风尚。宋代的民众、士人以及征战于疆场的军队将士，用他们

五代 胡瓌 出猎图局部 台北故宫博物院藏

的脊梁撑起了这样一个时代。这些英雄人物，也有他们的精神寄托与生活情趣。以岳飞的《满江红》“怒发冲冠”和韩世忠的《临江仙》“冬看山林萧疏净”为例，我们可以清楚地感受到，他们既有征战中壮怀激烈的慷慨悲壮，也有承平时往事如烟的慨叹与闲情。在这个时期，方方面面都呈现出多重而复杂的生活情境。

说宋代“生于忧患，长于忧患”，并不仅仅是从战争和政权对峙的角度看。从黄河流域的气温变化曲线中，我们会注意到，北宋、南宋之交正处于气温的明显低谷期。古代中国以农业立国，国家一定程度上仰仗农业税收，如果黄河流域无霜期急剧缩短，农业收成减产，这对于朝廷的财政命脉势必产生不利的影响；另一方面，长期活动于北方草原的游牧民族逐水草而居，当传统上生活的地带持续寒冷、干旱时，他们便会往更加温暖的地方迁移，这种民族大迁徙会导致游牧民族与农耕民族之间的摩擦、冲突甚至战争。在冷兵器时代，游牧民

宋代黄河流域的自然条件

自唐中期以后，关中平原、河洛地区经战乱逐渐衰落，汴州及其周边的两淮地区凭借便利的水陆交通成为当时最为富饶之地。但两宋之交正处于中国历代气温的明显低谷期，对以农业立国的政权来说势必产生不利影响。此外，唐末五代黄河频繁决口，北宋仁宗、神宗、哲宗朝数次人为更改黄河河道，导致旧有漕运系统遭到破坏，山东、河北、苏北大片沃野沦为黄泛区，为日后经济民生埋下祸患。

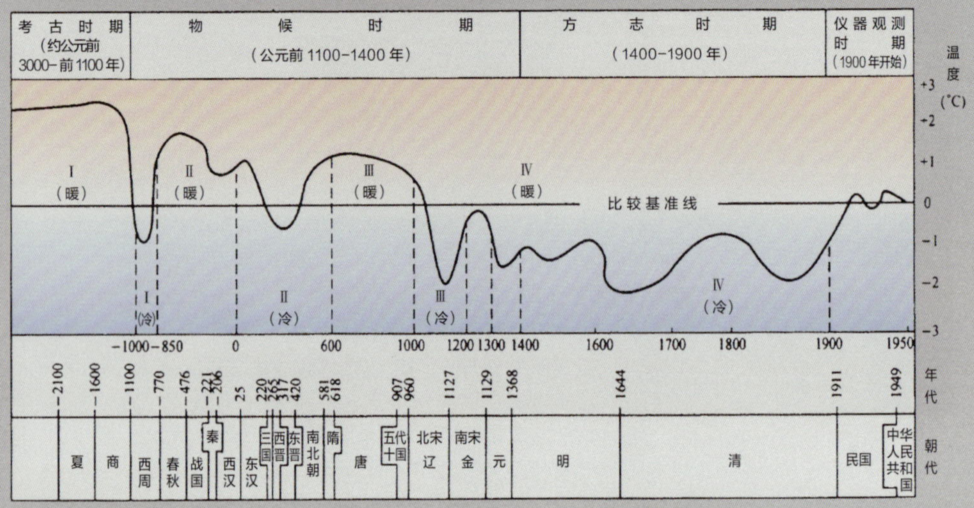

中国近5000年的气温变化曲线图（据竺可桢《中国近五千年来气候变迁的初步研究》改绘）

黄泛区示意图

族的骑兵战斗力非常强，对中原王朝会构成严重的威胁。这是“天时”的一面。

再来看“地利”的一面。东汉以后黄河曾经长期相对安澜，到唐代百姓安居乐业，大规模农田开垦导致了严重的水土流失。唐末五代黄河频繁决口，宋代接续了这样一种局面。北宋时黄河向北摆动曾经夺海河口入海；两宋之交由于人为因素，黄河曾夺淮河口入海。这两者之间的广阔区域曾经沦为黄泛区，农业主产区深受其害。

在“天时、地利”不利的情况下，宋代的经济仍然有长足的进步。英国历史学家伊懋可（Mark Elvin）认为，在中国中古的这段时期，发生了“经济革命”。国内很多学者也有类似的论述，比如从传统农业的发展来说，这个时期有所谓的“绿色革命”；从面向大众的商业网络的形成来看，有“商业革命”；从世界上最早的纸币，也就是“交子”的出现来看，出现了“货币革命”；另外从城市形态、都市面貌的改变来看，又有“城市革命”；从印刷术的盛行，促进知识的传播来看，这个时期发生了“信息革命”；与此相关的，还有所谓火药、指南针技术完善带来的“科技革命”。我个人以为，称“革命”并不合适，这些发展，都不是颠覆性的变化，而是长期积累基础上的演进，但这一时期确实发生了经济、文化方面的突出进步。

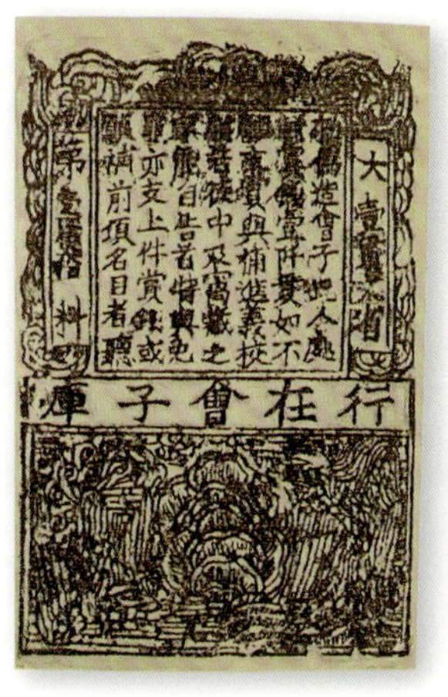

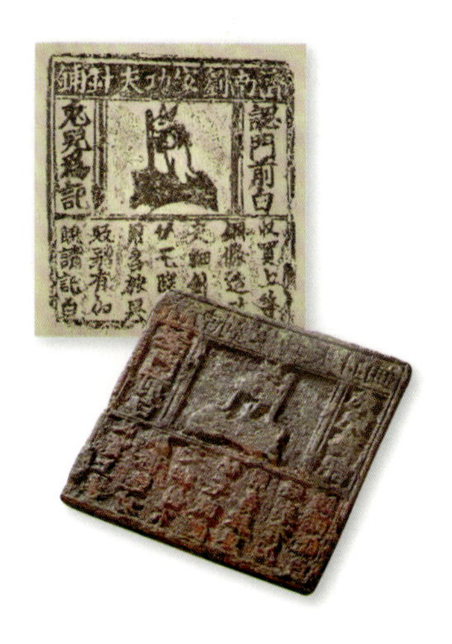

1 2

1 南宋“行在会子库”青铜版 中国国家博物馆藏 这是一张严禁伪造纸币的告示

2 “济南刘家功夫针铺”广告青铜版 中国国家博物馆藏 这是已知现存最早的商标广告

“立纪纲”与“召和气”

宋代不是中国历史上国势最为强盛的时期，却是文明发展的昌盛时期。就疆域的广度而言，宋代所完成的，与前代相较，并不是真正意义上的统一；而其对内统治所达到的纵深层面、控制力度，却是前朝所难比拟的。自宋代以来，中国历史上再也没有出现严重的分裂割据局面。这与宋代注重防范弊端的“祖宗之法”有着直接的关系。

宋代政治局面崇尚平稳、注重微调，“稳定至上”是朝廷政治的核心目标。研究者普遍认为，宋代朝政“称得上是中国历代王朝中最为开明的”，对于民间文化、经济事业、社会生活等方面，宋廷未予过多干预。“立纪纲”与“召和气”，是赵宋统治政策与措置的关键两轴。“纪纲”（或曰“纲纪”）其实就是法制、法规，就是制度；所谓“和气”，在宋人心目中，是一种交感于天地阴阳之间、自然运行的和谐雍睦之气。这两轴的交互作用，构成了当时的政治基调。

我们试以科举（贡举）制度为例，看看宋代的“立纪纲”与“召和气”相辅而行的具体做法。科举出现于隋代，唐朝已经相对成熟；宋代考试制度的操作更加严密，面对的群体则更为开放。当时发展出弥封（糊名）、誊录等技术操作办法。弥封是把举子考卷上填写的姓名、籍贯等糊封起来，阅卷完成、决定录取名次之后，才能拆封，查对姓名、公布成绩，借以杜绝考官营私舞弊。后来更进而将考生的试卷另行誊录，考官阅卷时只看副本；为避免誊录有误，还要找一些人专门去核对。糊名、誊录，无疑是制

宋徽宗 瑞鹤图 局部 辽宁省博物馆藏

北宋政和二年上元之次夕（即公元 1112 年正月十六日），都城汴京上空忽然云气飘浮，群鹤飞鸣于宫殿上空，久久盘旋不去，徽宗认为是国运兴盛之预兆，于是欣然命笔，将目睹情景绘于绢素之上，并题诗一首以纪其实。

度严密化的具体体现，让我们看到当时不惜工本的做法；另外，制度设计如此严密，是以一定程度的公正为目标的。这种做法，使得科举制度相对公平，使出身于庶民的青年学子有更多的晋升机会。宋人曾经说："唯有糊名公道在，孤寒宜向此中求。"也就是说，出自相对贫寒、没有家世背景的人，应该争取走科举考试这条路，求得升进的机会。

"糊名"等做法，是否能够带来"公道"呢？关于糊名，有个北宋中期的事例：元祐三年（1088）苏轼被任命为科举主考官。这一年，"苏门六君子"中的李廌正好参加科举考试。因为行文风格彼此熟悉，大家都觉得苏轼有把握从众考生中选出李廌的文章。但到考官判完卷子，拆号张榜，李廌却榜上无名。这使苏轼和同为考官的黄庭坚等人都感到非常遗憾，怅然赋诗为他送行。制度的严密，使得主考官员即使有心照顾，也难以操作。

正是因为制度走向严密化，科举才能成功地向更多人开放。欧阳修称宋代的科举制度"无情如造化，至公如权衡"。这一说法可能评价过高，但从中可以看出当时人们期待科举考试如同权衡，不顾私情、至公至正。在理想状态下，以建立"纪纲"迎召"和气"的精神，渗透于制度流程之中；而制度的执守，则成为"召和气"的保证。北宋前中期，一些"寒俊"士人，正是在这种背景下得以崛起于政治舞台，显示出敢当天下事的气概。

宋代在中国古代历史中的地位

对于宋代在中国古代历史长河中的位置，近代以来的一些国学大师有过明确的评价。

20世纪初期，启蒙主义思想家严复先生曾经说：

> 古人好读前四史（《史记》《汉书》《后汉书》《三国志》），亦以其文字耳。若研究人心、政俗之变，则赵宋一代历史最宜究心。

中国所以成为今日现象者，为善为恶姑不具论，而为宋人之所造就，什八九可断言也。

著名史学家陈寅恪先生勾勒了华夏文化的发展脉络，他说：

华夏民族之文化，历数千载之演进，造极于赵宋之世。后渐衰微，终必复振。

国学大家钱穆先生比较了各个历史阶段的社会变迁，指出：

论中国古今社会之变，最要在宋代。宋以前，大体可称为古代中国；宋以后，乃为后代中国。就宋代而言之，政治经济、社会人生，较之前代莫不有变。

几位先生的说法，尽管角度不同，都关注这一时代的变迁，包括人心、政俗之变，文化盛衰之变，以及古今社会之变。这也提醒我们注意这一时期的时代特色，注意长期演进过程中发生的变迁。

进入21世纪以来，海外中国学有长足的发展，欧美和日本学界都出版了一些有关宋代的研究著作和普及性历史读物。例如“剑桥中国史系列”第五卷《宋朝》中，研究者强调宋代在政治文化领域是一个走向近代的起步时期。日本讲谈社“中国的历史”系列中，宋朝的部分由小岛毅先生撰写，题目为《中国思想与宗教的奔流》。“哈佛中国史”系列中的《儒家统治的时代：宋的转型》一书，作者是德国维尔茨堡大学的迪特·库恩（Dieter Kuhn）教授，他认为宋的“转型”中最重要的关注点是“儒家统治的时代”。尽管这些著述内容的覆盖面比较宽，可以称作“复调”的写法，但是对宋朝的论述相对集中在思想文化方面。

总体上看，宋代处于中国历史上重要的转型期，面临着来自内部与周边的诸多新问题、新挑战，不是古代史上国势强劲的时期；但在两宋三百年中，我国经济、文化的发展，居于世界前列，是当时最为先进、最为文明的国家之一。宋代在物质文明、精神文明方面的突出成就，在制度方面的独到建树，对于人类文明发展的贡献与牵动，使其无愧为历史上文明昌盛的辉煌阶段。

2 宋代的文化风气

平民化、世俗化、人文化

从唐代到宋代，一方面社会形态、文化学术方面有非常清晰的延续性，另一方面当然也有走势上的明显不同。葛兆光在《道教与中国文化》一书中曾说，唐文化是“古典文化的巅峰”，而宋文化则是“近代文化的滥觞”。这两者间的区别，如果用一种较为简单的方式来概括，就是出现了“平民化、世俗化、人文化”的趋势。所谓的“化”,不是一种“完成时”，而是一种“进行时”，是指一种趋势，这在很大程度上塑造了宋代社会、宋代文化的特点。

所谓平民化，是指普通民众具有比以前更多的生存发展机遇，受到社会更多关注。在这一历史时期中，不同于东汉、魏晋南北朝至唐代初年的情形，人们的身份背景相对淡化，贵族制、门阀制的政治生态基本不复存在。有些前辈学者认为唐代是贵族社会，宋代是平民社会，我更倾向于用“走向平民化”这一表述。世俗化，主要是指关注俗世生活的取向。民间信仰兴起，佛教经历了“中土化”过程，佛教、道教等传统宗教逐渐适应现实社会需求，教义世俗化。人文化，则是指更加关心“人”自身的价值,社会价值取向相对理性,关注人的教养与成长。

庶族士人的成长

这些发展趋势体现在许多方面。首先从士人阶层的成长来看，前面已经讲过，宋代选拔官员的科举制度比唐代更加公正开放，给予许多出身平民的“寒俊之士”崛起的机会。像宋太宗时做过宰相的吕蒙正，年轻时候曾经在洛阳龙门利涉院读书，天气炎热想要买瓜，却囊中羞涩，掏不出几文钱，只能捡食卖瓜人无意遗落的瓜。后来他科举考试高中状元，做宰相后，就在原本拾瓜的地方买了一片地，修建一座亭子，匾额“饐瓜亭”，以示不忘当年的贫贱，也以此激励清寒的后学。范仲淹幼年丧父、母亲改嫁，他青年时代也曾经在寺院中靠吃粥和咸菜度日，被称为“断齑画粥”，后来也考中进士，担任参知政事（副宰相），推动了庆历新政。

科举制度在一定程度上导致了社会阶层之间的流动，新的社会秩序也随之建立。居官者得不到世代相承的保障；而缺乏家世背景的庶民，其资质与能力在社会上得到了更多的承认，竞争中脱颖而出者得以进入仕途，文官队伍的整体素质与结构有所改善。范仲淹《岳阳楼记》说：“不以物喜，不以己悲；居庙堂之高则忧其民；处江湖之远则忧其君。是进亦忧，退亦忧。然则何时而乐耶？其必曰‘先天下之忧而忧，后天下之乐而乐’乎”。王安石在《上仁宗皇帝言事书》中批评当朝“内则不能无以社稷为忧，外则不能无惧于夷狄，天下之财力日以困穷，而风俗日以衰坏”。张浚警示说：“臣诚过虑，以为自此数年之后，民力益竭，财用益乏，士卒益老，人心益离，忠臣烈将沦亡殆尽，内忧外患相仍而起，陛下将何以为策？”如此等等，不仅是由于他们个人道德情操所致，还因为在这些士人心中，“天下”者，是中国的天下，群臣的天下，万姓的天下，而不是皇帝个人的天下。对于这一“天下”，士人们都有一份深切的关怀和发自内心的责任感。而大量的科举落第者，事实上也承担着文化启蒙、普及的责任。

与前朝才俊相比，两宋士人在文章、经术、政事等各方面能力更加全面。唐太宗时的房玄龄、杜如晦，唐玄宗时的姚崇、宋璟，这些人是出色的政治家，却少有著述流传于世；而才华横溢的李白、杜甫，则没有机会登上政治舞台。宋朝则与此不同，范仲淹、欧阳修、司马光、王安石和苏轼等人才华横溢，同时也都曾在政界施展身手。当时士大夫不仅把自己当作文化主体和道德主体，还自觉地把自己视为政治主体，以天下为己任。

北宋 司马光《资治通鉴》手稿 中国国家图书馆藏

北宋士人对“家国”“天下”抱有强烈的责任感，即便政治上失意也不放弃自己的治国理念，对于学统、道统仍然有所坚持。司马光历时十九年编纂完成我国第一部编年体通史，神宗皇帝以其书“鉴于往事，有资于治道”，赐书名《资治通鉴》，其意义所及，不只在于政治、军事、国家财政，更在于“理想秩序”的建立

城市空间与市民阶层的兴起

比较一下唐宋两代的都城，我们会直观地感受到两类都市格局所呈现的不同气象与景观环境。唐代长安城是在隋代大兴城的基础上建立的，是通盘设计的结果，格局对称，坊市方正，井井有条，尊卑秩序非常严格。参与长安考古发掘的齐东方老师说，唐长安城像是半军事化管理的。宋代开封城则非常不一样，长巷街市，官府、民居混杂，是相对开敞的氛围。南宋的“行在”临安也是如此。描绘宋代都城繁华景象的笔记之类文学作品有很多，也有存世的著名画卷，比如描写北宋后期东京开封都市风貌的《清明上河图》，大家都非常熟悉。而对于南宋都城临安，当时的笔记如《梦粱录》《武林旧事》《西湖老人繁胜录》等等，都叙述了杭城内外的市井繁华景象。

城市中有许多商贾、手工业者、官宦人家，为了管理这些常住居民，宋朝第一次把“坊郭户”设立为法定户籍，历史上出现了城市户口。原先严格的士农工商身份划分流动频繁，“贫者富而贵者贱，皆交相为盛衰矣”。以“重商”为核心的市民思潮逐渐兴起。两宋商业繁荣，城市的出现打破了前代市场交易的时空局限，便携的纸币成为市场所需，先后发行过钱引、会子、关子等纸币。随着私营工商业的发展，同行间的竞争日益激烈。商业广告和标识的广泛应用，标志着社会经济发展进入了新的阶段。

我们知道，唐代的都市文化很大程度上还是集中在宫廷和寺院的，许多公共文化活动是以寺院为中心举行。宋代则有各类展示在十字街头的文化活动，世俗的文化、市井的文化在这个时期开始大放异彩。包括通衢路畔说书的、饮茶的、杂耍的，生动活泼。茶楼酒肆、巷陌街坊，都成为士人呼朋唤友往来的空间、交游的场所。在《清明上河图》中看到的、《东京梦华录》里读到的，都会让我们注意到，城市里面有很多士人、民众热络交往、相互会聚的公共空间。

1
2 3

1 唐 长安城平面图
2 北宋 东京汴梁城平面图
3 南宋 临安城平面图

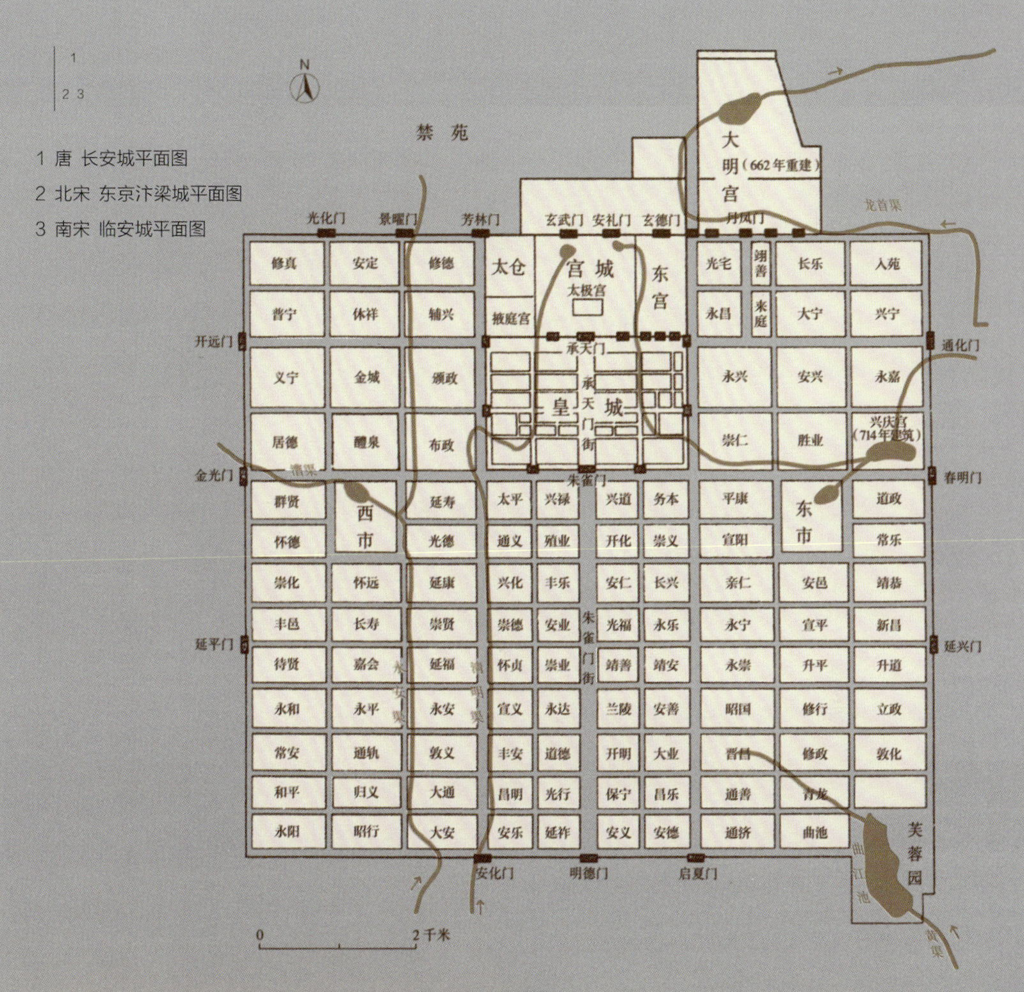

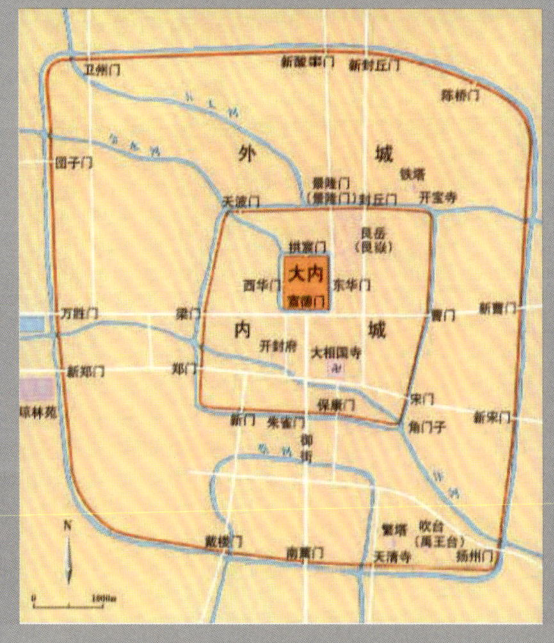

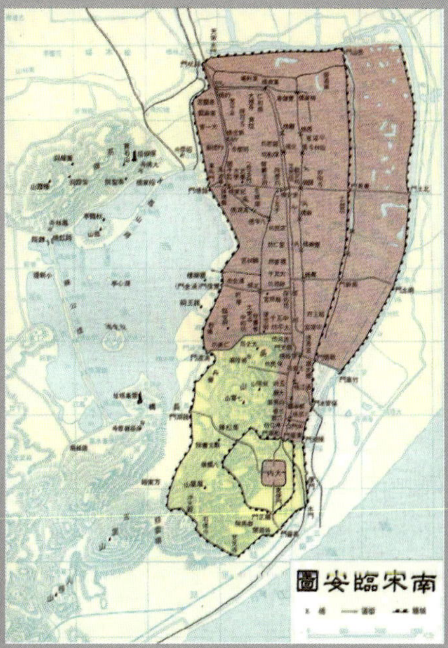

宋 李嵩 货郎图 故宫博物院藏

以南宋李嵩《货郎图》为代表的风俗画作品，表现挑满玩具百货杂物的货郎受到乡村孩子、母亲的欢迎，富于浓郁的生活气息，可谓宋代物质文化的一个小小缩影。对照《武林旧事》《梦粱录》等文献著录，能够窥见宋代历史人物的容貌神态及社会风貌，为研究当时的社会文化风俗提供了重要依据，是宋代城镇集市贸易和商品交换繁荣的象征。

货郎

《货郎图》中人物形象主要由货郎、妇女以及孩童构成。货郎占据画面的中心位置，是作品的焦点。他头上插满吸引人的物件，手持拨浪鼓，通过声响的不同节奏来吸引路人的注意。文献记载，货郎走街串巷，通过洪亮的叫声喊出自己所售商品的货名，让人一听就知道卖什么东西，更有编成曲调唱出的货郎调，如《水浒传》第74回中，装扮成货郎形象的燕青便被要求唱出货郎调："你既然装作货郎担儿，你且唱个山东货郎转调歌与我众人听。"民众以此为乐。

货物

货郎担中的商品琳琅满目，铜铁器、茶酒器、家具、菜蔬、糕点、鲜花、糖果、玩具、零食等等共近三百种，不只描绘出一些日常生活必需品，也有大量的奢侈品与儿童玩具。

1 广而告之的招幌：实物招幌、特定标志象征性招幌（如眼睛）、文字招幌。

2 "酸醋"：《货郎图》在货郎架顶端显眼的位置悬挂着醋葫芦，且标注"酸醋"二字，醋不仅是调味品也是制酒的材料之一，在文献中有记载做醋的各种方法，醋具有消渴、解毒的功效，所以其需求在酒之上。其葫芦形制的容器，在读音上与"福"字相近，且在道教的象征意义上具有辟邪的功用，这些关于葫芦的象征意义多是在宋时期开始流行。

3 “山东黄米酒”将特产与地名明确传达出来，然而当时山东地区属于金的控制范围，且一直是两朝相互争夺的前线，并没有频繁的贸易往来。它或许是作者给观者的某种暗示。

吃包子的小孩

包子在宋代非常受欢迎，有两个非常吉利富贵的别称:“玉柱”和“灌浆”，被视为宴客甚至是欢庆节日的庆贺食品。《梦粱录》中曾记载各种蒸作面行所贩买的包子样式，各具特色。

4 宋代流行点茶，货担中可见全套的宋代点茶器皿：壶、盏、碟、竹筅。

文学重心的下移

两宋时期，文学重心逐渐下移，成为文化史上引人注目的现象。所谓“文学重心下移”，主要是指文学体裁从诗文扩展到词、曲、小说，与市井有了更为密切的关系；创作主体从士族文人扩大到庶族文人，进而扩大到市井文人；文学的接受者扩大到市民以及更广泛的社会大众。当时，在都市的街头巷尾，活跃着一些讲史、说书的艺人，他们不仅是故事情节的传播者，也是文学作品的丰富者、参与创造者。而生活在市井中的普通民众，也成为文学艺术的直接欣赏者和接受者。随着都市经济的发展，市民阶层兴起，世俗文化大放异彩，在道路通衢、瓦子勾栏，有说书的、杂耍的、讲史的，也有街头的饮茶活动，这些都是市民文化勃兴的重要标志。

晚唐五代，词作开始从青楼楚馆走出来，到宋代已经蔚为大观。以北宋词作家柳永的《八声甘州》和《定风波》为例，前者“对潇潇暮雨洒江天，一番洗清秋”，抒写了作者漂泊江湖的愁思和仕途失意的悲慨；后者“自春来、惨绿愁红，芳心是事可可”则体现了民间女子的生活追求与内心情事。由此我们看到宋代词作家“清雅”与“俚俗”并存的审美风尚。

唐代的李白与宋代的苏轼，都是一流的文豪，李白的《望庐山瀑布》、苏轼的《题西林壁》，都是歌咏庐山的名作。两相比对，我们会感觉到，二者诗作风格与追求的不同，正像钱锺书先生所说，唐人注重山川气象、丰神情韵，宋人则追求人文意象、筋骨思理。

1 | 2

1 宋“丁都塞”戏曲砖雕 中国国家博物馆藏

2 宋 杂剧（打花鼓）图页 故宫博物院藏

在宋人心目中，通常认为诗适合严肃庄重的题材，词宜于表达妩媚细腻的情感。以著名女词人李清照为例，她生活在两宋之交，生活从安逸到颠沛流离，对当时的社会状态有着深切的感受，凡慷慨悲怆的心绪，往往用诗来表现，而幽约委婉的情调，则会用词来阐发。她的诗《乌江》与词《声声慢》，内容主题不同，体裁选择也就不同。不过宋词也不仅仅有婉约清新的风格，苏轼、辛弃疾等人都有许多豪放洒脱的词作，烘托出宋词的绚烂大观。曾经有个小故事，说：

> 东坡在玉堂，有幕士善讴，因问："我词比柳词何如？"对曰："柳郎中词，只好十七八女孩儿，执红牙拍板，唱'杨柳岸，晓风残月'；学士词须关西大汉，执铁板，唱'大江东去'。"公为之绝倒。

宋学的兴起

谈到宋代文化风气的演化，离不开对于宋学和儒学的认识。在我的理解中，“宋学”“新儒学”“理学”和“道学”这四个概念的内涵是渐次收窄的。也就是说，宋代所有学术成就都包括在宋学之内；新儒学是宋学的主流，重点在于对先秦两汉儒学经典的重新解释阐发；新儒学中最具代表性的派别是理学；道学主要是指二程兄弟和朱熹这一派系，是理学的主流派。

新儒家在当时所代表的，是一种新的思想、新的文化。所谓“新”，主要是指对于儒学经典的新阐发，体现出对于“理”“道”的深切追求。我们现在说到理学或者道学时，会觉得是对人们思想的一种束缚，但是在宋代，它是一种思想创新，是思想解放的结果。当时这些新儒家的代表人物，把“理”作为根本性的追求，将其置于超越性的地位之上。

对于“理”，朱熹有一种解释，他说：“天下之物，则必各有所以然之故与其所当然之则，所谓‘理’也。”他的意思是说，万事万物的状态及其运行，都有其内在的原因，都贯穿着根本性的规律、法则；这样一种根本性的规律和法则，是运行于天地之间、人世之间、万事万物之间的，是贯通性、渗透性的。值得注意的是，宋代的学者并非将学问束之高阁，他们也是政治的实践者。理学家们把他们“正心诚意”的认识与追求，或者说这样一种境界、一种原则，贯穿到他们的治学，也贯穿到他们的从政方式里面。

如余英时先生所说，事实上，“政”与“学”兼收并蓄，不仅朱熹为然，两宋士大夫几乎无不如是。政治文化是一个富于弹性的概念，既包括了政治，也涵盖了学术，更点出了二者之间不可分割的联系。不但如此，这一概念有超个人的含义，可以笼罩士大夫群体所体现的时代风格。

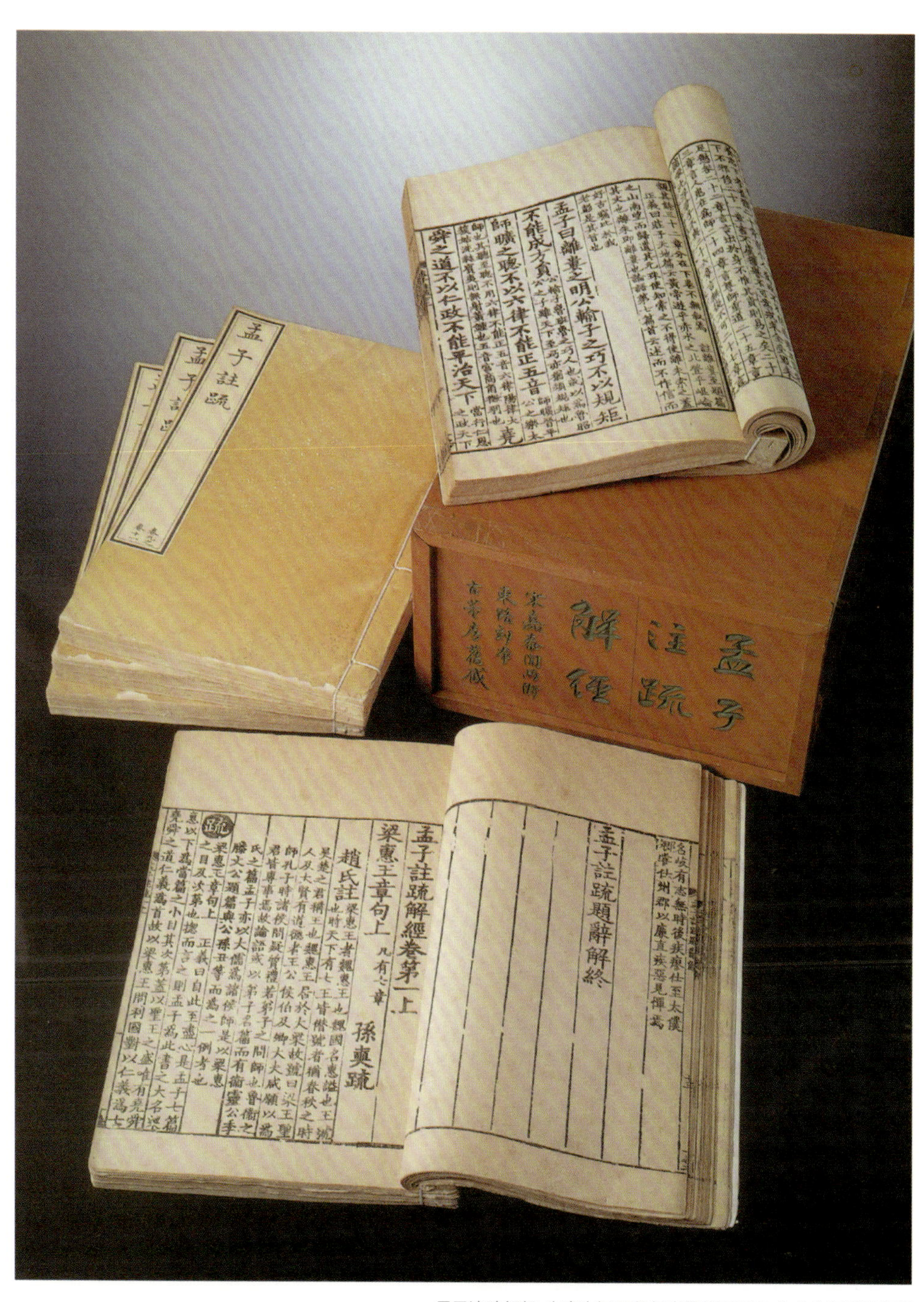

孟子注疏解经 宋嘉泰间两浙东路茶盐司刊本 台北故宫博物院藏

士人的交游活动

文化知识、文学作品的普及需要依托于特定的技术手段，像雕版印刷的发展，就成为重要的条件之一。当时不仅是国子监和地方官学，私人的家馆、私塾，以及社会上的书铺，都可能刻板印书。宋人如邢昺、苏轼，都曾经提到印刷术对于知识传播的帮助，说“今板本大备，士庶家皆有之，斯乃儒者逢辰之幸也”。南宋史学家王称《东都事略》的绍熙刻本，目录后有牌记标明：“眉山程舍人宅刊行，已申上司不许覆版。”可见当时已经有了“版权保护”的明确意识。

通过读书、科举、仕宦、创作、教学、游赏等活动，宋代的文人士大夫结成了多种类型、不同层次的交游圈，这是当时重要的人际网络。

当时这些士人的交游活动非常兴盛。像真率会、耆英会、九老会、同乡会、同年会等各种各样的聚会形式，层出不穷。有时“耆老者六七人，相与会于城中之名园古寺，且为之约：果实不过五物，肴膳不过五品，酒则无算。以俭则易供，简则易继也。命之曰‘真率会’”。都市中的茶楼、酒肆，成为文人交往、“期朋约友”的场所。《梦粱录》的相关记录就提到：“汴京熟食店张挂名画，所以勾引观者，流连食客。今杭城茶肆亦如之，插四时花，挂名人画，装点店面。……皆士大夫期朋约友会聚之处。巷陌街坊，自有提茶瓶沿门点茶者。”

不仅在这些城市公共空间里，我们看到一些私人的花园、亭馆也成了士人交游访友的去处。像洛阳的花圃、苏州的园林，不少名人宅邸也有频繁的交往活动，苏州城内的中隐堂、昆山附近的乐庵、松江之滨的臞庵，都是这样的地方。史称“臞庵，在松江之滨。邑人王份有超俗趣，营此以居。围江湖以入圃，故多柳塘花屿，景物秀野，名闻四方。一时名胜喜游之，皆为题诗”。时人以为“心闲事事幽”，四方友朋、挂冠而归的“耆德硕儒”，经常往来酬酢，“极文酒之乐”，“以经史图画自娱”。

（传）马远 春游赋诗手卷 局部 纳尔逊-阿特金斯美术馆藏

传为李公麟所作的《西园雅集图》以及米芾所写的《西园雅集图记》，早为大家所熟知。一直传为佳话的北宋“西园雅集”，就是当年像苏轼、苏辙兄弟以及黄庭坚、李公麟这样一些精英人物会聚于驸马王诜园邸，赋诗、题词的盛事。往来之际，煎茶点茶、酌酒吟诗，米芾称道说："人物秀发，各肖其形，自有林下风味，无一点尘埃气。"对于这幅图及其图记，学界有些争议；究竟是否真有这样一次"雅集"，也有不同意见。其实，画卷毕竟不是照片，不是场景的复制，很有可能是绘制者"荟萃"的呈现。而且从文彦博的诗句中我们读到他对"洛中同甲会"的称颂，"此会从来诚未有，洛中应作画图传"，可见当时或许确有此类画作。南宋王十朋也提到："会同僚于郡斋，煮惠山泉，烹建溪茶，酌瞿唐春。"文人士大夫常常流连忘返于这种其乐融融的场景之中。士人也将茶具、酒器、梅花、新茶等作为重要的礼品彼此互赠。

宋代的士人可能从事形形色色的公务事任，进行多姿多彩的交游活动，也有很多独处静思的时间。"焚香引幽步，酌茗开净筵。"宋人的"四般闲事"——焚香、点茶、挂画、插花，是生活意趣的体现，也是日常的雅致技艺。"闲"，并非单指时间的闲散，更是指心情的优裕从容。尽管香、茶、画、花皆非宋代独有，宋人却赋予了其"雅"的意境与韵味，以这些"物事"承载了他们内心对于"文雅"的理解。在不同的空间场合、不同的文化氛围中，发展出了丰富的生活方式，也展现出士人的多样性情。

通过唐宋时期图像、雕塑中人物形象的比较，也可以看出宋代平民化、世俗化与人文化的趋势。唐代的绘画与雕塑中的人物大多是帝王、大臣、上层人物，即便普通仕女，也是形象丰腴、闲适。而宋朝则有大量描写下层人物劳作生活的绘画和雕塑作品，反映出时人对庶民生活状态的关注。人物形象的呈现愈益贴近现实，也从一个侧面反映出当时的画家工匠认为何种形象具有美感，值得呈现。

宋代的人物墓志、传记之类的文本内容，也从华美浮泛走向生活化、个性化。从经典阐释、史论篇章到文学作品、笔记尺牍，都更加措意于人生价值的追求。地方志之类的著述，重心逐渐转向对于乡贤人物、乡土情怀的关注。凡此种种，都显示出人文化的趋向。

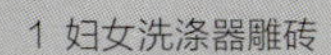

1 妇女洗涤器雕砖

2 妇女斫鲙雕砖

3 妇女束发雕砖

均传河南偃师酒流沟出土 中国国家博物馆藏

3 对于意境的追求

雅俗兼备

陶晋生先生在其《宋辽金元史新编》中，曾经做过这样的论断：

> 这一时代里中国人并重理想与现实，兼备雅与俗的口味。就政治和军事方面而言，尊王攘夷是理想，士人政治和对辽金妥协则是现实；就思想而言，理学家对儒家思想的阐释是理想，改革家则企图将理想付诸实践（偏被理学家反对）；就文学艺术而言，词的典雅和文人画的意境是理想，而通俗的曲和小说的发达则是适应现实的需要。

陶先生是从不同方面来论证的，我们今天不去讨论政治、军事，仅仅聚焦于宋人的文化生活和思维方式。

曾敏行《独醒杂志》中有这样一段记载：

> 元祐初，山谷与东坡、钱穆父同游京师宝梵寺。饭罢，山谷作草书数纸，东坡甚称赏之。穆父从旁观，曰："鲁直之字近于俗。"山谷曰："何故？"穆父曰："无他，但未见怀素真迹尔。"山谷心颇疑之，自后不肯为人作草书。

这个小故事，让我们感觉到当时人对于"雅""俗"的敏感。不过，总体上看，在宋代趋于平民化的大环境之下，"雅俗兼备"、精致与俚俗互通，成为时代的突出特点。

文化方面兼通雅俗的风格，应该是受到中唐以来禅宗潜移默化的影响。禅宗强调持平常心，注重"当下"，强调佛法在世间，具有渗透性、普适性，所谓砍柴、担水无非是道。宋代新儒学的产生，实际上和禅宗的影响有非常直接的关联。正是在和佛教学说、道教学说相互碰撞、相互冲突，一方面相互排斥另一方面又相互吸纳这样一个过程里面，新儒学才真正成长起来。

我们看到像《景德传灯录》这样的佛学著述会说：

> 解道者，行住坐卧无非是道；悟法者，纵横自在无非是法。

北宋的理学家二程则说：

> 物物皆有理。如火之所以热，水之所以寒，至于君臣、父子间皆是理。

当时这些人物从理念上觉得天地之间“无非是道”，行、住、坐、卧，纵横自在都是道，万事万物皆有理。这也像《宋史·道学传》里说的，天地之间、“盈覆载之间，无一民一物不被是道之泽”。这个“道”是渗透在民间日常生活里面、“日用而不知”的。也就是说，新儒学的影响渗透到方方面面，宋代士人的日常生活，包括日常的游从方式和他们心目中的理念是交互融通的。

这些意识渗透在宋代士人的生活之中。正如扬之水先生所说，在政治生活之外，属于士人的相对独立的生活空间，形象愈益鲜明，内容愈益丰富而具体。“宋人从本来属于日常生活的细节中提炼出高雅的情趣，并且因此为后世奠定了风雅的基调。”在当时，“风雅处处是平常”，生活俗事、民间俗语，都可能有其雅致趣味，都可以入画入诗。苏轼说：“诗须要有为而后作，用事当以故为新，以俗为雅。”黄庭坚也称：“以俗为雅，以故为新，百战百胜，如孙吴之兵。”

王安石的六言诗《题西太一宫壁》，回忆往事，平淡中感怀世间沧桑：

> 三十年前此地，父兄持我东西。
>
> 今日重来白首，欲寻陈迹都迷。

黄庭坚《次韵王荆公题西太一宫壁》，也让读者感觉到诗人对于是非的回味，对于理趣的追求：

> 风急啼乌未了，雨来战蚁方酣。
>
> 真是真非安在？人间北看成南。

南宋诗人杨万里《桂源铺》诗，被胡适称作“我最爱读”的诗作：

万山不许一溪奔，栏得溪声日夜喧。

到得前头山脚尽，堂堂溪水出前村。

这些篇什以高雅的立意、简朴的语言、习见的俗语，表达出对于哲理的深邃思考。

画作中的意境

雅俗相通，诗书画也都相通。苏轼曾经说：

诗不能尽，溢而为书，变而为画。

我们讲宋代的艺术、美学，今天真正能够直接“触摸”到的宋人留下的文化痕迹，除去我们熟悉的史籍，就是传世书画作品、出土器物和宋代建筑。其中，无论书法还是绘画作品，都蕴含着当时文化精英的学养与情操。

宋人画作对我们观察宋代社会文化生活、体悟士人的思维世界很有帮助。艺术史本来应该是历史学的重要组成部分，现在被人为分开了。当然，历史学者与艺术史家对画作的认识角度不同。艺术史家往往是将特定背景下的画卷“拉”出来，进行聚焦式的情境分析；历史学者则倾向于把书画材料“推”进特定的背景之中，作为观察时代的一个“窗口”。绘画中不仅反映生活场景，也存在“政治主题”；画作可能是权力的显现，也可能是权力发生作用的一种形式。当年的创作活动、书画收藏与欣赏、书帖与画谱的编纂，本身就可能蕴含着政治的寓意；后妃、臣僚、画师的艺术才赋，都可能成为一种政治资本。宋代历来以宫廷绘画兴盛、职业画家活跃、文人画思潮形成而著称。宋代画作中，有不少是政治宣传画，或者展现帝制权威、尊卑秩序，或者渲染圣德祥瑞，或者规谏针砭时政，这些都是当时政治生态的鲜活反映，也让我们注意到通过画作引导舆论、占据文化制高点的努力。

佚名 溪山暮雪图 局部 台北故宫博物院藏

例如北宋仁宗朝的《观文鉴古图》《三朝训鉴图》等，就直接服务于朝廷政治目标，用作“帝王学”图文并茂的教材，同时也被宋人视为了解本朝圣政、祖宗故事的史料。除了与宫廷或朝政相关的绘画之外，宋代的地方官员会以画图作为告谕民众的施政手段；处江湖之远的士大夫，也会以图画或直白或幽约地表达心声。文人的绘画及鉴赏、馈赠、收藏等活动，也渗透着构建人际网络的努力。即便看似超脱于政治的文人画，也是特定政治文化环境导致的结果，体现着对当时政治景况的直接或间接回应。

作为书画欣赏的外行，从我的角度来观察，会觉得宋代的画作，尤其是山水画，可能呈现着当年画家“观天下”的方式和感悟。黄庭坚即将人世间的情景与天下、自然界的江山联系起来，他说：

人得交游是风月，天开图画即江山。

这里所说的“风月”，不仅指美好的景色，更是指心旷神怡的状态。中国传统山水画作，与西方描摹实景的风景画不同，是“寄情山水”，重在内心情感的流露沟通。士人画作是文人的业余消遣，技法无法与专业画家作品相比，但正因为如此，更便于抒写他们的襟怀和心声。

有学者指出，今人提及画卷的时候，通常是说“看”画，但是古人会说“观”。“观”是什么意思呢？《说文》里说“观”是一种“谛视”，是指凝视、审视，不是写生意义上的透视，而是包含了内心体悟的凝视和洞察。山水画作的“高远”“深远”“平远”，其实是出自作画者、观画者内心对于山川的全景式体验。这种“观天下”的方式，反映着他们的“天下观”。正因为如此，当说到宋画意境的时候，我们会想到画境、诗境、心境，这些是贯通彼此、浑然一体的。

“简约”之美

1 宋 青白釉带温碗瓷酒注 中国国家博物馆藏

2 宋 汝窑青瓷无纹水仙盘 台北故宫博物院藏

宋代艺术有很多突出的特点，既有细致绵密的格调，也有洗练简约的风韵。比如南宋画家梁楷的人物画，有工笔有简笔，其简笔画作体现着“参禅”的兴味，率真简洁，所谓“萧萧数笔”“神气奕奕”。

宋代的瓷器，也渗透着美学素雅简洁、隽永深沉的古典韵味。宋瓷多为纯色，不像后世的瓷器那么堂皇绚烂，但它带给我们一种淡雅自然的感觉，开辟了陶瓷美学的新境界。

简约，是宋代艺术的重要特点之一，在绘画、瓷器以及其他许多器物上都渗透浸润着简约之美。南宋的刘安节在谈论国家大政方针时，也提出“王者之治”应该是“至简而详，至约而博”的。也就是说，在治国理政方面，士人也认为简约是值得倡导的合理方式。这种观念贯彻在当时社会生活的方方面面。

当然，以瓷器为例，我们也会看到，和清雅端庄的风范同时并存的，也有粗砺朴拙的器具、浅俗庸常的风格，比如说一些瓷器上写着“忍”，或者“孝子”“贤妻”这类字样，这一些器物肯定也为世俗之人所喜爱。

通过许多实例，我们可以看到，当时雅和俗这两者是并存的，而且某种程度上应该说是融通的。宋人画作里有描写市井生活的画卷，文学中也有描写市井生活的作品。这就很生动地体现出贯通于两宋的文化风情或者说文化特质。

宋 定窑白瓷刻花莲纹交颈瓶 台北故宫博物院藏

多元的融合

如上所述，两宋时期的社会环境复杂多变，既有承平的岁月，也有战乱的时期，繁荣辉煌和艰困忧患实际上是交错并存的。而在这种整体氛围中，包括士人群体构成的多元，生活内容的多元，思想意识的多元，艺术品位的多元，都成为当时社会的典型现象。一时英杰既有征战沙场时的豪迈气魄、激昂奋发，也有日常生活中的世间柔肠、儿女情怀。在艺术旨趣上，“雅骚之趣”和“郑卫之声”同存，匠师画和文人画双峰并峙，文人作品中不乏世俗关怀，市井作品里也可能充溢着书卷气息。种种现象，都呈现出宋人生活中一体多面、雅俗相依的双重文化性格。

即便同一人物，也可能在创作实践中体现出丰富的文化内容、多重的文化性格。以辛弃疾为例，我们知道他的生活颇为坎坷，艰忧中曾有暂时的安宁，他个人的文学作品风格也是多元的，体现出征战沙场的激昂慷慨，也反映着日常生活中的世间情怀。他有豪放悲凉的词作，抒写壮志与内心的愤懑，像“醉里挑灯看剑，梦回吹角连营。八百里分麾下炙，五十弦翻塞外声，沙场秋点兵”；也有婉约清丽的词作，勾勒民间生活场景，像“茅檐低小，溪上青青草。醉里吴音相媚好，白发谁家翁媪”，等等。风格多样、雅俗互补，在当时人看来并不是件矛盾的事情，反而形成了文化上相互滋养、相互补充的氛围。

宋名臣孙何在其奏疏《论官制》中向宋真宗提出“雅俗兼资，新旧参列”的原则，认为是“立庶政之根本、提百司之纲纪”的关键，也就是说，是制度建设、治国理政的关键。由此我们看到，就时人观念而言，在日常文化生活与政治生活中，雅俗兼备，以简约带动详博，新制度旧传统吸纳互补，方方面面都是融通的。

《朱子语类》里面记载，南宋时朱熹跟他的学生谈话，说：

> 天地与圣人都一般，精底都从那粗底上发见，道理都从气上流行。虽至粗底物，无非是道理发见。天地与圣人皆然。

所以精和粗、理和气、雅和俗都应该是并列一体，逐渐深化，相互发明的。

南宋中期的韩淲在诗作里称："雅俗岂殊调，今古信一时。"南宋后期的文人刘克庄，在《方俊甫小稿》题跋中也说："若意义高古，虽用俗字亦雅，陈字亦新，闲字亦警。"他们的意思都是说，自古至今，"雅""俗"二者是可以互相积聚滋养、互相会通的；只要立意高远，即能呈现出"点化"的效果。宋代这样的雅俗情趣，给当时的文坛乃至社会生活带来了新的气息、新的趣味和新的活力。

北宋中期的史学家范祖禹曾经说："古之圣人莫不以好学为先，游艺为美。"所谓"游艺为美"，让我们想到《论语》中记述孔子的话："志于道，据于德，依于仁，游于艺。"大意是说，要以"道"为志向，以"德"为根据，以"仁"为凭借，活动于六艺的范围中。

"游于艺"可以说是宋代士人群体活动的方式，是他们从容涵泳的生活态度，是他们浸润于技艺陶冶的实践方式，也是他们雅俗兼备的艺术追求与情调意境。他们的文化修养和美学趣味，在"志于道，据于德，依于仁"这一整体的精神追求中，得到了升华。如朱熹所说，"日用之间本末具举，而内外交相养矣"。通过这样的文化涵育，希望达致崇高的人生境界。复古创新并举，体现着宋人日常生活中的文化实践；雅俗兼备，则关系着宋人融通丰润的文化意识。

综上可见，两宋时期，面对严酷的内外挑战与生活压力，士人民众迸发出坚忍顽强的生命力，不懈追求美好生活，创造出丰厚的物质文化财富与感人至深的精神遗产。

前面讲到宋代立国的基本环境，这个时代可以说是"生于忧患，长于忧患"的历史时期；在这个大背景下，宋代的经济、文化仍然取得了许多成就，这些成就与士人民众的积极活动分不开。在走向平民化、世俗化、人文化的过程中，士人对自身文化活动的理解，其实是在"志于道，据于德，依于仁，游于艺"这样的整体框架下认识的。

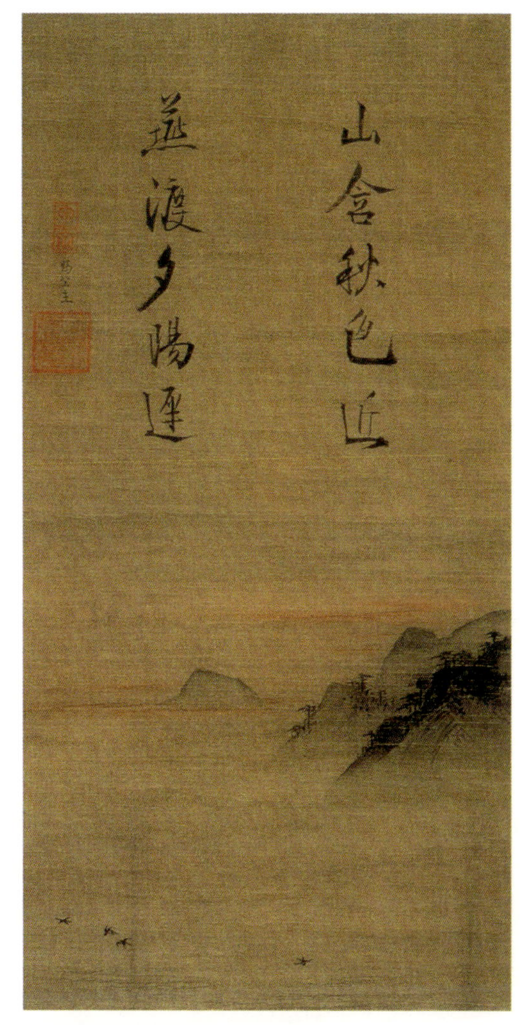

马麟 山含秋色图 东京根津美术馆藏

推荐阅读

◎ 邓广铭 :《宋史十讲》，中华书局，2015 年

◎ 邓小南 :《祖宗之法——北宋前期政治述略》，生活 · 读书 · 新知三联书店，2014 年

◎ 朱瑞熙等 :《宋辽西夏金社会生活史》，中国社会科学出版社，1998 年

杏黄／《孟子注疏解经》宋刊

第二讲

理学——士大夫的深邃平静

杨立华 — 北京大学哲学系教授

宋明理学亦称「道学」，是指宋明时代居主导地位的儒家哲学传统。从中唐开始，面对佛道二教的强势冲击，以韩愈为首的儒者开启了以重树儒家主体地位为目标的儒学复兴运动。至北宋，儒学复兴的思想自觉，落实在为儒家生活方式奠定哲学基础这一根本的时代课题上。

基于这一思想自觉，周敦颐、邵雍、程颐、程颢、张载都做出了杰出的哲学贡献，并在南宋被整合进朱子集大成的理学体系当中。从儒家的道理来说，人生的意义在于活着的时候努力建设一个什么样的世界，死后留下一个什么样的世界。

1 自明吾理：北宋儒学复兴运动

北宋儒学运动的兴起

北宋理学的发展，实际上是整个北宋儒学复兴运动当中的一支。而北宋儒学复兴运动，实际上是接续唐代儒学复兴运动而来的，所以要讲北宋儒学复兴运动，就要从中晚唐的儒学复兴运动以及古文运动开始讲起。钱穆先生曾经讲过，“治宋学者必始于唐，而以昌黎韩氏为之率”，也就是说我们要谈宋学，就不能不回到唐代韩愈、柳宗元等儒家思想家的努力。那么，中晚唐儒学复兴运动是在什么样的背景下出现的？这不得不回到隋唐士大夫的精神世界。

整体说来，在隋唐时期，士大夫精神世界的精神根底不是归于佛教，就是归于道教。在这个时代，儒家日渐衰微。从韩愈的《原道》篇看，这种衰微最主要的特征有两个：第一，已经越来越少有士大夫自觉地认为自己是儒者；第二，即使有人认为自己是儒者，他也并不了解儒之所以为儒的根据。所以韩愈在《原道》篇里树立道统，以证明儒家思想传承之渊源，其目标指向就在于此。但是，中晚唐儒学复兴运动反对佛老虚无主义世界观，并没有达到理论建设的深度，而主要着眼于政治、经济等方面的批判。这样一种儒学复兴运动，诉诸政治的力

博爱之谓仁
行而宜之之谓义
由是而之焉之谓道
足乎己无待于外之谓德

——韩愈《原道》

在中晚唐的文化氛围中，韩愈重新发现了儒学的基本精神，对仁、义、道、德给出了明确的定义，但儒学复兴的道路仍然晦而不明，一直要到北宋时期的程颢，才真正发现了儒学复兴的关键所在。

故宫南薰殿旧藏《唐名臣像册》韩愈画像　台北故宫博物院藏

量来解决思想的问题，没有达到真正意义上的成功是可以理解的，但是韩愈、柳宗元等人的努力，到北宋以后就结出了硕果。

北宋士大夫在宋王朝“养士”政策的基础之上，展开了一种非常独特的面对世界的方式。宋王朝的建立基础是很薄弱的，正因为这种薄弱，宋代的开国根基里有一种敬畏的精神。这样一种敬畏的精神，滋养出一种宽容的气质，这种宽容的气质体现为对普通老百姓不敢残虐之，对士大夫则宽容之。宋太祖立所谓宋朝“家法”，其中有一条就是不杀大臣及言事官,由此构造一种非常宽松的局面。宋朝的“养士”，经过太祖、太宗、真宗朝，到仁宗朝开始结出硕果。按照《宋史》记载，宋仁宗年间“儒统并起”。在北宋的文化和思想当中，其实可以找到几个关键词来体现宋儒面对世界的方式。我多年来一直讲，有三个字构成了北宋士大夫精神的根底:一是范仲淹的“忧”,一个是程颢的“仁”,一个是张载的“感”。这三个字都指向他人，指向对他者责任的承担。

只要给士大夫宽容的气氛以及足够的尊重，正常情况下，他们都会走向以天下为己任的方向。然而整个北宋的格局是积贫积弱的，这是由多方面原因造成的。虽然北宋王朝优容百姓，整个社会生产发展由此取得了长足进步，国家经济鼎盛，但是民间的富庶并不代表着国家实力的增强，冗官和冗兵这两项巨大的开支，导致北宋王朝一直处于积贫的状况；另外，由于北宋的制度性选择，在面对北方和西北方少数民族政权时一直处于军事上的劣势，给人留下非常深刻的积弱的印象。一方面，士大夫开始以天下为己任，另一方面，天下是这样积贫积弱的格局，这就造成了北宋士大夫精神里一股独特的气质——承担天下的责任。这样的精神气质在范仲淹的《岳阳楼记》中有着非常突出的体现——“居庙堂之高则忧其民，处江湖之远则忧其君”。“忧”的精神是北宋士大夫的基本精神气质，不管哪个学派的士大夫，都体现出强烈的“忧”的精神，这是理解北宋思想的关键点。所以说，宋代士大夫人格之伟大，既是精神力量，也是时代塑造。

宋代儒学复兴的核心问题

北宋儒学复兴运动与唐代儒学复兴运动的最大区别在于理论建设。宋代士大夫开始意识到，与佛、老（代指佛教、道教）之间的斗争，主要不是简单的政治、经济上的问题，不是因为大量劳动力出家，既不从事物的再生产、也不从事人的再生产，导致社会财富锐减、社会负担加重，这仅仅是非常小的一个方面。北宋士大夫开始意识到，这根本是生活方式、生活道路的不同。佛、老这样的虚无主义世界观，如果任其蔓延下去，人的道德生活是无从建立的。

在这个意义上，一旦面对生活道路的问题，其实就是我们所熟知的价值观的问题。用通俗的话讲，价值观解决“应该”的问题。每一种哲学或者每一种宗教思想背后，都指向或论证一种独特的生活道路。以佛教为例，佛教把世界本身看成虚幻，质疑世界本身的真实性，它指向的是“解脱”。至少最早期的佛教是指向解脱的，而解脱是围绕“彼岸”来展开的。只要是围绕“彼岸”来展开的文明，此世的生活是要被舍弃的。所以这样的文明可以用一句话来概括——寻找一个正确的、舍弃此世的方式。在这个意义上，任何一种思想，指向的都是生活道路的论证。佛教讲“空”，把天地万物理解为幻象，这样一种思考会导向一种生活方式、一条生活道路。

再来说道教。唐宋时期，很多儒家思想家把道家与道教混在一起加以批判，但其实他真正要批判的是道教。比如张载的哲学，他批判的“老”，就混淆了道家哲学和道教思想，把两者都纳入到佛、老当中的“老”字之下加以批判。但实际上道家与道教是不一样的。最简单的不同有两点：第一，道教是宗教的传统，道家是哲学的传统，宗教传统强调信仰，哲学传统强调道理，强调证明；第二，道教是“技术主义宗教”，因为道教的基本观念是只要技术达到了一定的高度，人就可以永生。道教关注的是永生的问题，有极强的技术性格，而道家是反技术的。我们读《老子》《庄子》会有非常强烈的印象，就是其中的反技术主义倾向。如果说中国文明里有反技术主义的传统，那么这种传统就集中体现在老子、庄子的哲学里。

道教的问题在哪里呢？道教的问题在于其关切点一直都是“永生”，所以有种种看来颇为荒谬的操作，其中最荒谬的是金丹烧炼和服食。唐代盛行金丹服食，很多人因服食金丹而死。唐代有好几位皇帝的死与服食金丹有直接关系。但即便如此，在社会上层风尚的引领下，服食金丹在唐代还是蔚然成风。只要家里有条件，很多人都服食金丹。服食之后痛苦万状，很多人中毒，全身孔窍都流出脓血。这种情况下，居然还有人以为是在排毒。但是这里要注意，从我的角度看，道教的实践有它荒谬的地方，但是道教的问题是真实的。如果这个世界是无始无终的——这是中国古代哲学家普遍的信念，这个世界没有开端，也没有终结——那也就意味着时间是无限的。如果时间是无限的，也就意味着一个人活得再长，只要生命有限，相比于无限时间，就等于没有意义，等于什么都没有。

不得不说，佛教、道教都发展出了有自己哲学根据的价值取向以及有自己理由的生活道路。在这个背景之下，要针对佛教、道教所带来的虚无主义世界观的影响，就要从根本上树立起儒家的道理。宋学当中最成功的一支，就是后来被我们称为理学的这一支。其实“理学”这个词，更好的讲法应该是“道学”。这几个概念要注意区分：道教、道家、道学。道学不是指老庄思想，而是指两宋时期孔孟思想的第二次开展，或者叫第二期发展。前面我们讲到北宋仁宗年间“儒统并起”，当时的学风有很多脉络。其中影响最大的是王安石的新学。北宋的显学不是二程（程颢和程颐），不是张载，而是王安石的新学。其次是三苏（苏洵、苏轼、苏辙）的蜀学，他们大都是那个时代的大文豪，不仅有哲学上的影响，还有文学和艺术上的影响，这是与“北宋五子”（周敦颐、邵雍、张载、程颢、程颐）不一样的。此外还有以司马光为代表的朔学。司马光以史学著称，但他也有自己的哲学思考，也试图建立自己的哲学体系，虽然我认为他并没有成功。在这样一个思想格局里，理学并不是那么显赫，但是理学真正把握住了北宋儒学复兴运动的主题，并且在理论层面成功地解决了那个时代儒学复兴运动的核心问题——如何为儒家生活方式奠定哲学基础。这个问题在哲学高度上的解决，也就为儒家的生活道路和价值体系确立了根基。所以到了南宋初年，北宋五子的哲学开始为士大夫广泛接受。

北宋五子的贡献

我们过去常常强调一个人与时代的关系，或他的思想受到的时代影响。但伟大的思想家或哲学家往往也是超时代的，有着对哲学根本问题的关切。所以一个大哲学家在他生活的那个时代可能并不是最显赫的人物，但当一个时代过去，我们会发现真正留下来的、对未来几百甚至上千年的文化产生了深刻影响的，恰恰是这样的哲学家以及他们的哲学理论，北宋五子就是典型的例子。

北宋五子的时代，人们要么受到佛教、道教的影响，要么过分地关注时代的政治变革，要么在理论建设这个层面上做了种种不成功的尝试。但是等我们回过头去看的时候会发现，最后留下来的还是哲学品质最高的那几个人。面对"天下滔滔皆是"的不同形态、不同程度的错误思想，也就这几个人在滔天骇浪之中，安安静静地面对真理、思考问题。然后我们会发现，他们通过自己沉潜的思考留下来的那些朝向真理的道路的足迹，为后人带来了真正意义上长久的启发。

对于北宋五子，大家要注意，其实他们之间的关系非常密切。周敦颐、邵雍年辈稍微高一点；之后是二程，两个人都是河南人，亲兄弟，哥哥叫程颢，弟弟程颐。这两个人是北宋五子的真正核心；最后一个是张载。周敦颐是二程的老师，对程颢影响尤其大。邵雍是二程一生的朋友，张载是二程的表叔，关系非常密切。他们之间的这样一个小范围内的讨论，居然就为后世的儒家思想奠定了新的基础。

从左至右：周敦颐、邵雍、程颢、程颐、张载

回到主题上来，最早明确提出儒学复兴运动核心问题的是程颢。程颢认为道教的理论基本站不住脚，所以把佛教放在第一位来批判。程颢对当时的佛教做了全面而深刻的批判。之所以能做到这一点，与他本人“泛滥佛老”“归本六经”的经历有关。北宋五子普遍有相同的经历——通过深入研究佛教、道教，发现佛教、道教不能提供对人生问题的最终答案，于是回到儒家固有的经典传统当中来寻找。但是程颢认为，如果要先全面地研究佛教、对它的理论消化以后再加以批判，那么还没等开始批判，就已经被佛教化过去成为佛教徒了。而且“才识愈高，陷溺愈深”，因为佛教的道理讲得高妙，很容易吸引有才智的人。他常说：像我这样一个资质鲁钝的人，对那玄虚的东西才不会陷溺其中，才能够回返过来。所以他认为，对于这样的道理就应该如淫声美色一样斥远之，不要让它沾染到你的身上。当然这都是极端的表达，他想进一步表达的意思是，如果你认为佛老的道理是错的，它的生活方式是错的，不要去跟它辩论，你把对的说出来，错的自然就消解了，也就是“自明吾理”。他认为最重要的就是“自明吾理”。“吾理自立，则彼不必与争”——我们的道理一旦树立起来、正确的思想一旦树立起来，错误的东西自然也就没有了市场。

程颢对两宋道学最大的贡献之一就是把儒学复兴运动的核心主题概括为“自明吾理”这四个字。至此，儒学复兴运动就有了更加明确的方向——理论建设方向、思想成长方向。

2 仁包四德：北宋五子的哲学

程颢是北宋最伟大的哲学家，可以说整个北宋哲学，特别是北宋五子哲学的焦点全在程颢。首先，周敦颐对程颢产生了非常根本和深刻的影响。其次，邵雍终生是程颢的讲友，两个人交往非常密切，邵雍甚至想把自己的“先天学”教给程颢，但程颢却说“我没工夫学”。程颢启迪了张载的哲学，可以说没有程颢的启迪，张载是不可能有那么深刻和完整的一个哲学系统的。当然大家要注意，程颢是张载的晚辈，张载是程颢的表叔，也就是二程兄弟的父亲的亲表弟。张载比程颢大 11 岁，却能够在思想上非常虚心地向程颢请教，这也充分体现了北宋鲜活的思想风格和平等的思想态度。嘉祐元年的时候，张载在开封（东京汴梁城）准备第二年的科举，在一个寺庙里讲《周易》，那时他已经有了一定的思想基础，似乎也有了自己初步的体系，坐在虎皮上讲，听者甚众。一天晚上，二程兄弟来了，几人相与讲论。的第二天张载撤去虎皮，跟听众讲：我平时跟你们讲的都是乱说的，现在二程兄弟来了，你们去向他们学习。这样一种鲜活的风格，也是北宋哲学的风格的体现。程颢也启迪了程颐的思想。当然程颐在程颢思想的基础之上做了更成体系和更加详密的思考。所以后来朱子继承的，更主要的是程颐的哲学。

“一本”：一元论

程颢的贡献可以从几个方面来看。我个人认为，程颢的最大贡献是对北宋道学话语体系的建设。可以说整个北宋道学话语体系当中，

最核心的范畴其实都是程颢提出并给出了根本洞见的。

首先，衡量一种哲学体系正确与否，程颢给出了非常明确的标准，那就是“一本”的原则。什么叫“一本”呢？用今天的话讲就是“一元论”。他在批评佛教的时候，最重要就是强调佛教为“二本”。他质疑，佛教的生活方式可以普遍化吗？如果佛教的生活方式普遍化了，大家都不从事人的再生产和物的再生产，那么人类社会不就灭亡了吗？把一种不可普遍化的生活方式加以普遍化，这道理能成立吗？

对“一本”或者“一元”的强调，从根本上解决了道的普遍性问题。凡是道，就一定得是普遍的，一定是自根本以至于枝叶一以贯之。一个地方没有这“道”，就说明这“道”不是“道”。因为它不具备普遍性。以“一本”作为衡量一种思想体系正确与否的标准，这是一个非常高明的见识。

在“一本”原则的基础上，程颢确立了理学的基本思想架构。不只是两宋的道学或理学，整个宋明理学思想的结构是按照什么样的结构来展开的呢？我认为是四个部分：第一，形上学，你叫它宇宙论也好，本体论也好，都是指形上学，是指天道意义上的道理；第二，心性——讨论的是人的本性和心灵结构的特点；第三，价值论——这个部分在以往的宋明理学研究当中，我认为凸显得不够；第四部分是修养功夫论，就是如何提升一个人的品性。人的品性不应该僵化地用道德来衡量。提高一个人的品性，指的是提高一个人面对世界、面对他人、面对自我的精神力度和强度，这是要通过修养功夫来达成的。当然功夫论一定是以心性和价值为基础。这四个方面，在程颢的哲学里有非常完整的体现。

天理

对于第一部分——形上学，程颢最早提出了天理概念。天理这个概念是两宋道学的核心，我有时把它称为理本体。北宋哲学家提出了三个实体，分别是周敦颐的“诚”、张载的“神”和二程（特别是程颢）的“理”。“理”本体即以天理为基础的世界观。

天理到底是什么呢？“天理”一词最早见于《庄子·养生主》，但那并不是程颢天理概念的来源。程颢天理概念的直接来源是《礼记·乐记》“夫物之感人无穷，而人之好恶无节，则是物至而人化物也。人化物也者，灭天理而穷人欲者也”，这里明确将“天理”“人欲”对举，讲人的欲望如果没有节制，逾越本分，就容易受到外物诱惑而做出伤天害理的事情。发展到了程颢这里，天理开始成为一个核心的哲学概念。他进一步阐述，“天理云者，这一个道理，更有甚穷已？不为尧存，不为桀亡。人得之者，故大行不加，穷居不损。这上头来，更怎生说得存亡加减？是佗元无少欠，百理具备”。这句话有两个重点：第一点，天理是普遍的，凡天理一定适用于所有人和万物。第二点，天理是有客观性的，不会因为尧存在而存在，也不会因为桀出现而灭亡。天理没有任何欠缺，所有地方都是完备的，没有人的主观意识、主观好恶掺杂于其中。天理概念的拈出，为儒家倡导的合理的生活方式奠定了哲学基础。

心性

在心性论方面，我们知道，在春秋末年，孔子已经在讲人性问题——“性相近也，习相远也”，这句话很多人都不太重视，其实这在当时是一个非常大的哲学突破。它的前半句解决了人性的普遍性问题，后半句则解决了普遍人性为什么在现实生活中会有那么大差异的问题。“性”与“习”的结构，是后世讨论人性问题的基本架构。但是，以性和习为基本结构，在解释人的自然表现的时候还是有其不足。在日常生活中，我们常常看到有的小孩子天生就显得比较暴烈，有的小孩子一生下来就性情温和，连哭声都不一样，难道你能说这都是后天的“习”的结果吗？而你又不能把这些归到普遍人性上。那么这种自然而来的差别到底怎么理解呢？宋代理学在“性”与“习”这个二元结构里面加入一个“气”，上面的问题就迎刃而解了。

程颢反复强调“生之为性”，“性”与“气”相继不离，“人生气禀，理有善恶”，“继之者善也，成之者性也”，充分肯定了天地的生生不息之德，善恶皆是人的本性，但是人之所以为人，正是在于人能够通过自我省察来做出改变。如果人不能察自己之美恶，就流为一物了。物跟人最大的区别在于，一般的物没有自我反省的能力，由于它不能自反，所以它不能改变，本性如何就是如何，就好像水一样，长江就是长江，黄河就是黄河，流水不会去分别清与不清。但人不同，人是有自查反省能力的。

后来，张载和程颐进一步发展了程颢的思想，又提出“天地之性”（或“天命之性”）与“气质之性”，这对人性论是一个重要的调整和安顿。宋儒对人性的理解是动态的而不是静态的。每个人天生的禀赋都不一样，气质有厚薄清浊之别，禀气清的人能够感受得比较远，心胸宽大，体会到天地万物一体之仁；比较浑浊一点的只能感受到身边的人；再浑浊一点的对自身都没有感受能力了。但是，“心”是主观能动的，“心能弘性”，使气由浊反清。那么，究竟怎样才能使心的能动性得到发挥，这就涉及具体的修养功夫了。

修养功夫

在修养功夫方面，程颢在千年的遗忘当中，重新找回了儒家修养功夫中最核心的一个字——“敬”。恭敬的“敬”，不是安静的“静”。如果读《中庸》《论语》《孟子》，能看到“敬”多么重要。但是，在孟子以后很长一段时间，大多数儒者都忘掉了，人的道德修养最关键就在于这个“敬”字，用我们今天的话讲就是敬畏心，而程颢将它重新发现，这又是他的一个伟大贡献。程颢去世后，程颐在他的墓志铭里写“孟轲死，圣人之学不传”，然后又说“先生生千四百年之后，得不传之学于遗经”，虽然有过分忽略汉唐儒学之嫌，但从根本上讲还是说出了哲学史、思想史的真实情况的。

后来张载进一步把心性论与修养功夫紧密结合。强调个人修养首先要学会用一种平和、公正的态度来看待自己、看待他人，通过“虚心”以变化气质；然后“大其心”研究天下万物的道理，意识到“气质之性”对“天地之性”的遮蔽，觉知自己对他人的感通关系，觉知我们内心的天地之性，通过“穷理”建立起对事物的具体认知和真实感受，一点点扩充出去，达到极致；再通过“尽心”，发挥心的能动作用，以“德行之知”去驾驭和引领自己的“见闻之知”，将自己对天地万物的体贴落到实处。

对“仁”的表彰

价值论

程颢最具哲学洞见的贡献在于他对“仁”这一根本价值的表彰，以及对“仁”的内涵的重新赋予。众所周知。“仁”是孔子思想的核心，《论语》当中“仁”这个字出现了109次。但麻烦的是，孔子每次说的都不一样，没有一次重复。孔子讲的“仁”到底是什么意思？历代儒者不断研读经典，反复思考，但始终不得要领，直到程颢才重新发现了那被遗忘千年的鲜活内涵。而且他不是在儒家典籍中发现的，而是回到日常最丰富的汉语积累，重新领会了“仁”这个字所蕴含的生命力。

程颢讲“仁”有三个方面突出的意思。第一个方面，他“以知觉言仁”，强调仁有知觉的意思。他说“医书最善譬喻，以手足痿痹为不仁”——医学经典最善于打比方，什么叫“不仁”呢？手足痿痹即为不仁。这不是精神上的病，而是实际存在的病——半身不遂或高位截瘫，原来属于身体的一部分，现在变得痛痒无关了，这就叫“不仁”。在这个意义上，有知觉就叫“仁”，无知觉叫“不仁”。

第二层含义，以“一体言仁”。当然，我认为以“一体言仁”是以“知觉言仁”的延伸。为什么这么说呢？因为程子讲说，“仁者浑然与物同体”，“认得为己，何所不至”，浑然与物同体，则所有的事物都不在自己之外，所以我们对所有事物都抱有关切，虽然这个关切有等级。儒家一定要强调，我们对所有的事物都有责任，我们对所有的事物都有关切和爱，虽然这个爱是有等差的。你为什么对所有的事情都有爱，为什么对所有的事情都有责任呢？因为所有的事情都不在你的自我之外，所以程子讲“认得为己，何所不至”。而怎样才能真正“认得为己”？还是要有知觉的一贯。你知觉到它本是你的一体，你自然就会呵护，自然就会照料，自然就会承担。

第三个方面的含义同时也是最重要的含义，是“以生意言仁”。“仁”是什么，“仁”就是生生之意。“仁”就是天地间永不停息的生机。我们看到刚刚生长出来的嫩芽，自然有一种喜悦之情，你喜悦的是一个跟你毫无关系的东西，但是你对它的生命力的勃发，有一种自然的由衷的喜悦，因为它的生机跟你的生机是一致的，它的生机甚至在某种意义上唤醒了你自己对生机的感觉。所以在这个意义上，我们说“以生意言仁”是非常了不起的发明。

后来，二程的弟子谢良佐更直接把这个“仁”字跟我们饮食当中的果仁儿、桃仁儿的“仁”关联到一起。要知道我们现在的很多语言其实都是几千年积累下来的。不要以为我们这个时代才把桃仁儿叫“仁儿”。桃仁儿的“仁”为什么用的是仁义的“仁”？很简单，植物种子核心的部分就是植物的生机之所在。既然它是植物的生机之所在，其实也就是植物的“仁”的体现。程颢说“仁如谷种”，实在是了不起的见识。对“仁”的内涵的重新赋予，其实就相当于重估了儒家价值。

我喜欢把北宋儒者的努力理解为一切价值之重估，当然他们是建设性的，而非摧毁性的。既有的价值经过重新估量以后，其中的蓬勃的生机和深刻的内涵被重新唤醒。在我看来，这是非常伟大的贡献。

仁包四德

最后一点，我们要再进一步讲程子的另一个伟大贡献，就是他在《识仁篇》里讲的“义礼智信皆仁也”。这是一个绝大的发明。为什么这么说呢？我们要谈到儒家的生活方式，就不能不谈到儒家的核心价值，也就是我们经常说到的五常。其实北宋人不大讲五常，更多讲四德，也就是“仁义礼智”。“信”其实是含在“仁义礼智”当中的，不是独立出来的一个价值。既然谈“仁义礼智”，就有一个问题，“仁义礼智”毕竟是四个方向，它们之间没有冲突吗？“仁”和“义”没有冲突吗？我们知道“仁”一般有个积极的、接纳的意思，“义”一般有个消极的、拒绝的意思。一个积极主动的意思和一个消极拒绝的意思，这两个意思难道没有矛盾吗？这个问题在程颢那里得到了解决。

后来朱子把这个讲法概括为“仁包四德”。“仁包四德”的思想内容其实是程颢发明的，即《识仁篇》里的“义礼智信皆仁也”。仁义礼智，说到底都是由生机以贯之，都是生命力的体现，它们分别对应着事物生长的不同阶段——春生、夏长、秋收、冬藏。春夏秋冬何处不是生机？春天有春天的生机，夏天有夏天的生机，秋冬亦各有其生机所在。我们不能说十七八岁的小孩子的生机是好的、善的，四五十岁的中年人的生机就是不好的、恶的，没有这个道理。

既然都是生机的体现，按照道理讲就都是好的，那世界上为什么会有“恶”产生出来？这就涉及生机的过和不及的问题。生命力不够当然不好，但生机过度也会导致不好的结果。如果一个五十岁的人还像十五岁的孩子一样容易冲动，至少也是不合宜的。此外，不同阶段的生命力的冲突，也会导致恶的产生。四五十岁的人面对世界会有一种沉稳的态度，十八九岁的孩子面对世界会有一种冲动的态度，但他们面对的是同一个世界。持重的人生态度面对充满激情的人生态度，有时候就会构成一种阻碍，可能会形成对年轻生命的压抑，站在年轻生命的立场上，这种阻碍就有流为“恶”的可能。

“仁包四德”的思想，对儒家价值系统的可能的内在紧张给出了根本性的解决，使得儒家的价值观能够真正跟程颢强调的“一本”，或者用我们今天的话讲“一元”的哲学精神贯通起来。

易元吉 猴猫图 局部 台北故宫博物院藏

3 理一分殊：朱子理学的贡献

北宋儒学复兴运动到了南宋就产生了硕果。影响所及，已经达到了在儒家或者说在士大夫精神世界里，儒家生活方式已经成为一种无需证明的生活方式。最典型的就是陆九渊思想的出现。在朱陆之辩中，陆九渊对朱子的不理解（更根本当然是对程颐的不理解）最重要的原因，是他不能够理解为什么还要去论证儒家生活方式的合理性。这是因为北宋五子理论建设所产生的效果，使得儒学在整个南宋已经成为士大夫精神世界的根底，进而成为整个社会思想的根底。

虽然北宋五子的理论达到了相当的高度，并且在一定程度上也形成了各自完整的体系，但仍然遗留下了非常多的理论问题。这个时候就有很多集大成的、思想综合的努力，朱子理学就是对北宋五子哲学的一个集大成的综合，同时也是对北宋五子的体系当中所遗留问题的一个根本的解决。朱子在中国思想史、中国哲学史乃至中国文化史上都是一个划时代的伟大人物，在思想的系统深刻和学问的宽广详密两个方面都达到了最高境界。有人认为孔孟之后唯朱子一人而已，我是持认同态度的。在很多方面，朱子的思想超过孟子。朱子道学的格局极大，在他看来，研究的事物越多、格物越多，心就越灵明，人的认识能力就越强。

鹅湖之会

朱陆鹅湖之辩是中国思想史上一次非常重要的辩论。陆九渊“本心”概念的提出，正是在儒家的趣味已经成为士大夫普遍精神根底的背景下才成为可能。正因为儒家生活方式的合理性已经无需论证，陆九渊才会觉得程朱向外寻求的“格物穷理”支离，而要去寻求更简易、直接的思想和方法。

对朱子的误解

很多读者都会以为朱子是一个刻板的人，其实朱子从来不是。朱子一方面学问广博，另外一方面精神鲜活，是一个生性活泼的人，当然这个活泼并不影响他端庄严肃的人生态度。不少人对朱子乃至宋明理学的误解都源自那句为人熟知的话，“存天理灭人欲”。最有趣的是，有些读者因为朱子强调“存天理灭人欲”而不喜欢朱子，却喜欢明代的哲学家王阳明。他们不知道，其实王阳明比朱子更强调“存天理灭人欲”(或者叫“存天理去人欲”)。王阳明说，“静时念念去人欲存天理，动时念念去人欲存天理”，换句话说，王阳明的哲学始终贯通着一句话——“存天理去人欲”。可见以讹传讹、道听途说实在为害非浅。

有的朋友就会认为“存天理灭人欲”那是多么的残酷，加上清代思想家戴震批评程朱理学是“以理杀人”，再加上“五四”以来强调吃人的礼教，等等，就更进一步加深了误解。其实“存天理灭人欲”里面这个“人欲”是不能简单地翻译成人的欲望的。儒家从根本生活态度上讲，是不可能强调要去除人的欲望的。“人欲”是指过度的欲望。这里面我告诉读者一个最简单的标准，来区别“人欲”和合理的欲望。这是朱子提出来的，饿了要吃饭，渴了要喝水，不是“人欲”，而是“人心”。饿了还非得吃好饭，渴了还非得挑选哪种水才能喝，这个就属于人欲了。“去人欲”要去除的是这些过度的欲望，而不是一般地去除人的一切欲望。

朱子这个人才华极高，不仅有极高的哲学修养——极深邃的思想、完整的体系以及详密的概念分析，这些都是朱子哲学里面非常突出的特点，同时还是一个非常重要的诗人。朱子的诗自然鲜活，不事雕琢，如果拿朱子那些脍炙人口的诗，与杜甫的诗比较，你甚至会觉得还是朱子来得自然鲜活。比如脍炙人口的“半亩方塘一鉴开，天光云影共徘徊。问渠那得清如许？为有源头活水来”，以及“胜日寻芳泗水滨，无边光景一时新。等闲识得东风面，万紫千红总是春”，读这样诗句的时候，我常常在想，什么样的鲜活心灵才能够流淌出这样完全不加雕琢的、生机盎然的诗句。

我们对往圣先哲首先要有一个正确的态度。刚才我们讲到，朱熹的理学是对北宋五子哲学的一个集大成的综合，他对北宋五子的著述都有系统的消化、理解，并且对其中最重要的著述都给出了注解，比如著名的《西铭解义》是在解释张载，《太极图说解》是承继和解释周敦颐。北宋五子的哲学在朱子那里得到了深化和发展，那么北宋五子的哲学里面，到底哪些问题需要做进一步的理论深化？哪些是遗留下来的哲学问题？这个要从程颐说起。

1 朱熹像

2 朱熹文集

3 程颐点校《易传》

理与气的探讨

程颢确立天理世界观以后，天理和生活（或者世界）当中的万事万物之间到底是一个什么关系，就成了一个根本问题。简单来讲，按照《易传》的“形而上者谓之道，形而下者谓之器”来加以区分的话，天理作为万物之实体，当然是形而上者，而由气构成的万物（两宋儒者普遍认为万物是由气构成的）自然就是形而下者。这里面就涉及一个问题，形而上者跟形而下者到底是一个什么关系？

程颢的思想如果说有什么弱点的话，我觉得就是太过圆融，生怕把概念说得太分离、太分裂。所以他一提出比较具有分析性的概念的时候，就要马上把这个分析性的要素或者倾向消除掉。在这一点上程颐跟程颢不同，在形而上者、形而下者的问题上，程颢、程颐对《易传》中一句关键论断的解释产生了非常大的不同，这句话就是“一阴一阳之谓道”。程颢认为，一阴一阳就是道，所以并不能在一阴一阳中分离

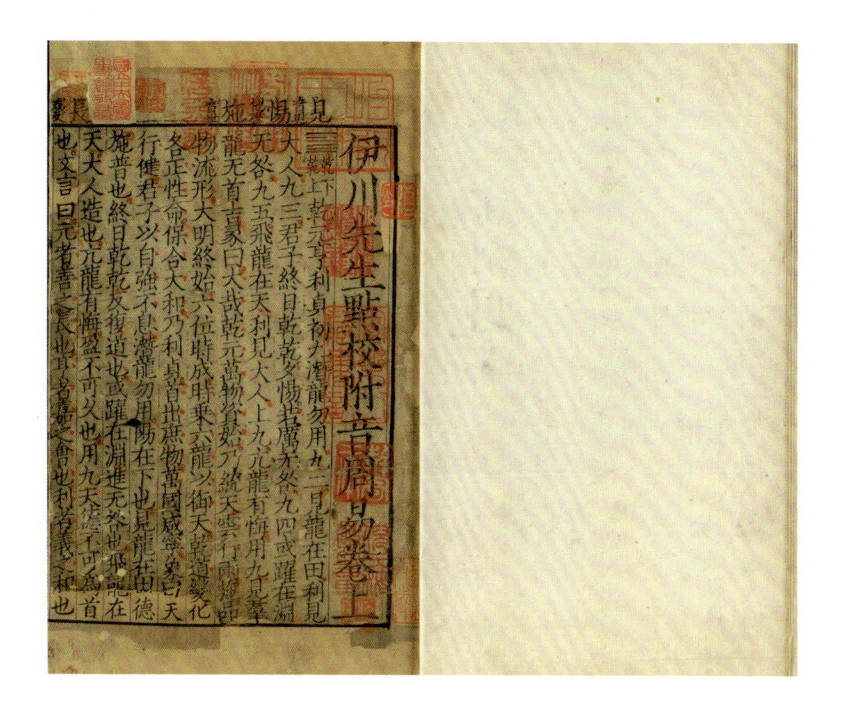
伊川先生點校附音周易卷上
乾 乾下乾上 乾元亨利貞初九潛龍勿用九二見龍在田利見
大人九三君子終日乾乾夕惕若厲无咎九四或躍在淵
无咎九五飛龍在天利見大人上九亢龍有悔用九見羣
龍无首吉彖曰大哉乾元萬物資始乃統天雲行雨施品
物流形大明終始六位時成時乘六龍以御天乾道變化
各正性命保合大和乃利貞首出庶物萬國咸寧象曰天
行健君子以自強不息潛龍勿用陽在下也見龍在田德
施普也終日乾乾反復道也或躍在淵進无咎也飛龍在
天大人造也亢龍有悔盈不可久也用九天德不可為首
也文言曰元者善之長也亨者嘉之會也利者義之和也

出一个形上者来。从宇宙大化的统体来说，程颢讲得并不错，但是这里面仍有一个麻烦：程颢讲到“道即器，器即道”，道和器虽然相即不离，但是形上者和形下者仍然是不能混同的。

形上者是根本，形下者是由根本派生而出的。由于形上者是普遍的根本，所以形上者（太极或者天理）是永恒的，没有生灭的，它是普遍的，遍及于一切存有之可能的。任何可能的存有背后，一定有天理和道的体现。形下者具体的存有一定是有生有灭、有始有终的。仅此一点我们就可以看得出形上者与形下者之间的不容混淆的分别。所以程颐就强调性地区分了形上者与形下者,他在解释《易传》的这句“一阴一阳之谓道”的时候就讲:“道非阴阳也,所以一阴一阳者,道也。”“所以”二字将形上者与形下者区别开来，也由此开启了一个巨大的哲学思辨的空间。一旦形上者与形下者之间的不容混淆的区分被强调出来，形上者和形下者之间的关系就成了一个根本的理论问题。而这一理论问题到了朱子那里就发展为有关理气关系问题的讨论。

朱子对理气关系问题做了非常深入的探讨，可以说这是他一生都在不断思考的问题。虽然中年以后，特别是到了《太极图说解》完成以后，大的方面的思考应该说已经完成了。尽管如此，朱子仍然在此后的生涯里不断地思考这个问题。形上与形下之间的关系问题、理气问题，基本上可以概括为如下几个方面。

第一是理气先后的问题：既然所有的事物当中都既包含理又包含气，那么理与气何者在先？

第二个方面是理气动静的问题。气有动静，在具体的存有层面，有生、有灭、有变化、有运动。那么理这个层面有变化吗？如果我们简单说不变化，也就意味着它没有动静问题，但是一个无动静的实体，如何产生具体的动静呢？当然，理气动静的问题也跟周敦颐的《太极图说》有关。因为《太极图说》的第一句话是“无极而太极，太极动而生阳”。按照程朱子的理解，太极既然是天理，是实体，它不应该存在于具体时空当中，为什么能动？所以在经典解释上，要么干脆否定周敦颐在哲学史上的地位，要么承认周敦颐的《太极图说》是一个伟大的哲学创制，如果承认就要面对由“太极动而生阳”引生的太极何以能动的问题。

第三个方面，是“理气同异”的问题。其实“理气同异”的问题跟后面我们要讲的“理一分殊”的问题是有关联的。“理气同异”问题的产生很容易理解，既然所有的事物都根源于天理，天理实际上也就构成了所有事物的内在本质。既然天理是所有事物的内在本质，那么事物之间的差异从何而来呢？这就触碰到了哲学上最关键的问题之一，即同一差异的问题。“理气同异”还涉及另一个问题：人秉天理而作为自己内在的本性，那么其他的禽兽呢？老虎、狼、蚂蚁、蜜蜂，所有这些物类，它们当中有没有天理？如果它们当中没有天理，那么天理的普遍性何在？如果它们当中有天理，那么这些生物跟我们人的差别又何在？这又是一个问题。

第四个方面是“理一分殊”的问题。其实“理一分殊”这四个字最早是程颐说出来的。有一次程颐的弟子杨时专门写信给他，讨论张载的《西铭》。这篇文章里面讲的是“民胞物与”的思想：“民吾同胞，物吾与也”,这实际上是程颢“仁者浑然与物同体”思想的另一种表达。在理解《西铭》的时候，杨时陷入了一个困惑：既然强调对天地万物的爱，那不就等同于墨家的兼爱了吗？墨家在先秦时期与儒家并称显学，墨家也强调爱，但儒家和墨家的区别在于，墨家强调爱无等差，儒家强调爱有等差。关于爱有等差最清晰的表达是孟子的“老吾老以及人之老，幼吾幼以及人之幼”，这是一个典型的爱有等差的态度。所以杨时质疑《西铭》——这不就是兼爱吗？程颐回答说，“墨家二本而无殊”,我们儒家“理一而分殊”。在程颐的这个回信里,他强调的是“分殊”(“本分”的“分”，后来被读成“分开”的“分”)，爱之理是同一的，但爱的程度则取决于人的不同“分位”——父子之爱、夫妻之爱、兄弟之爱,这些爱各个不同。不同爱的理是一致的,但因为“分”不同，所以有了种种差异，这就是“理一分殊”这四个字的由来。

朱熹 易系辞 局部 台北故宫博物院藏

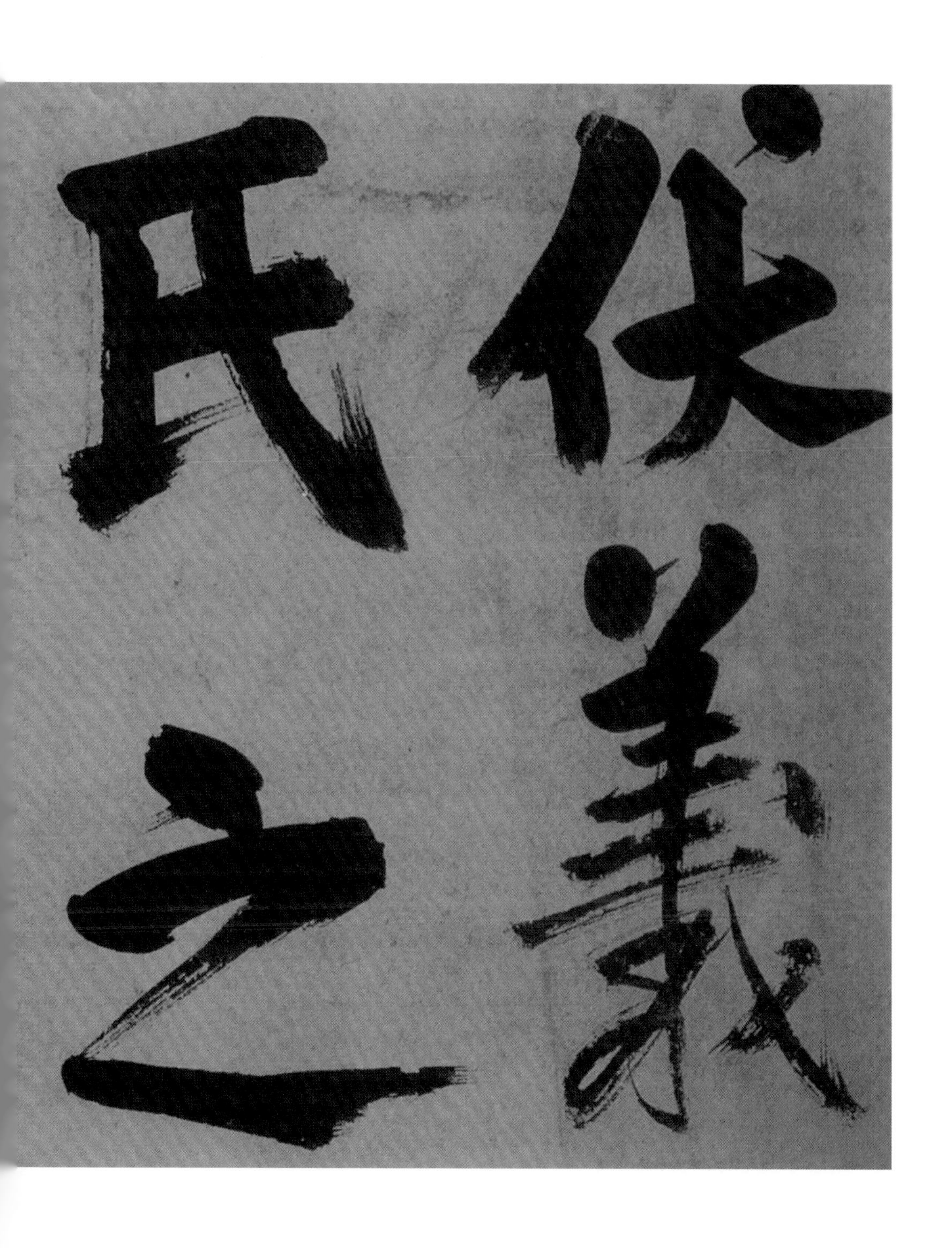
伏羲
氏之

到了南宋程子第三代、第四代弟子（朱子实际上是程子的第四代弟子）的时候，“理一分殊”就成了一个宇宙论命题。“理一分殊”要解决的是统一的天理和千差万别的事物之间的关系：千差万别的事物如何获得统一的理？统一的理又如何体现为千差万别的事物？这是个非常复杂的哲学问题，朱子为了讲明这个问题有过两个重要的比喻：第一个比喻是“月映万川”。朱子说，天理在所有事物当中的体现、跟所有事物的关系，就好像天空中的明月与不同的水中所映照的月影。当然，我个人认为：第一，“月映万川”不是一个好的比喻；第二，这个比喻仅仅是一个关系的比喻，旨在说明统一的“理”跟在具体的、有差别的万物中的“理”之间的关系。为什么说这不是一个好的比喻呢？因为在朱子的理学当中，天理是万物的根源，也是万物本性的内涵。换言之，天理是万物的本质，而月亮映在一切水中（比如一碗水、一池水、一江水），但是所有的月亮的影子都跟水的本质无关，所以不能简单地用这个比喻来讲朱子的“理一分殊”。

朱子讲“理一分殊”，最恰当的还是另一个谷种的比喻：他说“理一分殊”像一粒谷种种下去生出百粒谷种，这百粒谷种都源自于那一粒谷种，但又都跟原来那一粒谷种各有不同。这百粒谷种再种下去，复生百粒谷种，如此生机一贯：一方面生机是一致的，另一方面这生机的具体呈现又是千差万别的。这个比喻对理解“理一分殊”非常关键，也是理解理气关系的根本线索。

崇敬伟大先哲

最后，我期待大家能对中国固有哲学有一种真正的崇敬的态度。你得知道，我们那些往圣先哲对世界人生的思考达到了何其深邃的程度，由这深刻的思考，才产生了面对世界、面对他人、面对自己的平和、正大、温暖、坚定的目光，才产生了这样一种真正合道理的人生态度。

我们今天回看朱子这样的伟大先哲，不要先立一颗刻意求异的心，也不要先立一颗吹毛求疵、轻慢贬损的心。我觉得在面对这样的伟大先哲时，人必须有一种仰视的态度。只有在仰视的过程当中，你才能隔着时代，隔着语言，慢慢去体会往圣先哲的深刻思考。在体会这些深刻思考的过程当中，慢慢带来我们个人的精神成长，同时也让个人的精神成长进一步丰富和深化我们整个时代的精神成长的内涵。当一个时代不再渴望伟大的时候，这个时代就真的平庸了。一个时代无论多肤浅，它只要还渴望伟大，那么它就仍然有伟大的可能，就仍然内蕴着伟大的精神品格。

推荐阅读

◎程颢、程颐：《二程集》，中华书局，2004 年

◎朱熹：《近思录》，上海古籍出版社，2010 年

◎陈来：《宋明理学》，生活·读书·新知三联书店，2011 年

◎杨立华：《一本与生生》，生活·读书·新知三联书店，2018 年

◎杨立华：《宋明理学十五讲》，北京大学出版社，2015 年

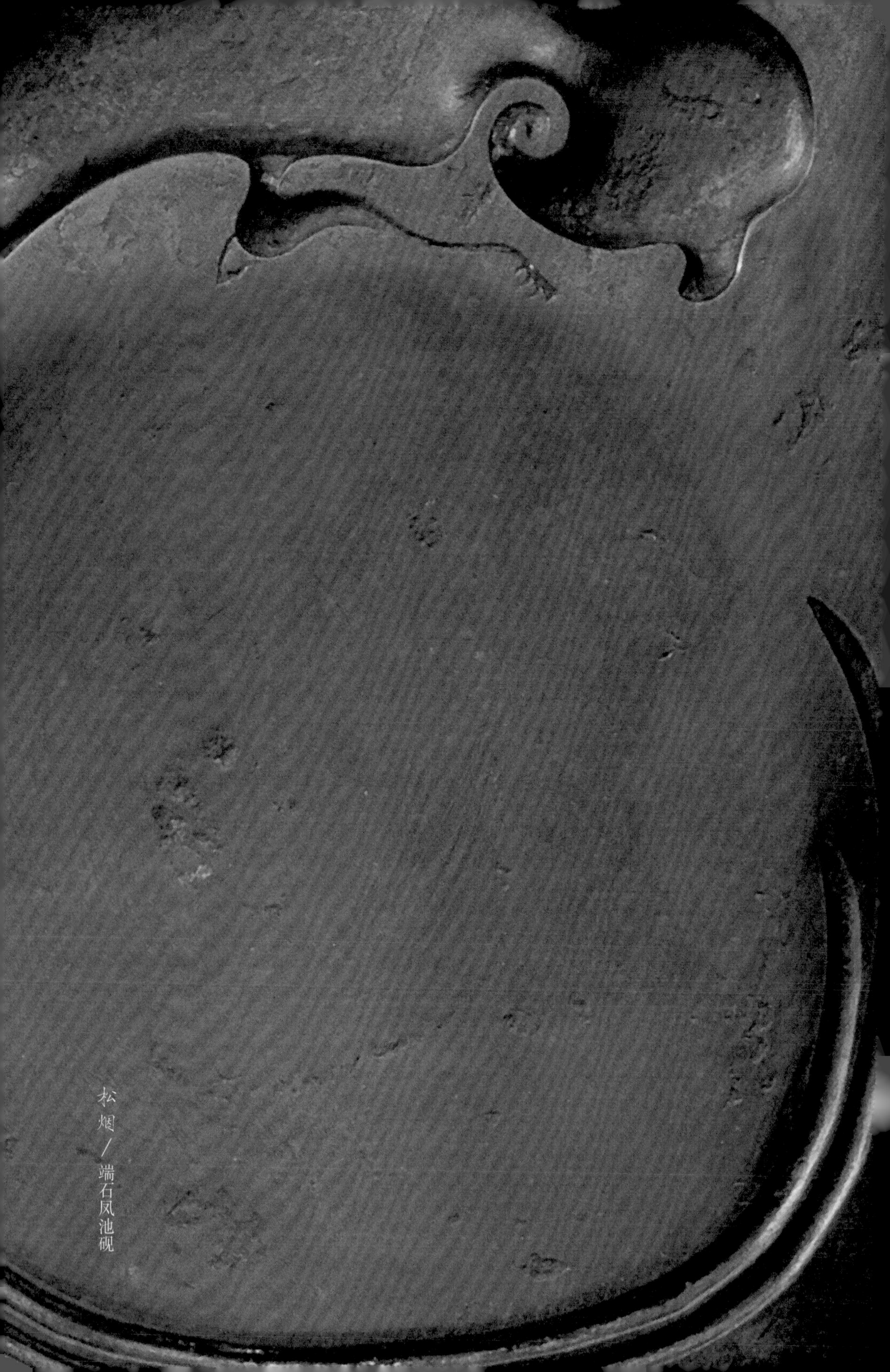

松烟／端石凤池砚

第三讲 书法——宋代的尚意书风

王连起——故宫研究院研究员、国家文物鉴定委员会委员

宋朝书法在中国书法史上占有重要地位，是魏晋、隋唐书风向元、明、清过渡的转折阶段，其时代风格是很鲜明的。宋朝书法有自己的特点，被称为「尚意书法」。之所以形成这种特点，有社会、历史条件的原因，也有书法艺术本身发展的规律问题。

苏轼、黄庭坚、米芾三家的书论和风格，确实代表了宋人尚意求变的特点。如果非讲四家，从创新和守法的角度来说，「蔡」应该指蔡襄，其楷书学虞世南、颜真卿，依然沿守着唐楷的谨严；行草书则较为放纵任意，已体现出求变求新的探索，但只是向全新风格的过渡。

1 宋代书法的创新

尚意书法的成因

在书法史上，人们常说“晋人尚韵”“唐人尚法”“宋人尚意”（清人刘熙载《艺概》语），并往往将晋唐并称。这是因为中国书法作为一门艺术，其基本的构成因素是笔法、结构和章法，因此它的演变和汉字的发展变化密不可分。魏晋是行草、楷书“新体”的创立期，人们必须首先重视字的点圆、结构、形态，所以魏晋有关“书势”“笔势”的论述最多。此时期的书法重在结态造势，形成书法的美感，书法逐渐离开文字，变成一种相对独立的艺术。隋唐书融南北，重视法度，强调情与理的和谐统一，讲求中和平正之美。特别在唐代，楷书确立定型，“楷法遒美”成为入仕的一条途径，更兼当时国势强盛，宗教文化发达，社会对庄严端正的楷书需求量非常大。从丰碑巨制到墓志塔铭，以及无论是名家还是经生的写经，可谓风格多样又法备意足。

到了宋朝，以书法入仕的科目业已废除，铭功、纪事的碑少了。同时，宋人都比较实际，不那么迷信宗教，寺庙碑版和写经也减少了，即使有也失去了唐代的庄严神圣。法度谨严、易于辨认的正楷随之式微。宋初朝廷吸取了唐代科举少、人才都去辅佐藩镇野心家的教训（“安史之乱”时的两个谋士高尚、庄严都是失意的举子），大量开科举，几十倍地扩大了科举取士的人数，以至“官五倍于旧”。这个庞大的生活优裕的官僚阶层在精神生活方面的需求是推动宋代文化艺术繁荣的重要因素。这批人既要写诗抒发情感，又要以书法遣兴适意，以丰富文化生活，日常较为随意的书写就变得更为重要。士大夫不论是仕宦得意还是失意，都要嘱文挥毫，而方正端严的楷书或“点圃费烦求”的草书自然都不如挥洒任意的行书更适于表达，这就成为宋代行书独盛的社会原因。

对于前代书家，宋人独尊颜真卿和杨凝式。颜真卿是对初唐以来人们奉为圭臬的王（羲之）书成法进行变革的第一人，特别是他的行书，为适应情感的抒发，彻底打破了不即不离的中和之美；而杨凝式的书法可称为由唐入宋的转折，是在继承二王、欧、颜的基础上大胆地对他们的成法进行改造，创造了一种真兼行、行兼草，融各种书体遗意而又不为成法所缚的新体势，最适于抒发性情。这无疑启迪了宋人对书法发展方向的思考。宋代的文坛领袖欧阳修，虽然不以书法著称，但他搜集金石碑刻千卷为《集古录》，今尚可见跋尾四百余篇，对书法问题进行了较全面的分析总结。其跋《晋王献之法帖》最能代表他的书学见解，其文云：

> 余常喜览魏晋以来笔墨遗迹，而想前人之高致也。所谓法帖者，其事率皆吊哀候病，叙暌离通讯问，施于家人朋友之间，不过数行而已。盖其初非用意，而逸笔余兴，淋漓挥洒，或妍或丑，百态横生，披卷发函，灿然在目，使人骤见惊绝，徐而视之，其意态愈无穷尽，故使后世得之以为奇玩，而想见其人也。至于高文大册，何尝用此！

他首先针对“高文大册”，强调了书法的抒情功能。其次，将“意态无穷”放在了书法审美的最重要位置，并提出了“或妍或丑”的审美判断，打破了晋唐以来书法必须中和平正、“尽善尽美”的审美理想。在他的其他论述中，还提出了“学书为乐”、“学书消日”、学书要“不害性情”的说法，这与将书法视为“阐《典》《坟》之大猷，成国家之盛业”，关系到“纲纪人伦，显明君父”的唐人相比，审美意识是完全不同的。

前朝战乱，使以往师生父子亲相授受学书笔法的传统中断，这就迫使人们只能向当时有名的书家学习。宋代著名的书家，如蔡襄、米芾、黄庭坚，都学过宋初的书家周越。黄庭坚讲，因学周越，“故二十年抖擞俗气不脱”。当时的科举主考官，更是不少人投其所好、临学其书的

宋代的刻帖与学帖

宋代书法，近人多称之为帖学书法，此说除了受到清代阮元、包世臣和康有为等人的“南帖北碑论”影响外，主要有两方面的原因。第一，宋代刻帖之风大盛。由于唐末、五代战乱对文化遗物造成的破坏极大，宋代对法帖样本的需求远远超过唐代。唐人的法帖复制是双钩填墨，好处是特别接近原件，坏处是产量太低，一次只能复制一份。到了宋朝，需要法帖的人越来越多，人们开始把法帖刻在木头和石头上传拓，这是宋代刻帖兴盛的直接原因。宋人从拓本取法，能看到笔法细微的地方比较少，因此后人就指责宋人的笔法大坏，这跟学帖有一定关系。

宋太宗于淳化三年（992）以内府所藏历代法书刻了十卷《秘阁法帖》（又叫《淳化阁帖》，简称《阁帖》）。《阁帖》所刻基本上是行、草书，这对于宋人的尚意书风无疑是起了推动作用。但是，《阁帖》的影响并不像一些论者所说的那么大。因为《阁帖》中历代帝王名臣书占了五卷，王羲之占了三卷，王献之占了两卷。但宋人学书，真正师法二王者可谓寥寥，大多数人系师法时人。相反，《阁帖》既没有收颜真卿书，也没有收杨凝式书，而此二公之书却是对宋代影响最大的。所以研究宋代书法也需要具体问题具体分析。

第二，宋人传世书法以帖为多，以帖著名。宋人虽然也有碑刻之书传拓存世，但影响甚微，人们宝爱的是他们的简札、诗文草稿和题跋。简札是原始意义上的帖，诗文题跋是对帖的补充和扩大，特别是题跋，可以说是宋人对帖的独特贡献。只有到了宋代，才有了专为前代或同时代人，甚至自己的诗文书画作品发议论、做题跋的普遍现象。这些题跋或长或短，或楷或行或草，书风自然流畅，议论活泼不拘，是了解题跋者和被题跋者生平事迹、艺术风格，甚至逸闻趣事的第一手资料。米芾还为自己关于古法帖的题跋起了个专门名词“跋尾书”。故宫博物院所藏的宋人名家题跋有：文同行书跋《范仲淹道服赞》，苏轼行楷诗题《林逋自书诗卷》，苏轼、黄庭坚行书跋《王诜自书诗》，米芾行楷书跋《王羲之破羌帖》《褚摹兰亭序》，蔡京行书跋《王希孟千里江山图》《宋徽宗雪江归棹图》，米友仁自跋《潇湘奇观图》，等等。这些题跋如果单独存世，同样也是法书珍品。

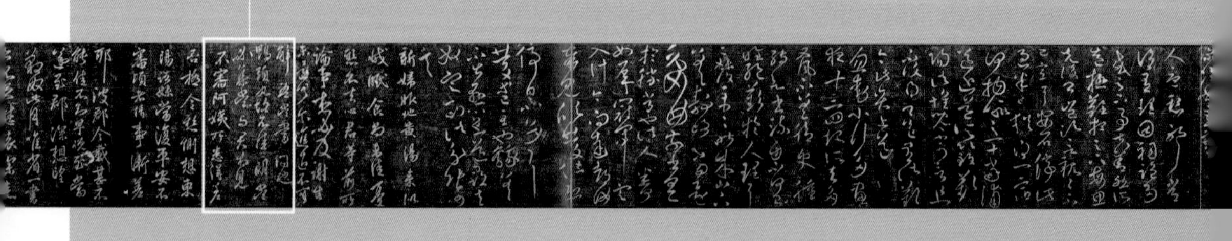

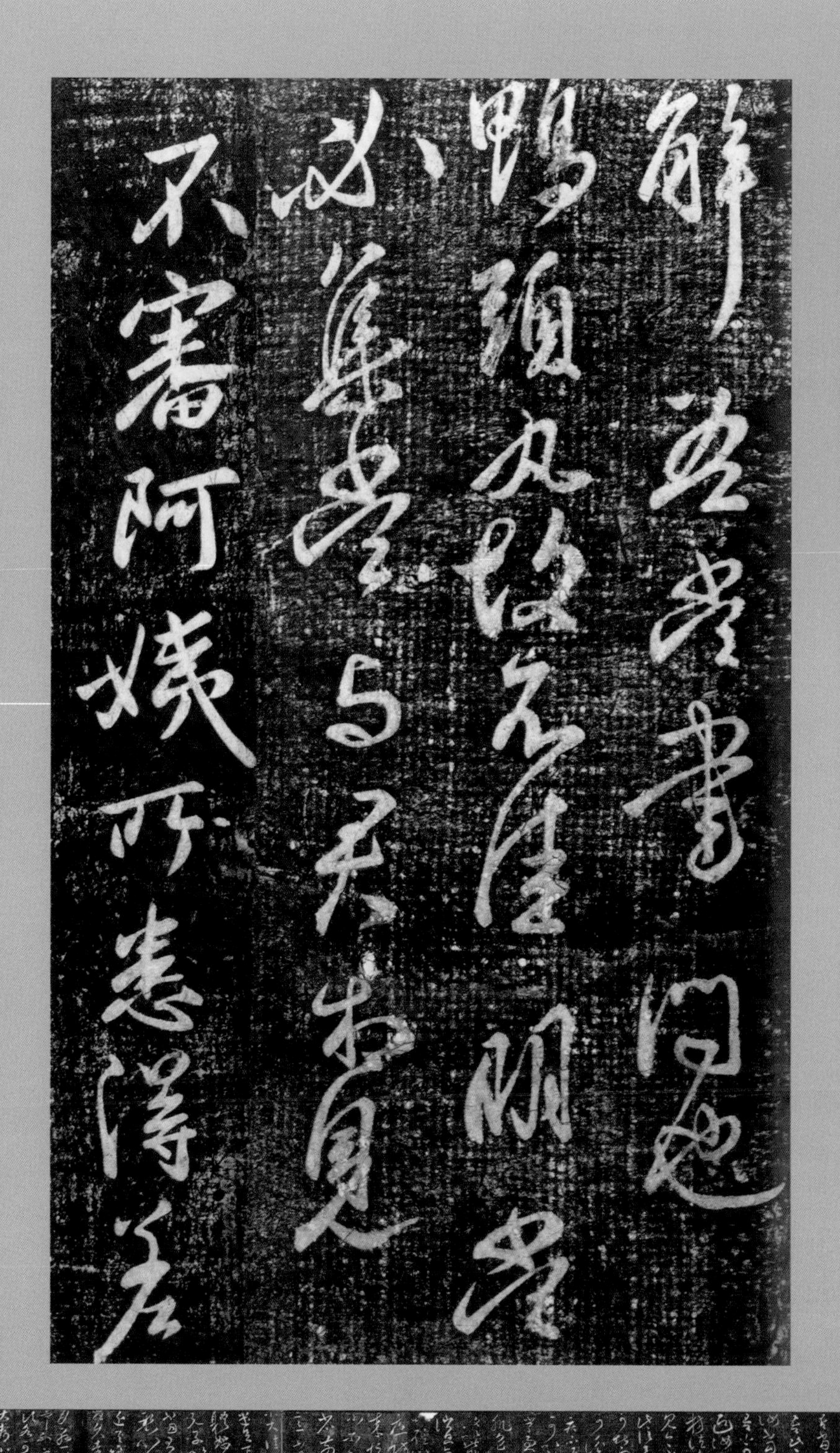

淳化阁帖 明代翻刻本 992 年初刻 台北故宫博物院藏

主要对象。米芾讲“宋人多学权贵书”，这就导致“师法不古，笔法大坏”，欧阳修也发出“古来书法之废，莫过于今”的感叹。但也正因如此，反而促使有识之士少有束缚而更能发挥独创精神。针对书坛时弊，欧阳修理直气壮地提出，“学书当自成一家之体，其模仿他人，谓之奴书”。他的这些观点及作风，直接影响和鼓励了稍后的宋代书风的代表人物苏轼、黄庭坚、米芾。他们几乎都没有所谓的名师指教，都是近于“自学成才”。苏轼借用张融的话讲，“非恨臣无二王法，亦恨二王无臣法”，甚至说“苟能通其意，常谓不学可”，“我书造意本无法”，从而为宋人书的“尚意”和轻法风气奠定了基础。

创新又豪放的苏轼

宋神宗熙宁、元丰年间，宋建国已过百年，北宋书坛的兴盛时期终于出现了。其代表人物是苏轼、黄庭坚、米芾。而蔡京、蔡卞、薛绍彭、沈辽、章惇、钱勰等也都各具体势，自成风格，功力不凡。这时的书法家，非常重视书法之外的文艺修养。苏轼学识渊博，才气豪迈，是宋代最杰出的文学艺术家，他赞扬米芾有“迈往凌云之气，清雄绝俗之文，超妙入神之字”，其实自己当之，似更无愧。而且，东坡将“迈往凌云之气”放在议论之先，也说明创造书法新貌，需要彻底摆脱成法，实际上是指摆脱唐法束缚的勇气。这时的书论，很多人程度不同地表现了对“法”的轻视。

关于东坡的学书师承，他最得意的学生黄庭坚多次说“东坡少时规摹徐会稽”，即学徐浩，而东坡之子苏过则说苏东坡主要是学二王：“少年喜二王书，晚乃喜颜平原，故时有二家风气。俗子不知，妄谓学徐浩，陋矣！”苏轼最得意的门生和其子的意见竟是如此相左。对此还是东坡自己说得贴切，即“自出新意，不践古人”。苏、黄、米名气大，天下翕然习之，形成了宋代书法风格的主流——“尚意”，确切说应当是尚意轻法、书贵自逞，“意”就是根据自己的心情、自己的理解来进行创作，主要靠独创精神，这是以往书家所没有的。

苏轼早年书学徐浩的特点还是挺明显的，不承认也不行，但是他遗貌取神，学得比较得法，而不是亦步亦趋，所以书法牵连点画非常有韵致，自然流利。正如他评吴道子时说“出新意于法度之中，寄妙理于豪放之外”,这句话也是他自己的书法创作追求。他推崇颜真卿是因为“鲁公变法出新意”，推崇柳公权是柳“本出于颜而自出新意”，他自负的也是“自出新意，不践古人”。东坡有些字能看到徐浩的特点，但也能看到学晋人如王僧虔的痕迹，比较扁肥，这方面的代表作品是现存故宫博物院的《治平帖》《新岁展庆帖》《人来得书帖》等，其书或“端庄杂流丽，刚健含婀娜”，或寓巧于拙，仪态淳古，极具才情与功力。

苏轼最有代表性的作品是《黄州寒食诗》,后人将之与王右军的《兰亭序》、颜鲁公的《祭侄稿》并举。大家都知道，“乌台诗案”对东坡的打击很大，他写《黄州寒食诗》，随着感情的起伏波动，字的大小、笔画的错综长短、体势的纵横倾侧，变化越来越大，其奔放雄畅，如长歌当哭，一唱三叹而又牵带精意。东坡写字非常豪放，同时也非常认真。岳飞的孙子岳珂讲:东坡一封信写错一个字,都要重新再抄一遍。在《寒食诗》里，有的上一个字的连笔连下来，但是发现下一个字安排得不合适，又起笔重新写，如“泥”“纸”等字。

东坡有时候写字也很天真，不是那么守规矩，像《李太白仙诗》里“长啸登昆仑”的“长”字末两笔,小撇和长捺反手一勾,一笔写完。老先生说这是“孩儿笔”，就像儿童随便写一样，非常天真自然，已经到了物我两忘的境界。他在《次韵子由论书》中讲：“吾虽不善书，晓书莫如我。苟能通其意，常谓不学可。”他对法度看似轻视，但实际上是能自由驾驭，不为法所束缚。他还提出了“貌妍容有颦，璧美何妨椭”“守骏莫如跛”的美学思想，将妍与颦、骏与跛对立并存，从而肯定了所谓“丑”的审美功能，这一美学思想直接影响了北宋中后期及南宋、金的书法创作，并对以后，特别是明代书法产生了巨大影响。

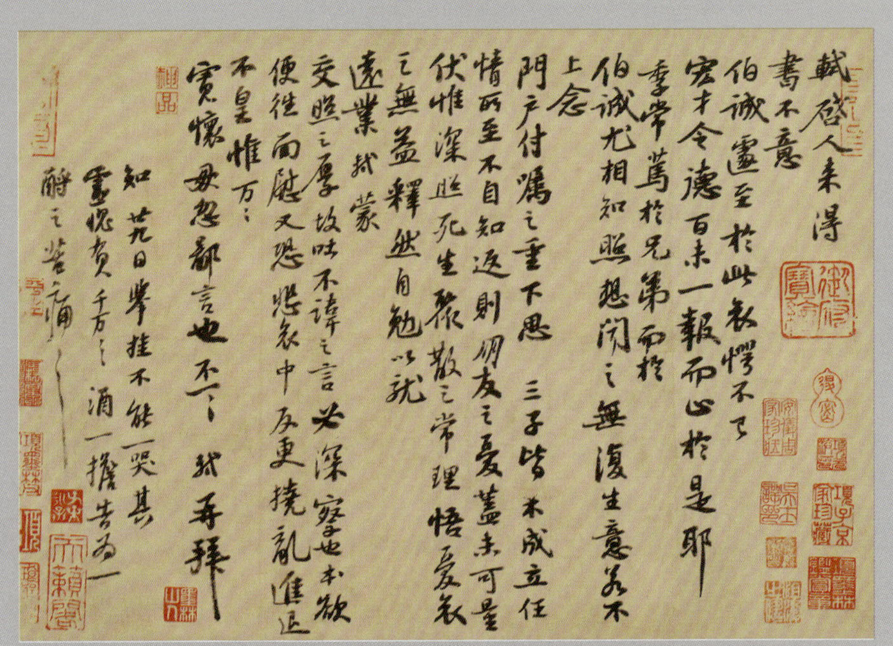

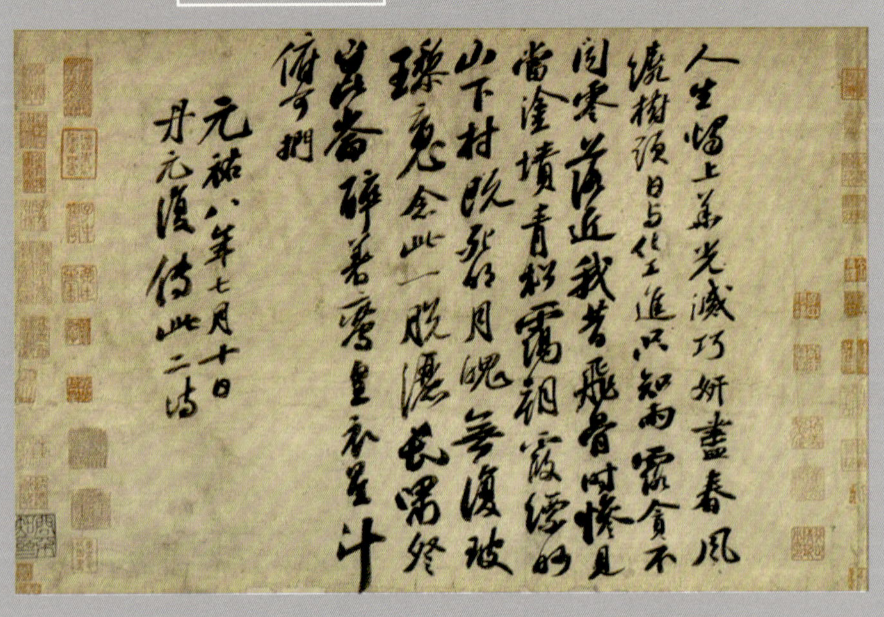

1 苏轼 人来得书帖 故宫博物院藏

2 苏轼 黄州寒食诗 台北故宫博物院藏

3 苏轼 李太白仙诗 日本大阪市立美术馆藏

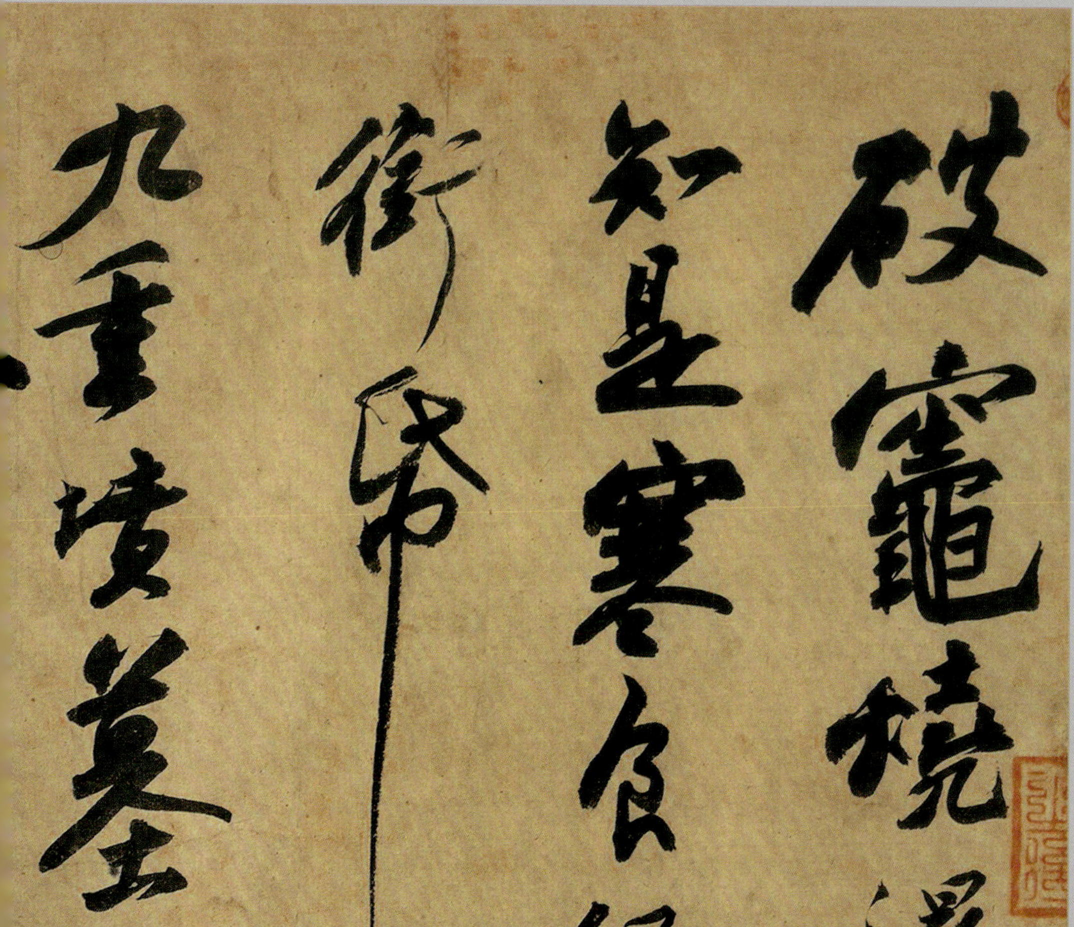

破竈燒濕葦那
知是寒食但見烏
銜紙君門深
九重墳墓在萬里也擬

草书如铁丝纠缠的黄庭坚

黄庭坚是东坡的学生，苏东坡曾有《举黄庭坚自代状》讲其“孝友之行，追配古人。瑰玮之文，妙绝当世”。从书法上讲，苏、黄并称；从诗歌上讲，唐有李、杜，宋有苏、黄。而黄庭坚的影响在宋代一时甚至超过了苏东坡，他是江西诗派的祖师。山谷作诗讲究脱胎换骨，点铁成金，化腐朽为神奇，其书法也是自成一家，楷书、行书、草书都有。张耒评价黄庭坚的诗句“不践前人旧行迹，独惊斯世擅风流”，其实用在他的书法上更合适。

苏、黄的书法都很有特点，东坡的字扁肥，山谷的字“伸胳膊蹬腿”。有一回，东坡和山谷开玩笑说：“你的字很清劲，但是像死蛇挂树，伸腿抻脚。”山谷马上反击：“学士的字我不敢诽谤，但是扁肥，像石压蛤蟆。”这两个比喻都非常切中他们各自书法的风格特点。山谷的行楷书笔画特别飘逸，非得大字才能展开其笔势。宋人书法最大的长篇是黄庭坚的《戎州帖》，藏在中国国家博物馆，一两字一行，字大如碗口，却比其写小字还从容不迫，这一点没有第二个人能做到。他的书法，有人说是受《瘗鹤铭》影响，笔画撇得特别长，但同时他又受柳公权的影响，字心结构紧凑、不松散。他的代表作有《松风阁诗》《跋东坡寒食诗》《廉颇蔺相如传》《诸上座》等等，中宫紧收，笔画外放，一波三折，撇捺特长，笔力挺拔矫健，字势舒展浩逸，可谓变态生新。

黄庭坚自言：“余学草书三十余年，初以周越为师，故二十年抖擞俗气不脱。晚得苏才翁、子美书观之，乃得古人笔意。其后又得张长史、僧怀素、高闲墨迹，乃窥笔法之妙。”山谷的草书看似学怀素，但是完全不一样。他写得非常慢，像是在参禅思考，

> “字中有笔意堪传，夜雨鸣廊到晓悬。要识涪翁无秘密，舞筵长袖柳公权。”黄庭坚就是学柳公权的，实在没有两样的情况。他用笔还尽笔心的力量，能把笔的中心力量写出来，这个很重要。写起来，笔的中心力量能使出来，“结字聚字心之势”，即笔画聚在中心，四外散开，用力这一笔，不管长短，总能把笔心的力量使出来，这是柳公权书法的秘密，也是黄庭坚书法的秘密。
>
> ——启功

带有禅意，因此牵连的时候常常不提笔，牵丝粗细几与笔画相同，这看似有违以往草书的法则，但是他却能因之而使其书气脉流畅。黄山谷自己讲，最佩服柳公权，说柳公权的草书“笔势往来，如用铁丝纠缠”。黄山谷的草书也是如铁丝纠缠，有时把短的笔画缩写成点，有时把长的笔画再夸张缠绕，所以变态生新。如“流水”的“流”，他啪啪啪点了九个点，别人是不敢这么做的。因此，草书在黄山谷这里发生了里程碑式的变化。

有人认为黄山谷的草书好，比如祝允明就拼命学习；而有人则认为不好，如鲜于枢说“草书至山谷乃大坏，不可复理”，就是指他不合古法。黄书的关键就是不受古法束缚，要创新的法。黄山谷书法还有一个特点，无论他写多草的大草书，到后面做题识的时候都用行楷，这是学习周越给他的影响。有的人就把他的作品一切为二，一件楷书，一件草书，变成两件作品。

《瘗鹤铭》

《瘗鹤铭》镌刻于南朝梁天监十三年（514），传为陶弘景书，楷书摩崖，存90余字。原刻在镇江焦山西麓石壁上，中唐以后始有著录。书法落笔超逸，点画灵动，是楷隶相间的经典之作，各朝书家多有仿墨传世。黄庭坚认其为“大字之祖”，作诗说“大字无过《瘗鹤铭》”。

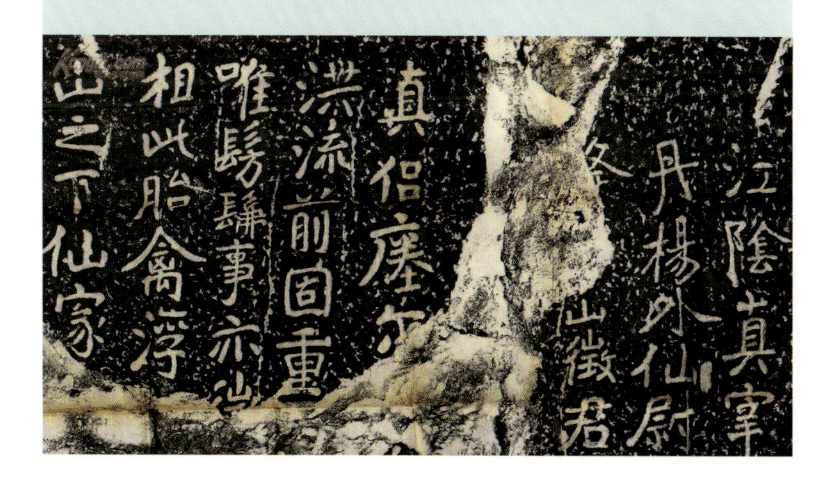

1 黄庭坚 松风阁诗卷 台北故宫博物院藏

2 黄庭坚 草书诸上座帖卷 故宫博物院藏

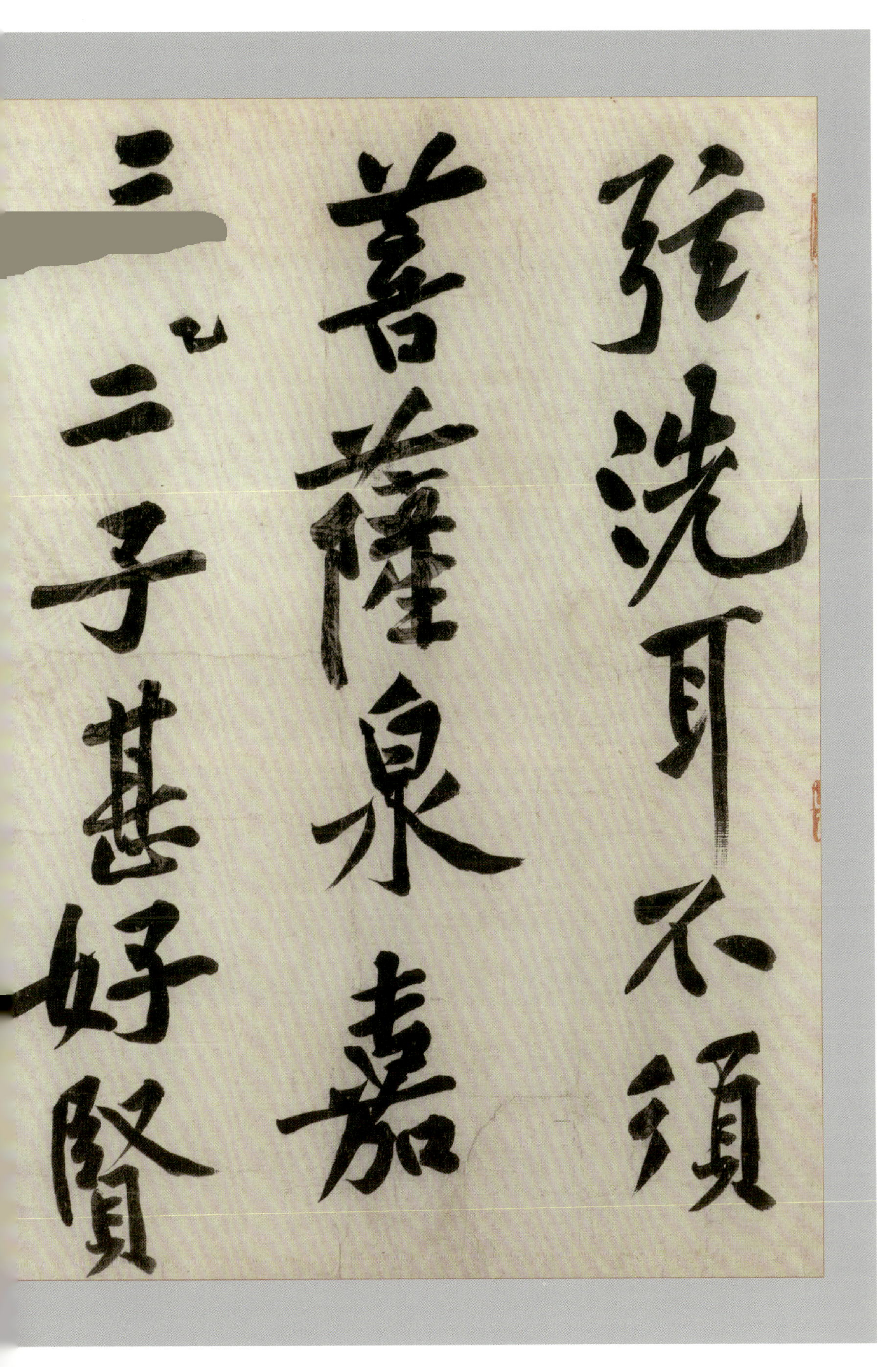
張洗耳不須
菩薩泉嘉
二子甚好賢

入古出新的米芾

在宋代，讲结构变态生新、笔法复杂变化而又应规合矩，米芾是第一人。他跟苏、黄不一样。苏、黄，尤其东坡，更重要的身份是政治家，又是文学家、诗人，米芾虽然传说有文集一百卷，但都不传。看看他做的一些诗，如《海岳志林》记其所作的《驱蝗虫诗》，像打油诗一样，所以不传是有道理的。相比苏、黄，他应该说是“职业”的书法家，最专业的书法家。他有一个帖叫《元日帖》，大年初一还要写字，说一天不写字，“便觉思涩”。

严格来讲，在这三个人中，米芾是对古法研究最深的。其所学极广，初学唐人，自言“学书以来，写过麻纸十万”，后广搜博访以求晋人墨迹，家藏渐富，随着鉴赏能力的提高，审美思想的转变，遂又崇晋卑唐，遍学晋人笔法，因此于古也得意最多。但是他的书法变化太大，笔笔都有古法，反而看不出古法了。他的这种“集古字”而造成的“出新意”书法，艺术造诣之深，笔法变化之丰富，结态造势之新奇，特别是笔势的凌厉，堪称宋代之冠。山谷评其书云：“如快剑斫阵，强弩射千里，

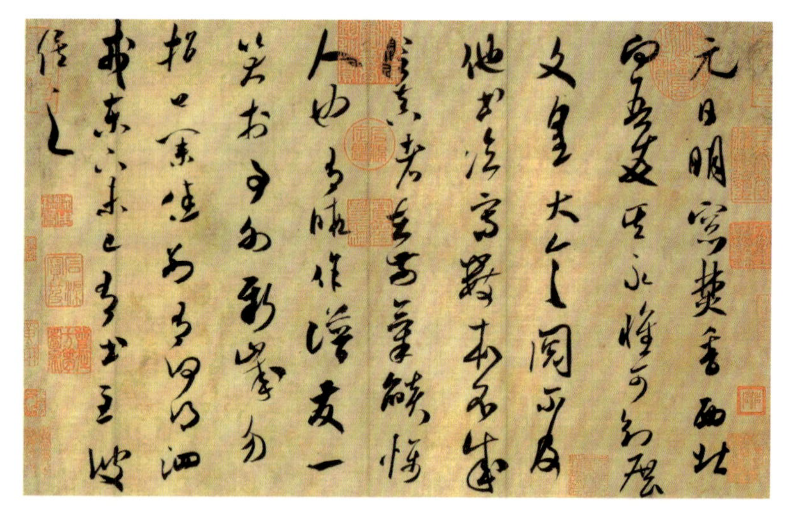

1 | 2

1 米芾 元日帖 日本大阪市立美术馆藏

2 米芾 吴江舟中诗卷 美国梅多鲍利坦美术馆藏

所当穿彻，书家笔势亦穷于此。”但是米芾逞才使气，笔笔都精彩，可往往笔笔都有火气，山谷还有一句评价是“然似仲由未见孔子时风气耳”，所评尤为中的。

米芾也是一位鉴藏家，关于他搜集文物有很多故事。如米家书画船，他在船上都要带着书画欣赏，看见别人船上也有好的字画，就“卷轴入怀，起欲赴水”，人家问为什么，他说一辈子也没见到过这么好的东西，如果得不到，就死了算了！这就是耍无赖。他是靠母亲给皇家当奶妈的关系做的官，是宋四家里唯一没有功名的。米芾没有接受过深厚的儒家教育，所以倒卖文物，甚至跟人借了书画，自己临一份，再染纸做旧。他也不骗人，只让人来看看哪件是自己的就拿走哪件，因此很有可能原主就把他做的仿本拿走了。但米芾的书法确实是功力深。宋徽宗曾经问他，如何评价当代的书家？他说：“蔡京不得笔，蔡卞得笔而少逸韵，蔡襄勒字，沈辽排字，黄庭坚描字，苏轼画字。”宋徽宗说：“卿书如何？”他说：“臣书刷字。”一个“刷”字，说明他写字是万毫齐力，锋在画中，沉着痛快，笔笔压纸，笔笔离纸，写起来迅疾如风雨。

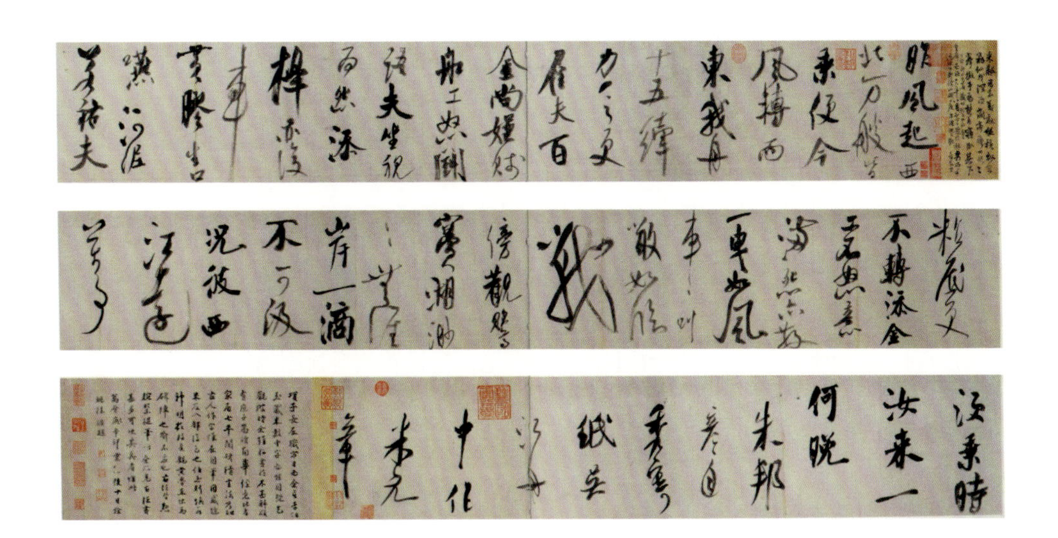

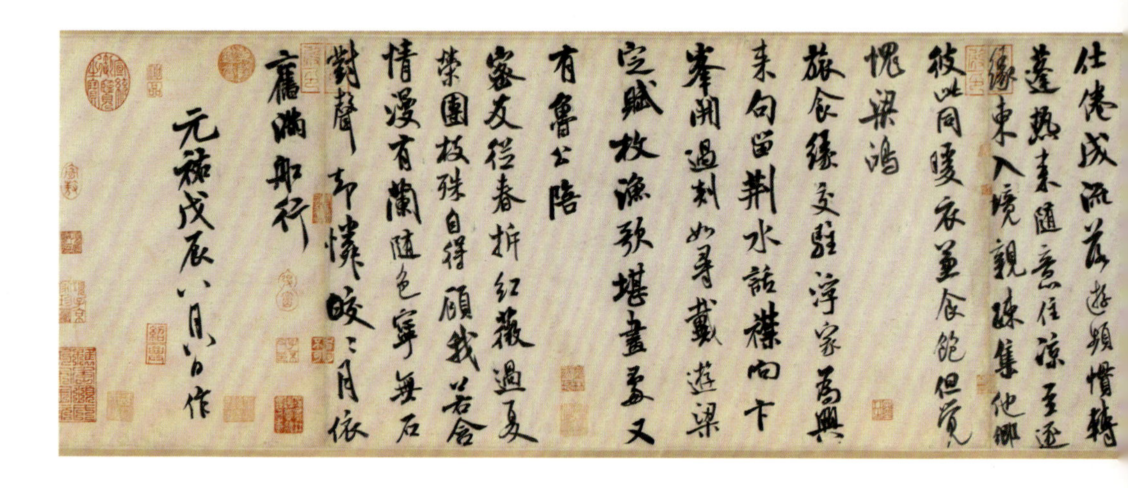

宋代有一个客观的条件迫使书法改变。晋唐人都是使用矮桌、茶几，席地而坐，所以那时没有说写字要悬肘、悬腕，笔笔中锋，这是不可能的。再早的时候，拿着竹简写，席地而坐，不悬肘、悬腕行吗？宋朝有了高桌，写字舒服了，但是也催生了人们的懒惰习惯，胳膊放在桌子上。所以有人说苏、黄都不能悬肘，这是客观提供的舒适条件造成的。米芾看到不悬肘、悬腕造成的腕力虚弱。他从小就在墙上练字，提臂练，所以他的功力在宋代是第一的。他自称书学褚遂良最久，他讲褚遂良书“如熟驭战马，举动随人，而别有一种骄色”，字里有骄色，米字最能体现。

米芾的传世作品，包括题跋以及被当作前人书的临古帖，约七十余件。阎立本《步辇图》卷后题名为最早，其书体势紧结，可见欧、柳风规。北宋元祐戊辰（三年）八月，三十八岁时所书的《苕溪诗》和同年九月写的《蜀素帖》是米芾书法的代表作品。前者书于纸上，秀润劲利，敧侧生姿；后者书于绢上，多有渴笔，笔锋转侧变换刷掠之妙，毫发毕现。二帖肥不没骨，瘦不露筋，体势在开张中有聚散，用笔在遒劲中见姿媚，确实可称“有云烟卷舒翔动之气”。

上面讲的是宋代新书法的代表人物，下面讲讲两宋传统派的书家。

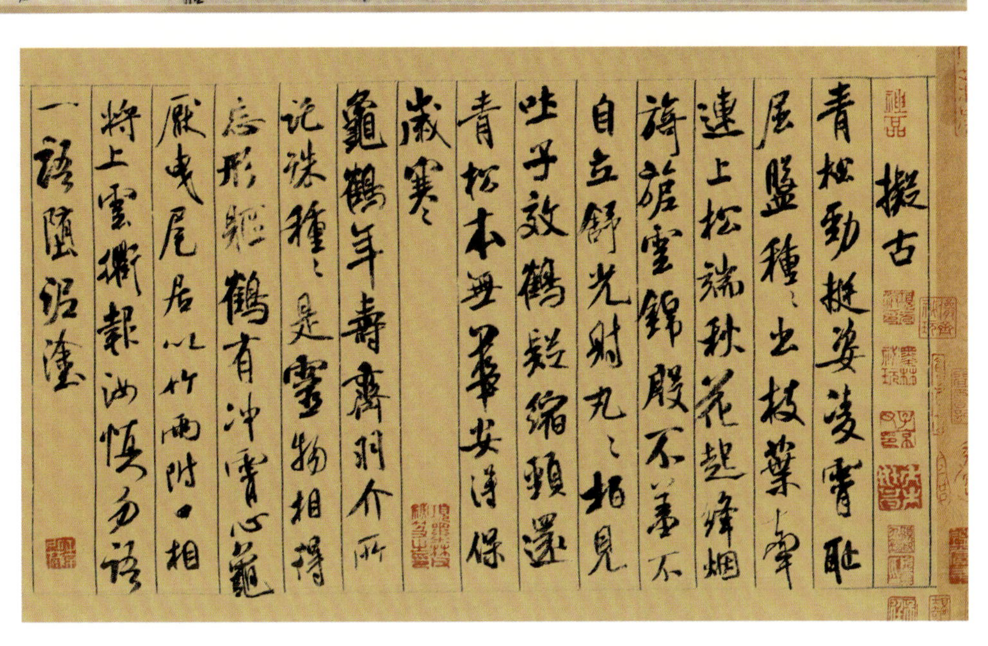

1
2

1 米芾 苕溪诗卷 故宫博物院藏

2 米芾 蜀素帖 局部 台北故宫博物院藏

2 传统书家之复古

蔡襄：宋代楷书第一人

宋代书法特点的成因跟国势不强、宗教法度观念淡薄，有直接的关系。跟临习刻帖也有关，特别是父子、师生笔法传授中断，所以宋人书坚守晋唐传统者日少。但是还有守法而有成就的书法家，第一位就是蔡襄。欧阳修说他是有宋书家第一。

蔡襄是福建仙游人，曾任西京留守推官。在景祐三年（1036），范仲淹第一次进京反腐败的时候，上《百官图》揭露各级官员跟宰相吕夷简的关系，被罢，余靖、尹师鲁和欧阳修也先后被罢。蔡襄就写了一首诗，叫《四贤一不肖诗》，来讽刺当时的谏官高若讷。因为高若讷不但不替忠臣说话，还批评范仲淹。据说这首诗写了之后，一时洛阳纸贵，天下传诵。

蔡襄做地方官和做朝官都是有政绩的，所以仁宗皇帝亲自写他的字"君谟"，见了他称字不称名，表示亲切。但是他本身是一个很谨慎的人。宋人笔记里有一个笑话：他是个大胡子，皇帝跟他聊天就问："你胡子这么长，睡觉的时候胡子是放被窝里面，还是被窝外面？"他很紧张，答不上来，一直在琢磨，到底是放在里面，还是外面。英宗登基后，他受到压制。因为有人造谣说仁宗选太子的时候，蔡襄表示反对，因此英宗为难他。英宗喜欢王广渊的书法，黄庭坚的文集记载当时王广渊的字值千金，蔡襄的字不值几文。但是历史是公平的，现在有几人知道王广渊？欧阳修说："苏子美兄弟后，君谟书独步当世，笔有师法，行书第一，小楷第二，草书第三。"黄庭坚说："蔡君谟行书简札，甚秀丽可爱，至于作草，自云得苏才翁屋漏法，令人不解。"宋人还说

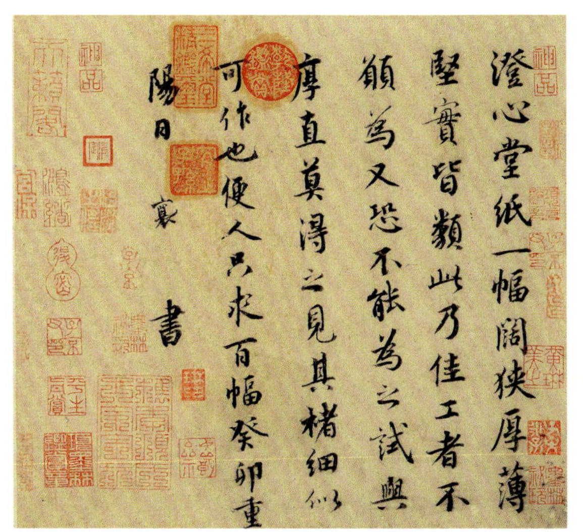

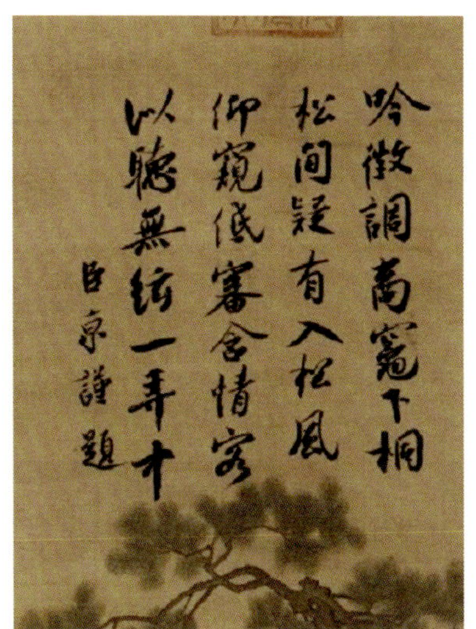

1 蔡襄 澄心堂帖
台北故宫博物院藏
2 蔡京 跋《听琴图》
故宫博物院藏

他也学周越。从传世墨迹可以看出，他的书法主要是学虞世南和颜真卿，尤其是楷书。在宋代能写工整的楷书的，蔡襄确实是第一人。

这里谈谈关于“宋四家”的问题。启功先生说，书家凑成四家都是很无聊的。比如初唐只有欧、虞、褚三家，但是好像念着不上口，非要凑够四家：欧、虞、褚、薛。但薛稷根本不够格，因为他就是学褚遂良的。就有人换成欧、虞、褚、陆，陆是陆柬之，反正得凑成四家。至于说宋四家是苏、黄、米、蔡，蔡有蔡京和蔡襄之分。有人说蔡襄辈分最高，他要是在四家之一应该排在前面。有人说应该是蔡京，因为蔡京的书法好，但他是奸臣，所以才改成蔡襄。实际上，“宋人书尚意，重变化”，而蔡襄是守法的传统派。从书法的功力和艺术水平上看，蔡襄完全可以跟苏、黄、米并称，但是他是守旧的，所以放在后面。

说到蔡京，他的字确实是创新的，是新派。但是，他跟米芾从学书的师承到用意都很相似，重在结态造势，审美上拉不开距离。而他又没有米芾的笔画清轻，沉着痛快，结字时有恶态，经常给人感觉太过滞重，好像是摹的一样。最典型的就是宋徽宗《听琴图》上面的题字，笔道过分迟涩。而且蔡京书法与其弟蔡卞风格面貌、水平高下都差不

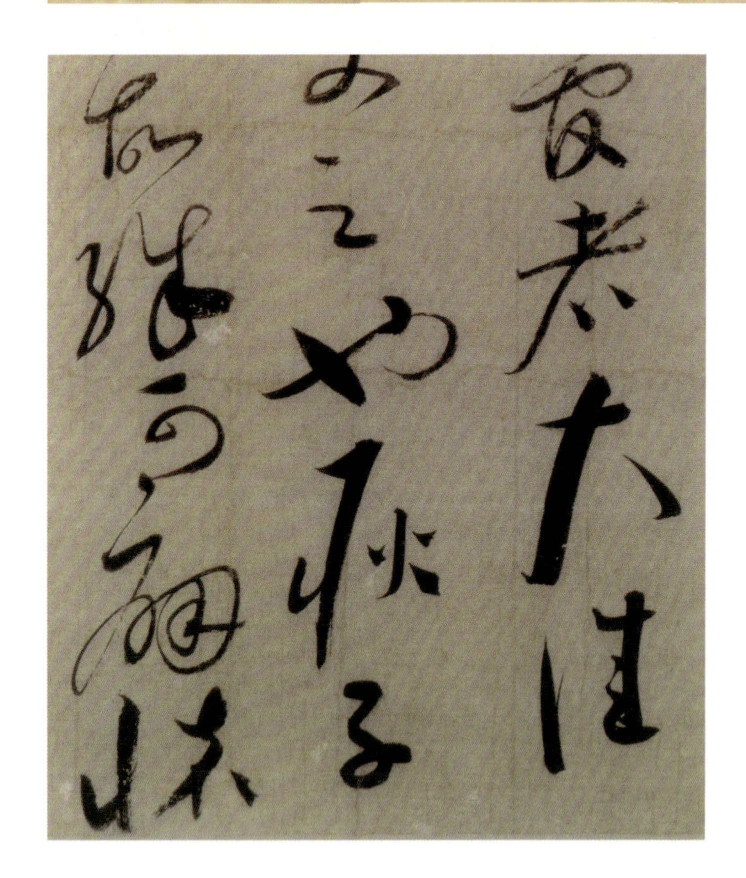

1 蔡襄 谢赐御书诗表 局部 日本东京台东区立书道博物馆藏

2 蔡襄 陶生帖 局部 台北故宫博物院藏

多。所以，如果非讲四家，从创新和守法来说，应该是苏、黄、米、蔡，蔡是蔡襄。

蔡襄学颜真卿笔致，但同颜有明显的区别。颜书端稳大气，蔡书恭谨矜持。颜书似不经意而豪壮，蔡书特精致而有修饰美。山谷评其“虽清壮顿挫，时有闺房态度”，就是指这一点。他传世的作品还是很多的，基本上作品守法居多，而放笔恣肆的很少。

蔡襄最著名的一件楷书作品是《谢赐御书诗表》，这件作品有三件存世，乾隆皇帝刻《三希堂法帖》的那件在台北，是伪作。私人手里有一件也是入过清宫的。还有一件现在日本，是真迹。《广川书跋》记蔡襄为韩琦写《昼锦堂记》，欧阳修撰文，说“蔡君谟妙得古人书法，其书昼锦堂每字作一纸，择其不失法度者，裁截布列，连成碑形，当时谓‘百衲本’，故宜胜人也”。有人说他写《万安桥碑》也是用这个办法，写了很多，一个字一个字剪开，然后再挑，最后裱起来。这看似是在赞扬他严守法度，但从另一个角度来说，他确实很拘谨。所以尽管苏轼受欧阳修的影响，推崇蔡襄，但是在蔡襄作字特别拘谨这一点上，他也有微词。宋人笔记里记东坡曾说：“张长史、怀素，得草书三昧，圣宋文物之盛，未有以嗣之，惟蔡君谟颇有法度，然而未放心，与东坡上下耳。”他很客气，“未放心”，就是放不开的意思。所以米芾批评他是“勒字”，似刻字、刻碑。而苏、黄、米之所以为新书体，就是因为“放心”。

薛绍彭：严守法度的书家

第二位传统书家应当是薛绍彭，字道祖，号翠微居士，是宋代著名的鉴藏家。他的书法和鉴藏跟米芾不相上下，据说薛绍彭讲他和米芾是“薛米”，而米芾讲二人是“米薛”，都把自己排在前面，实际上这是后人传言。米芾自己讲还是客观而客气的，“世言米薛或薛米，犹言弟兄与兄弟”，两人关系很好。

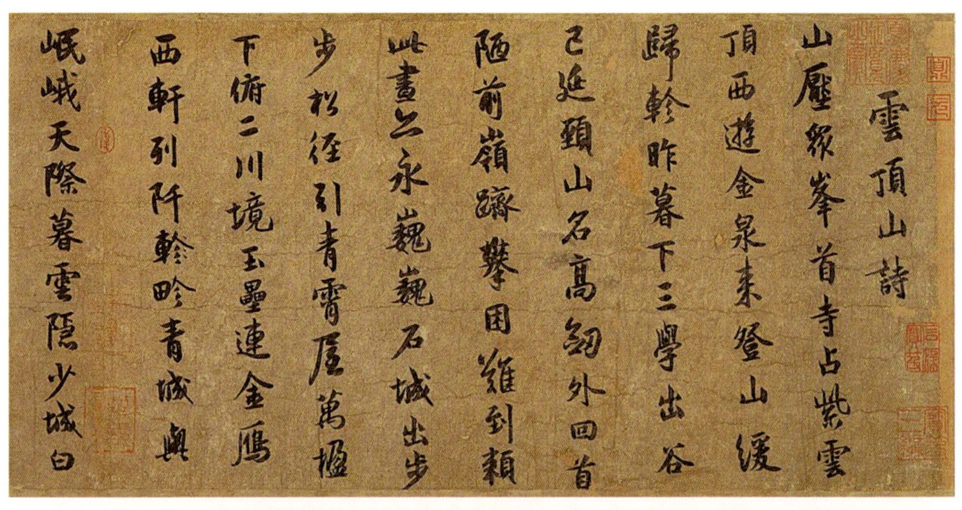

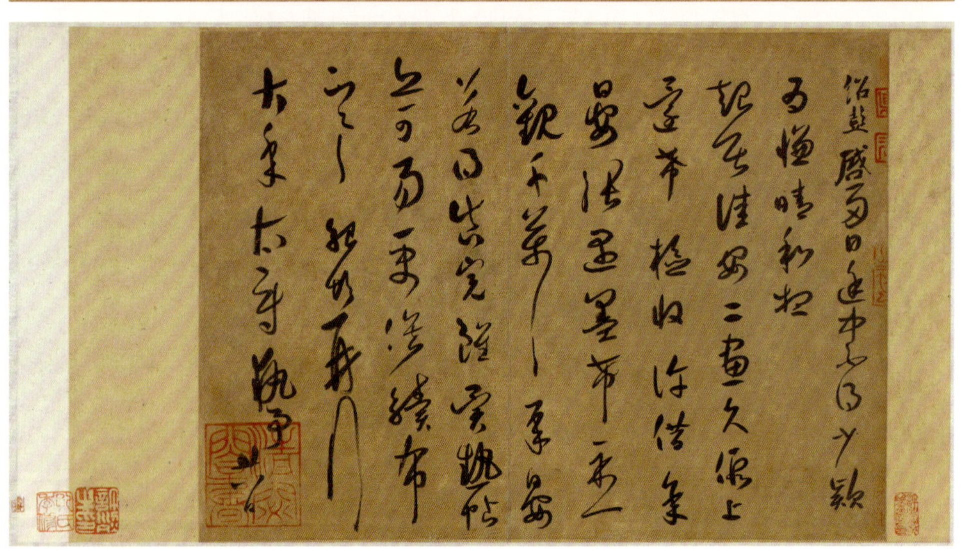

薛绍彭传世的墨迹有《云顶山诗帖》《上清连年帖》《左绵帖》《通泉帖》（又称《杂书帖》），其他还有《桃李三诗帖》《昨日帖》《大年帖》《得告帖》《元章召饭帖》等等。薛绍彭的字因为过于守法，所以比较拘谨。另外，严格来讲，他跟米芾相比，功力也略微弱一点，所以传世的作品相对少一些。但是我们看他的书法就会发现，他是存六朝人笔意最多的书家。文嘉在题跋里引陆居仁的话说："其虽杂于六

1 薛绍彭 云顶山诗帖
台北故宫博物院藏

2 薛绍彭 大年帖
故宫博物院藏

朝或唐人书中当无愧。”如果把薛绍彭的字抽出几行刻在《淳化阁帖》里，人们很容易认为是六朝人书，他的字是保留古法很多的。

让薛绍彭出名的不是他的书法艺术，而是跟《定武兰亭序》有关。传说，他得到《定武兰亭序》的原石，拓了很多份，因为怕别人跟他得到同样完整的拓本，在拓完之后就把“湍”“流”“带”“右”“天”五个字给凿坏了。所以《定武兰亭序》有五字未损本和五字损本。其实从宋人记述可知，在薛绍彭之前，《定武兰亭序》已经损了三个字，所以薛绍彭破坏文物的罪名应该是不成立的。

另外，他刻过一个唐硬黄本《兰亭》，现在就藏在故宫博物院，他在《兰亭》后面题诗，写的字竟然是钟繇体，这在宋人书中是极少见的。宋人书尚意求变，不同程度的轻视古法，薛绍彭是严守法度的，他的不足也在于过分严守古法。元朝的袁桷曾经问赵孟頫怎么评价薛绍彭的书法，赵孟頫说：“薛书诚美，微有按模脱墼之嫌。”就是说薛绍彭的字确实很美，但是有照着模子脱坯的嫌疑，太守法而不能变。

吴说：皇帝都佩服的书家

第三位传统书家吴说，字傅朋。他的父亲是吴师礼，徽宗曾经向他请教如何写字。他说：“陛下御极之初，当志其大者，臣不敢以末伎对。”这是知大理的，说您刚做皇帝应该以国家大事为重，不应该求这种艺术小技。但是根据《容斋随笔》记载，吴说能得到官职，是通过蔡京、蔡卞的门路。吴说在南宋应该是第一书家，他也有收藏。李清照在《金石录后序》里讲，他们有好几个屋子的文物，靖康之变后，在南逃途中越来越少。到了绍兴，住在一个姓钟的人家里，只有五筐再不能丢了，结果还是被人挖墙洞盗走。后来说这些东西就到了吴说手里。

吴说的书法前人评价说，“深入大令之室，时作钟体”。就是说深得王献之的衣钵，还能写钟繇体。说他“行体直逼虞永兴，娟秀大雅。

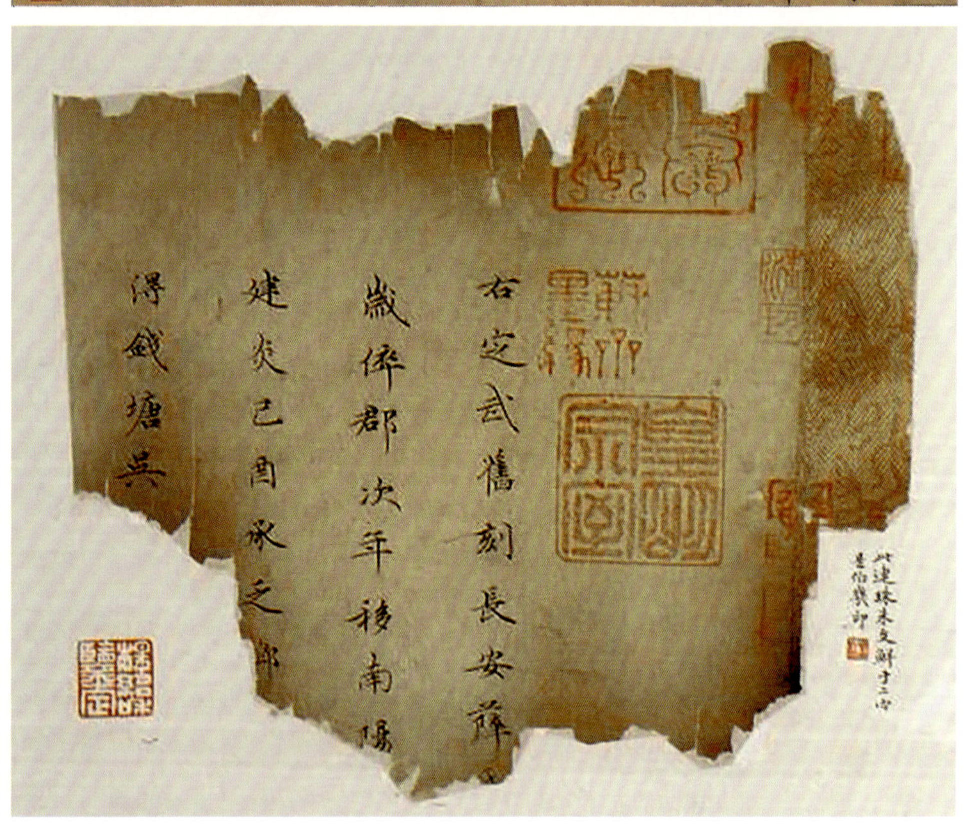

1 吴说 门内星聚帖 故宫博物院藏

2 吴说 跋《定武兰亭序》 东京国立博物馆藏

正书出入杨羲和《内景经》，翩翩有逸致”。吴说大字小字都取得了卓越的成就，而且还创了一种书体叫游丝书，就是拿软毫的毛笔写出像游丝一样连绵的草书。这个我们现在写一点都不费劲，圆珠笔、签字笔、铅笔都能写。但是拿毛笔纯用笔尖，粗细一致，匀称而能看出功力来则是很难得的。游丝书独存一件在日本，叫《上饶使君歌》。

王明清《挥麈录》记故事一则，讲的是吴说大字的艺术成就，“说知信州，朝辞上殿，高宗云：‘朕有一事每以自慊，卿书九里松牌甚佳，向来朕自书易之，终不逮卿所书，当令仍旧。’说皇恐称谢。是日降旨，令根寻旧牌，尚在天竺寺库堂中，即复令张挂，取宸奎榜入禁中”。宋高宗的书法在南宋也是成就很高了，能让他佩服，真是不简单。六朝宋孝武帝问王僧虔：“你的书好，还是我的书好？”王僧虔很害怕，说：“您的书法是皇帝里的第一，我的书法是臣子里的第一”，不比。而吴说的书法，皇帝自己比了，还承认我不如你。

启功先生对吴说的字评价非常高，认为是“有血有肉之阁帖，具体而微之羲献”。看他的《昨晚帖》中的“毒”“哀”“晚”“良”等字，与王羲之《丧乱帖》等的笔意几无二致。另外他有小楷跋《定武兰亭序》，虽然经过火烧，只剩三四行残卷，笔画细若蚊足，但是笔力遒劲，结法工稳，法备态足，俊秀潇洒，姿韵都极佳。所以人讲，吴傅朋小楷为有宋第一，确实当之无愧。其他的楷书，还有跋《伏生授经图》，法度严谨，点画精妙，起始转折有斩钉截铁之势，甚得智永千字文的神髓。这在南宋竞相尚意，踏不下心来写工稳楷书的时代里，更难能可贵。

张即之：碑文写在纸上的第一人

张即之（1186—1263），字温夫，号樗寮，安徽和县人。他是著名诗人张孝祥的从侄，参知政事张孝伯的儿子。张孝伯官做到参知政事、副宰相，《宋史》却无传。张即之的书法功力深厚，面貌独具，能以端

张即之 双松图歌卷局部 故宫博物院藏

楷写经文，长卷几千字，甚至上万字，而首尾不懈，为南宋书家中少有。楷法严整，功力惊人，另有新意，在宋人书中是极难得的。批评者则认为过于刻露，怒张筋脉，有曲折生柴之态。

他传世的墨迹，以书经为多，如《华严经》《金刚经》，有的不止一件。还有《佛遗教经》《度人经》等等。他能写碗口大的字，如《双松图歌》等，功力极其深厚。另外，中国人写碑，都是“书丹上石”，就是蘸着朱砂直接写在碑石上。但是从张即之开始，可以坐在书斋里，写在纸上，然后再拿去刻碑，免去了书家到荒野坟地里趴在石头上写字的辛苦。究竟是从什么时候开始可以不到坟地里趴在石头上写碑呢？现发现的第一个写在纸上的碑是张即之的《李伯嘉墓志铭》。这个碑传世有两件，一真一伪，真迹在日本，伪本在台北故宫博物院。

宋人书严守法度者蔡襄，因为生在北宋鼎盛时期，结态雍容，温良恭俭让。但是到了张即之，已近于南宋亡国，躁露不平之气往往见于笔端，这也是时代风气造成的。尽管都是守法，功力深厚，而面貌有很明显的区别。

3 皇家书法：徽宗与高宗

书画爱好者的父子皇帝

宋徽宗赵佶是导致北宋亡国的皇帝，而其第九子赵构是南宋中兴的第一代帝王，即宋高宗。两人都可称为书法史上杰出的书法家，在帝王书中更属一流。宋徽宗创瘦金体，个性鲜明独特，高宗的书风则在南宋影响巨大。

赵佶，宋神宗第十一子，哲宗的弟弟，初封遂宁王，绍圣三年（1096）封为端王，元符三年（1100）哲宗死，继位，年号有建中靖国、崇宁、大观、政和、重和、宣和，在位25年，让位钦宗。一年后，金人攻破汴京，被俘北去，囚死于五国城。作为皇帝极其腐败昏庸，作为艺术家则才华出众，是杰出的书画家，也是北宋文艺活动的最大的倡导者和组织者，《宣和书谱》《宣和画谱》《宣和博古图》都是在他的主导下修撰。他还刻《大观帖》二十二卷，是一时的艺文盛事。

关于他的艺术师承，蔡绦的《铁围山丛谈》记云：

> 国朝诸王弟多嗜富贵，独祐陵在藩时玩好不凡，所事者惟笔研、丹青、图史、射御而已。当绍圣、元符间，年始十六七，于是盛名圣誉，布在人间，识者已疑其当璧矣。初与王晋卿诜、宗室大年令穰往来，二人者，皆喜作文词，妙图画。而大年又善黄庭坚，故祐陵作庭坚书体，后自成一法也，时亦就端邸内知客吴元瑜弄丹青。元瑜者，画学崔白，书学薛稷，而青出于蓝者也。后人不知，往往谓祐陵画本崔白，书学薛稷。凡斯失其源派矣。

人们都知道宋高宗书法学黄庭坚，而徽宗也学过黄，则是一般人不知道的。《书史会要》讲，徽宗是初学薛稷，变其法度，自号瘦金书，可见写《书史会要》的陶宗仪也不知道徽宗学过黄。这大概是因为宋高宗书初学黄庭坚，不止一种文献记载，而且还有著名的故事流传，特别是有学黄的书迹存世。而徽宗早年学黄的书迹无存，文献仅见蔡绦所记一条。今人讲到徽宗学书，也仅言其书学薛稷。

徽宗的传世墨迹有《楷书千字文》《秾芳诗帖》《欲借风霜二诗帖》《牡丹诗帖》《怪石诗帖》《闰中秋月诗帖》《夏日诗帖》等等。其实还有题欧阳询《张翰帖》《卜商帖》，也应该是他的书法，还有一些草书的纨扇、题画等等。现存世最早的书法是他在 23 岁时，书于崇宁三年（1104）的千字文，但这件作品后面有“赐童贯”三个字，则是画蛇添足。

宋徽宗与瘦金体

宋徽宗的瘦金书是他的独创，“瘦金”有人写作金玉的“金”，还有人写作筋骨的“筋”。瘦金体的面貌是笔法夸张，笔画细劲，横竖收笔，重按做点，特见锋芒顿挫，大字非常挺拔劲健，小字细劲瘦硬。总的来讲，给人感觉流利俊爽、秀挺飘逸。

刚才讲了徽宗初学薛稷。薛稷是唐代书法家，武则天和唐中宗时人，他有一个弟弟叫薛曜，他们都师法褚遂良，写字的特点是笔画极瘦。褚遂良的《雁塔圣教序》《伊阙佛龛碑》笔画已经很瘦，但是最瘦的是《房梁公碑》。薛稷的《信行禅师碑》，完全是从《房梁公碑》而来，但是水平差得很多。另外，他的弟弟薛曜也学褚遂良，存世有行楷书《夏日游石淙诗并序》。对比宋徽宗的瘦金书可以看出来，徽宗完全是师法薛曜，瘦金体是在二薛的基础上夸张变化，更加程式化，再进一步就是美术字了。

他的草书相较于瘦金体更见矫健飞舞，传世《草书千字文》用的是给他特制的描金云龙笺，11 米多长，一气呵成，气势连贯，笔势飞舞，劲利流畅，略近怀素，而时见小草，所以牵连转折，跌宕起伏，笔法

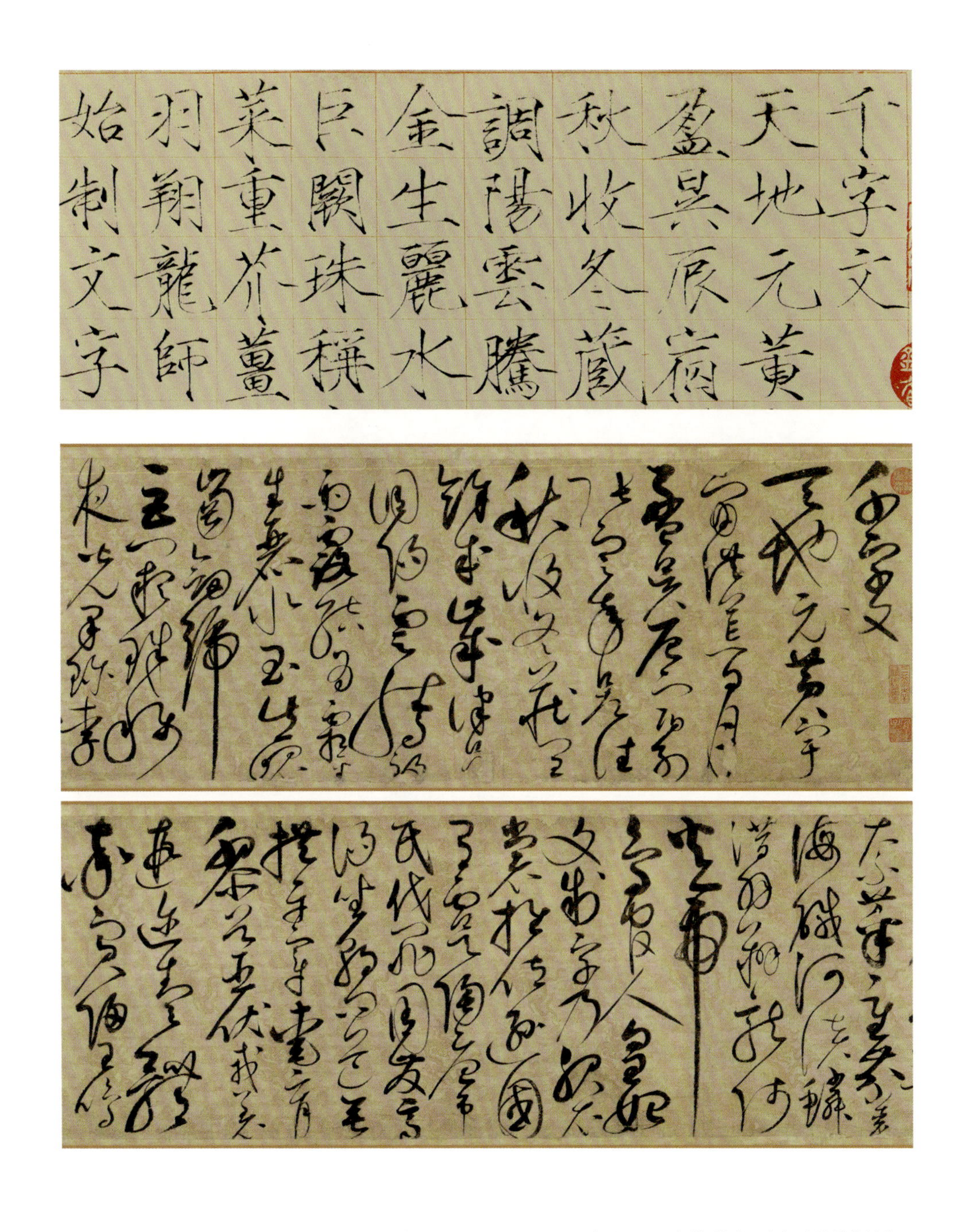

1 赵佶 楷书千字文 上海博物馆藏

2 赵佶 草书千字文 辽宁省博物馆藏

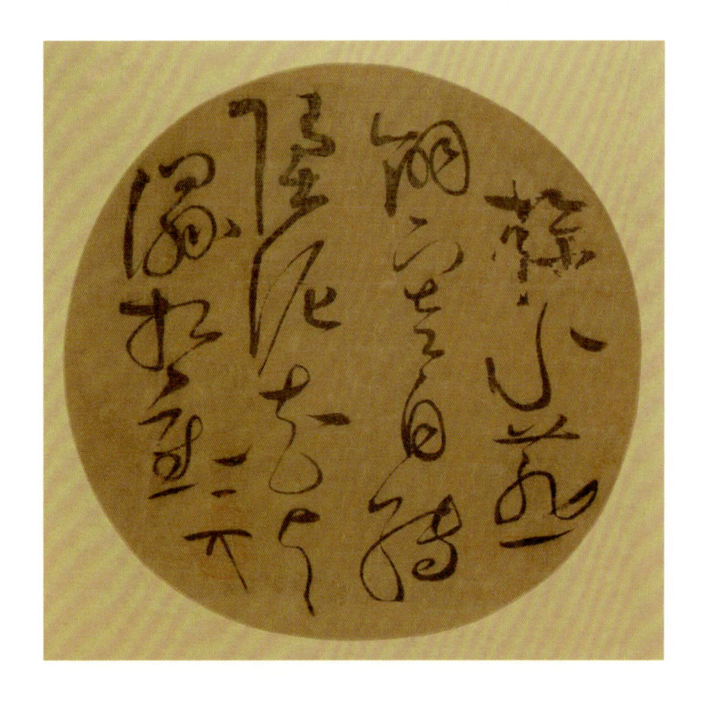

1 赵佶 纨扇七言诗
上海博物馆藏

2《定武兰亭序》后
的题跋

较狂草更富于变化，章法布局也讲究争让穿插，如风卷云舒，浑然天成，是难得的艺术珍品。《纨扇七言诗》仅四行，也是颇得匠心，盈满充实，又虚灵疏落，较黄庭坚草书的铁丝纠缠、老僧参禅，赵佶的草书则显华美飘逸。

宋高宗的书法

在靖康元年（1126）金兵攻入北宋国都汴梁，掠走钦、徽二帝之后，宋徽宗的第九子赵构在南京（今商丘）即位，后来辗转逃难到杭州临安，建立南宋。宋高宗的书法功力之深厚，不让其父。他对于书法的热爱，跟他的父亲是一脉相承的。举一个例子，他在建炎年间一路南逃，惶惶如丧家之犬。好不容易在绍兴元年（1131）到了杭州，暂时有喘息的机会，马上向跟他一起逃难的宗室赵子昼借《定武兰亭序》，翻刻上故相換今日之迹明復陳矣等語意皆出於逸少疑後人有得當時會中官爵名氏者因傳會爲之耳又晉書綽嘗爲右軍長史而此作司馬逸少本傳與何延之記皆載釋道林而此無之寔爲可疑者擿著于篇以待練洽之君子

政和改元七月癸酉籍寶直盧

石。王羲之的《兰亭序》在南宋得到独尊的地位，赵孟頫讲“自渡南后士大夫家刻一本”，这种局面跟宋高宗有直接关系。

而且在《兰亭序》的众多传本中高宗最喜欢《定武兰亭序》，这也有他的用意。高宗生下来三个月，就被封为定武军节度使。同时，“定武”，在这个时候有结束战乱的含义。他刻《定武兰亭序》后的题跋就抄自《世说新语》。王羲之批评谢安国家多难的时候还尚空谈，是让人关心政治，关心国家大事。高宗把“兰亭序”又改回“修禊序”，叫《禊帖》，还原王羲之写这篇序文时的活动情境，也是有用意的。晋元帝是东晋的第一个皇帝，没有威望，士人不尊重他，王羲之的堂伯父王导、王敦就借这个修禊日让皇帝出行，他们恭恭敬敬地跟随在后面，南方的氏族在门缝里看见皇帝这么有威望，纷纷出来礼拜。宋高宗的经历跟晋元帝相似，他提倡“兰亭”，提倡“修禊”，就是希望南方士人也辅佐他。

高宗的书法初学黄庭坚，很多文献都有记载，后来为什么不学了？这是因为宋、金对峙，金人在山东建立了一个伪政权，刘豫伪齐。刘豫让人练习黄庭坚的字，准备搞间谍活动，冒充高宗的圣旨。后来有人偷偷地报信，宋高宗才改学米芾 。高宗学黄庭坚的字，存世有《佛顶光明塔碑》的拓本，现存于日本，跟黄庭坚的字完全一样。另外他改学米，用功主要在二王，但是面貌更像智永。他学米的书迹有给岳飞的两道敕书，现在都在台北故宫博物院。

高宗的墨迹今存有《书白居易随宜诗》《徽宗御书集序》《盛秋敕》《素志敕》《洛神赋》《后赤壁赋》，以及一些题画的书法，如题《会昌九老》和《长夏江村图》等。另外传为马和之的画作，《毛诗》对题也是高宗体的书法。至于很有名的所谓的李唐《晋文公复国图》，对题《左传》的书法，一般都作为宋高宗的字。我有文章考证，认为不是高宗所书，画也不是李唐所作。宋高宗书法在南宋的帝后里影响很大，孝宗、光宗、宁宗一直到理宗都学他的字体。在杭州孔庙里，还有高宗当年写的经。高宗的书法一直影响到赵孟頫早年，应该说比他

1
2
3

1 赵构 佛顶光明塔碑 日本宫内厅藏

2 赵构 盛秋敕 台北故宫博物院藏

3 赵构 草书洛神赋卷 局部 辽宁省博物馆藏

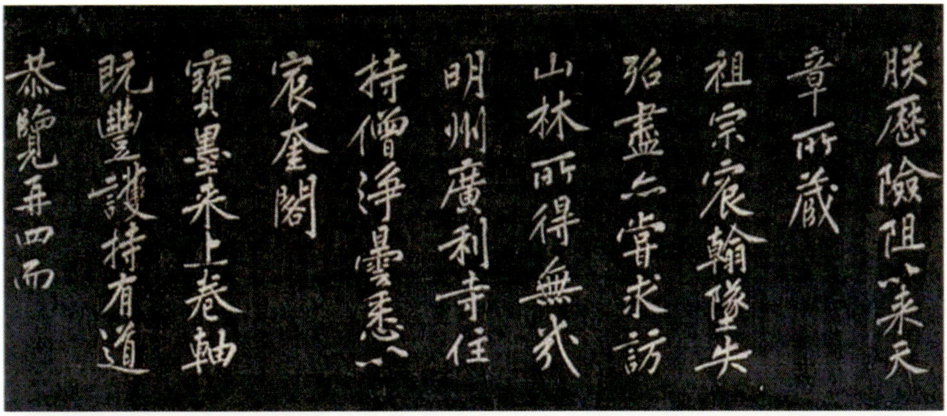

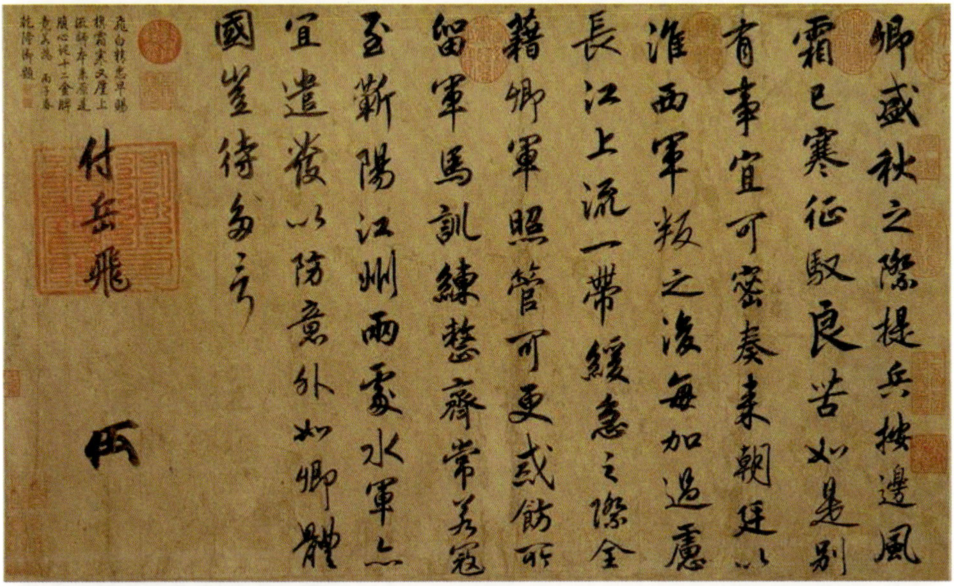

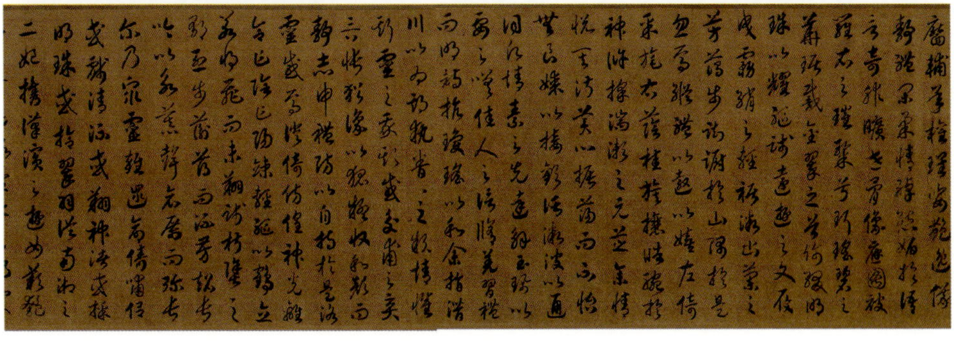

父亲的影响要大得多。这跟他父亲是亡国的皇帝有关。周密《齐东野语》记载，宋朝绍兴内府装潢，凡是有徽宗题字的都要去掉，高宗再重题。乾隆皇帝刻《三希堂法帖》也不刻宋徽宗的字（徽宗题欧阳询《卜商帖》《张翰帖》，因为没有御押和落款，才被刻入其中）。高宗是南宋建国的皇帝，是中兴之主，所以他的字流传得要比徽宗广，影响也大。

我们从苏轼书法的签名看，他给人写信，前面楷书写“轼顿首拜”，后面的“轼上”的“轼”就草化了，这还是受花押流传的影响，就是信札的开头具名要工整，签名要花哨。皇帝的签名更要避免模仿。

徽宗和高宗都有各自的御押，但徽宗的御押含义人人尽知，就是“天下一人”，而高宗的御押鲜有人论及。

2002 年，故宫博物院收《出师颂》。这件作品前面有一个伪造的宋高宗“晋墨”篆书引首，上有他的御押。当时故宫的一位专家就问，这是什么意思？徐邦达先生说这是高宗的御押。周密的《癸辛杂识》最后有一篇文章《宋十五帝押》，明确说宋朝十五个皇帝都有御押。但这个御押是什么意思？当时各位老先生都没言语。我说，“要知道这个押的含义，需懂得《周易》的经和传”。事后我送启功先生回家，他问：“你解开这个押的含义了？”我说：“您看这个押像什么？”启先生说：“像一个大写的伍字，略带花哨。”我说：“高宗行几？”先生一听，当即说出《易经》乾卦第五爻：“九五，飞龙在天，利见大人。”《易经》所有的注疏，如孔颖达、颜师古等，都说这代表帝位、君位。宋高宗行九，他就写了一

宋高宗和他的御押

押，就是签名，一般工整的签名容易被模仿，所以要写得花哨一点，叫花押。宋代早期有两位书家喜欢用花押，一个是徐铉，一个是李建中，后来就很少有人用了。

宋高宗和他的御押

宋徽宗御押“天下一人”

个“伍”，根据《易经》的乾卦第五爻会意成文，就是“九五之尊”。他父亲徽宗的花押是“天下一人”，很花哨，还有藏字游戏的意思。宋高宗的花押是“九五之尊”，完全是会意指示了。高宗的这个押是在特定的时间段里使用的，他刚做皇帝的时候，他的父亲、哥哥都还活着，所以有一个合法不合法的问题。他创出这么一个押，按《易经》来讲，九五之尊就是合法。高宗朝还创作了《中兴瑞应图》等，都是表示他应该做皇帝。

理解到这一点，才知道高宗为什么杀岳飞。岳飞总是说迎二帝回来，他们回来高宗作为皇帝怎么办？因此是绝不能回来的。到了绍兴八年、九年，《绍兴和议》签订，高宗的帝位巩固，南北对峙形成，金人不会放他的父亲和哥哥了，这押也就不用了。

推荐阅读

◎ 蔡绦：《铁围山丛谈》，中华书局，1983 年

◎ 陶宗仪：《书史会要》，北京师范大学出版社，2016 年

◎ 启功：《启功论书绝句百首》，荣宝斋出版社，1995 年

◎ 王朝闻主编：《中国美术史》，北京师范大学出版社，2011 年

◎ 徐邦达：《古书画过眼要录 · 晋隋唐五代宋书法》，紫禁城出版社，2005 年

赭色／关仝 秋山晚翠 局部

第四讲

宋画——从「绘画」到「写画」

朱青生——北京大学历史系教授

宋画是一个很大的题目。对于宋朝绘画，不同的人有不同的理解。我切入的角度可能和一般人不一样。我不直接讲宋画是怎样的，而是以元代绘画为对比来回望宋画，看看在一个时代终结之后，更能凸显它的哪些品质，以及后来又失去了哪些品质。

宋朝绘画在一般人心中的特点是写实的、现实主义的，注重形似，注重物象的质感和物理等等。这些品质是宋画的突出特点。但我想提醒大家的是，以上提到的宋画品质，在元代终结了。我现在先从宋画终结这件事情讲起，然后再回到宋画，对某些问题进行重新看待与回顾。

1 从赵孟頫回望宋画

宋朝末年有一位艺术家叫赵孟頫，非常有名。他是宋朝的宗室，却投降元朝做了大官，因而在个人品质上一直被人诟病。但在艺术上，大家都非常认可他。他不仅是复古理论的提倡者，还是很重要的实践家，既能写一手好字（得王羲之书法真髓），又能画很好的画，而且不止一种风格，比如《鹊华秋色图》是设色山水的代表，堪称中国山水画中的杰作。他还画过动物、人物等等。不过这些都不是最重要的，在我看来，他最重要的作品是晚年一幅很小的画，现藏故宫博物院，叫作《秀石疏林图》，其重要性在于它标志着中国艺术从此走上了一条独特的发展道路，绘画的目的不再仅仅是模仿现实和表现对象，而在于画出对象所没有的东西。

对于赵孟頫来说，他不仅把这样的观念画了出来，而且在画的旁边题了一首诗："石如飞白木如籀，写竹还于八法通。若也有人能会此，方知书画本来同。"诗的第一句说，我们画石头的时候应该用飞白的笔法来画。"飞白"就是草书，草书写得快了，笔画就会出现露白的部分，通常叫"飞白书"。"木如籀"，就是说画树木要像写籀文一样（籀文是篆书的另外一个名字），如锥画沙，如刀刻石，笔画厚实而圆浑。"写竹"就是画竹子，像写书法一样来画竹子。这里解释的可能性很多，但更像在指隶书的笔法，因为隶书的撇、捺以及横挑的波折，常有往外分流的手势和笔路——这种方法还是很特别的，画上的竹子就像倒过来的一串"八"字。如果你知道了这个道理，最后两句就简单了，书和画的用笔是一样的。

"书画同源"的说法至少从唐代张彦远就开始了，但他讲的含义和赵孟頫不同。张彦远的"同源"意思有两层：一是从艺术功能上，

赵孟頫 秀石疏林图
故宫博物院藏

书和画都是为了“成教化、助人伦”；二是从材料上，书和画都是用毛笔在一张绢或纸的平面上留下痕迹。但赵孟頫想说的意思要更深一层，“书画本来同”并不只是说书和画本来是一样的，因为书和画在宋朝的时候并不一样。画画要很精致、写实，书法却是另外一条路，优雅、灵动，把人生和存在都放在运笔的线条里，虽然用的是象形汉字，但更多时候是强调字里行间表现出来的气韵和素质。赵孟頫用书法的方法来绘画，把二者结合起来，绘画变成了像写书法一样去“写”一张画。中国艺术从此走上水墨写意的道路。

赵孟頫说：“作画贵有古意，若无古意，虽工无益。今人但知用笔纤细，傅色浓艳，便为能手，殊不知古意既亏，百病横生，岂可观也。吾所作画，似乎简率，然识者知其近古，故以为佳。此可为知者道，不为不知者说也。”这里所谓“古”是指北宋以上，与南宋的“今”相对立，“古意”实际乃是“新意”，画笔全从书法脱化而出，以“简率”为特色，与南宋以来院画家“用笔纤细，傅色浓艳”的工细画格相对立。

了解这些，我们才能够理解明代董其昌的理论。董其昌所说的“南北宗论”，究其根本是说：绘画不应该过分执着于物象，而应注重人的性情和文气。文气是一个人经过了文化的陶养和思想的提高，最后在笔端所显现出来的人的存在和对世界本质的一种揭示。世界的本质不在于表象，在于理解之间。这种理解要靠笔法来实现和表达。这条道路发展下去，出现了八大、石涛，使得中国艺术成为世界上独一无二的艺术。可以说，中国艺术的根本性格和特质是在写意水墨完成之后，才给世人留下了深刻印象。

与赵孟頫同一时期的意大利，也生活着一位伟大的艺术家乔托（Giotto di Bondone，1266—1337）。在艺术史上，人们通常把他视为人文主义的开端。文艺复兴有很多成就，在绘画中恢复了一些原来属于古希腊的传统，要表现自然和人本身，并把人的感情和感觉也加进去，从此意大利文艺复兴走上了人文主义的道路。到了达·芬奇，他甚至把艺术看成一门科学，将重点放在对于对象的观察、研究、分析和再现上。这样一对比，我们就会发现赵孟頫的重要性。他似乎反叛和背离了绘画与自然、与形象之间的关联，却找到了另外一种观察的可能性和表达方式，于是构成了艺术的另外一个方向或是另外一条道路。

之所以着重强调这一点，是因为今天讲艺术、讲艺术史，分类的方法、对待历史的态度，很多都源于一些从西方文化引入的价值判断和分析方式。这个时候我们回过头来再看中国艺术史上的重大变革，就可以认识到，在人类文化中，并不只有一种文化脉络。中国艺术曾经走上了一条不同于西方艺术发展的道路，并且走到后来相当辉煌。这条道路的开端，就是在宋朝绘画结束的时候。或者说，正是因为对照宋画，从而发展出了一条不同于既往绘画的新道路。

2 追溯书画同源之本

苏轼的“画不像”

“宋画”作为一个概念，并不仅指宋代绘画作品本身，而是泛指宋朝出现和发生的艺术现象，某种程度上还包含着宋画的终结。由赵孟頫开启的变化，据说从北宋时期就开始了。北宋有两个非常重要的人物，一个是苏轼，一个是米芾。

苏东坡喜欢画画，但是恐怕画得不怎么好，因此他就作出一些解释，说：“论画以形似，见与儿童邻。赋诗必此诗，定非知诗人。”写诗如果只是写这首诗本身，这个人就缺乏诗人的素质和本领；如果看画只论画得像与不像，这个想法就很幼稚。我们从这句话反推，恐怕他画得不怎么像，或者他是有意识地画得不像，但正是这位缺乏绘画技巧的业余文人，推动了艺术标准的重要转变。今天有传为苏轼画的画，真伪都不太可靠。比较受到关注的是一幅很小的手卷《枯木怪石》。

苏轼 枯木怪石图
私人收藏

平淡无奇的土坡上，一株枯木因为根部被怪石压住，倔强盘曲地朝反方向生长，最在有似鹿角的枝头展露生机，以重墨勾写，呼应怪石后面冒出的竹丛。所有的物象都用线条感的笔触画出，形成浓淡、干湿、长短、快慢、方圆的对比和节奏，某种程度上可以脱离所描绘的事物，而具有独立的审美价值。

苏轼向我们提出一个问题，难道非要画得像才是艺术吗？这实际上是一个希腊的原则——希腊人认为艺术就是要“像”，所以柏拉图提出一个艺术的原则叫 mimesis，这个词在希腊语里的意思是模仿。这当然根源于一个更为根本的对艺术的理解：艺术是人通过感觉来感受外界的事物、形象和现象，感受人，感受超人的世界。怎么才能呈现感受到的一切呢？于是就要把它们重新模仿一遍，模仿得要像。在中国有没有类似的艺术原则？其实是有的，张彦远也说过“存形莫过于画”。也就是说，要画得像，才能将形象留存下来。但在中国，自有中国文化的基本原则和特殊之处。讨论书画的时候常会牵涉另外一个概念——“图”。什么是“图”？人们对此有很多的研究和解释，有人认为它是地图，有人认为它是一种诠释真理和表示复杂宇宙关系的图示。如果按照这个想法往下扩展一点，事情就比较有意思了，也就是说，未必只有画得像才叫图，不像也可以是图，相比于文字，它或许更能表达人对于世界的直接感受和把握。例如苏东坡，他的诗文和书法都很好。他写的字和他的诗意之间有一种相关性，欣赏《黄州寒食帖》比仅仅读他的寒食诗要多出来一些东西，那多出来的部分是什么？可能就类似于苏东坡所强调的不能以“形似”来加以评价的“画”。

苏轼将绘画的题材分为两类：一类是有常形的，如人物、鸟兽、建筑、器物。另一类是没有常形的，如云水、树木、山石。他在《净因院画记》中说：“余尝论画，以为人禽宫室器用皆有常形。至于山石、竹木、水波、烟云，虽无常形，而有常理。”苏东坡要表现的不是常形，而是常理。这里的“理”既是画中物象的自然规律，又是文人的画理与画法，更重要的是画外的功夫与修养。明代文人画家董其昌说

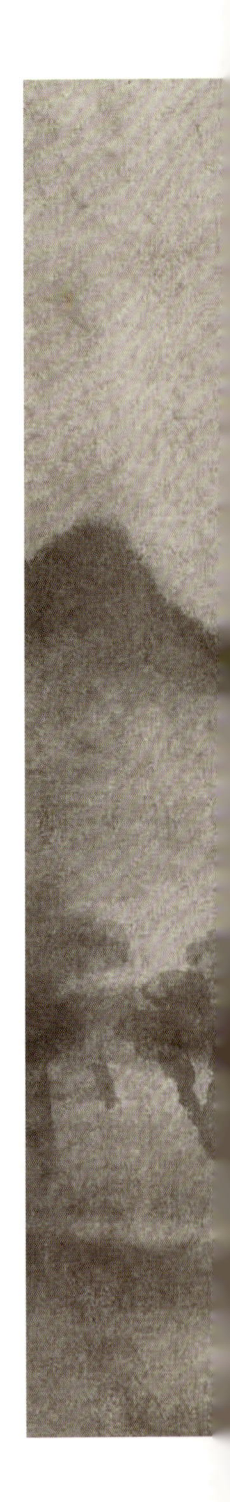

米友仁 潇湘奇观图卷 局部 故宫博物院藏

过，学画需读万卷书、行万里路，方能胸襟开阔，见识深远。将学养、气质、品格、情趣纳入作品，这样画的意境自然就提高了。所以，要欣赏和理解宋画，我们不能光看画出来的图画，不能光看宋徽宗这条脉络上的画，后来中国之所以出现一条自己的艺术道路，其实自有它的根源——在北宋的时候，苏东坡就已经理解到这一点，并在字里行间把这个道理说出来了。

米芾的“书中画”

苏轼之后又有第二个大艺术家叫作米芾，才气超绝、行为古怪，传说他曾经要跟石头交朋友。如果一块奇石表面（石皮）能够呈现风雨江山，孔洞变化能够看出天光月影，它就像人一样具备了灵魂和品质，米芾就要上前揖拜，引为知己。这个故事背后，实际上反映了中国艺术关于图画的另外一种观念：图画并不只是人为的画面，而是讲究如何让人去观察大千世界。在宋朝，这种观察的艺术已经达到了极高的程度。

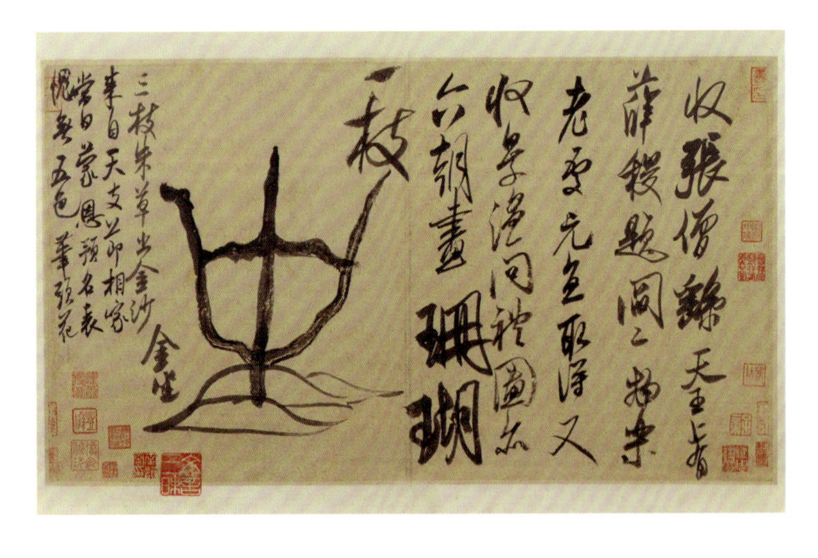

米芾 珊瑚帖 故宫博物院藏

米芾及其子米友仁笔下的水墨云山是表现常理与常形的绝佳实例。米芾晚年住在镇江南徐，对烟云湖山的变化常理了然于胸，又将造化的生气凝聚在水墨画理之间，自由驾驭笔墨的浓淡干湿，抛开常形的束缚，进行自由的表达。这些做法使得他创造出个人风格鲜明的米点山水，具有一种特殊的传奇色彩和魅力。不过我们今天能看到的绘画原作都是他儿子米友仁以及一些元朝人的仿作。苏轼、米芾的大胆和富有想象力的艺术实践将形而下的模仿转换成了"意似便已"的个性创造,"师造化"已不是绘画的全部,"师心源"的历程由此开始了。

米芾还曾写过一些笔记，并配上草图，比如他讲述得到的珊瑚大小、形状，顺手就画出来，所用的手法，跟他写字的笔墨是一致的。这样一来，"书画同源"的说法在米芾身上留下了一个真实的证据。

书画同源的根源：王羲之

我们继续往前追究，米芾、苏轼这样的方法到底从哪里来？这个问题触及中国艺术的本质。从汉代末年一直到王羲之的时代，中国艺术完成了一次飞跃，这个飞跃实际上是中国艺术史的第一次自觉。这个自觉是从汉代末年开始的，文学家、学者赵一就在他的《非草书》中讽刺，当时有很多人不务正业、沉迷于书法创作。

真正能够自觉地把书法变成精神层面的最高活动，并且因书法而成为圣人的是王羲之。多亏他的贡献，中国书法到东晋的时候终于完成了全面的、彻底的经典化过程。西方人把中国的书法翻译为calligraphy，这是希腊语，calli是漂亮，graphy是痕迹——实际上是一个错误的翻译。因为中国有一种字叫作"美术字",这种字就是要漂亮，要有设计感，而书法恰恰不是。王羲之写得是漂亮，但这不是最重要的特点，他的特点在于能够在线条笔画里把他对世界的理解和对人性本质的表达充分地显现出来。这使得王羲之的书法人人可以学，但所

皇宋宣和甲辰春河阳李唐笔

李唐 万壑松风图局部 台北故宫博物院藏

有人都不可能再成为王羲之，因为他在笔法中放进去的，不仅仅是他写字的方法，更是他这个人之所以存在的全部内涵。正是这变化万千、包罗万象的笔墨线条所带来的艺术的创造和对传统的开拓，才使得我们讲出那么多宋朝的故事。

走向“写画”

所谓笔墨，简单来说，笔就是线、点等笔触，墨就是浓淡干湿等黑白法。在中国画发展的早期，笔墨是基本分离的，笔是笔，墨是墨，不相融洽。迟至北宋末年二米山水，已将线、点、染合为一体。南宋所谓“带水斧劈”的马、夏画风，也是连勾带皴带染，营造出“水晕墨章”的空灵氛围。宋画能够把人的精神凝聚到人为的痕迹中去，把中国第一次艺术的自觉——王羲之创造的书法高峰，引入到日常创作中，并把它充分自觉地理解成一种绘画方式、一种造型方式，到最后，甚至逐步引向“用书法的方式来画画”，而不是“用画画的方式来画画”。

宋元时期，画家们常常把画画叫作“写”，画更带有雕琢的痕迹，而“写”则意味着胸中情感的自然抒发。这样一来，就出现了所谓的写意画。写的是什么意？如果写的是人的精神境界，写的是诗意，写的是文化和人类文明，这不就是“文人画”吗？所以，虽然文人画这个概念是后起的，但本质上，在宋朝就孕育和逐步形成了。虽然赵孟頫是在元朝做的大官，但他的成长过程、受教育过程全在宋朝，他自己就是宋朝宗室的继承者。他把“书画同源”解释成用书法的方式来“写画”，这就是文人画的方法。当然，真正文人画的形成，要到元朝的“元四家”。我们看赵孟頫的画，一大半还属于宋画样式，少部分是元代的开端，是在转折点上。

3 重看宋画历史地位

人类文明作为一个整体，在中国文化中获得过辉煌展现和高度表达，那么这个表达和整体人类精神有什么关系？如果说，中国文人画是因为把书法带进了绘画，用“写”来进行绘画。那么书法又是什么呢？有人认为，书法和笔墨这种艺术，只有在使用汉字的东亚文化圈或者东北亚文化圈才会有。如果按照这样的理解，书法就成了一种地方性文化，只在特殊历史时期、特殊文化范围之内才有。其实并不是这样，我们要把这个问题继续往前推进。

法国南部和西班牙北部的一些山洞里发现了 35000 年前克罗马农人留下的岩画。他们画了驯鹿、野牛、野马，正如同我们称赞的大多数宋画，其写实程度令人惊讶，甚至画出了毛皮的质感以及角部、蹄部的透视感。什么叫在平面上画出透视感？比如北宋画家崔白的《寒雀图》，他画的小麻雀有侧面的、正面的、背面的。背面的麻雀头在前，身体在后，崔白都交代得很清楚。宋朝绘画的写实能力是一个高峰，这毫无疑义。然而，我们也看到，这种画画的方法由来久矣，在旧石器时代的洞窟里，当时的人也能把这样一种透视感画出来。

此外，经检测克罗马农人的脑回沟与现代人基本是一样的，他们的洞窟里还留下了一些骨头做的笛子和带弦的乐器，所以我们就把艺术史的起源，放在旧石器时代的晚期。但如果到拉斯科山洞里细细一看，就会发现洞窟岩壁上其实还有很多的线和点。这些线和点是符号，又不只是符号，似乎在人类早期，人们就能够用点和线来寄托人的感觉、承载人的意义。也就是说，早期旧石器时代的人类，也会像写书法一样，用线和点来表达自我感觉、寄托自我感情。当然不能说它就是书法，但我想说的是，书法的更高原则，就是用一根线来表达存在

1 2 3

1 西班牙阿塔米拉洞穴壁画

2 法国拉斯科洞穴壁画

3 重庆奉节县的剑齿象门齿化石

的意义和人的价值。王羲之写《兰亭序》、苏轼写《黄州寒食诗帖》，他们写的这些内容，换成别人来写也都是可以读的。内容不变，变的是什么？变化全在笔法中间。后来有了绘画，人们又称之为笔墨中间的意味和感觉。我们看旧石器时代拉斯科洞穴里的点和线，就是在一条线里边表达人的意味和感觉。这样一来，书法就不再是中国单独的地方性文化，而是人类贯穿万年的一种基本素质的体现。只是到了宋朝，人们不仅把笔法单独提出来，还引入到绘画中去，这就带来了颠覆性的发展。

单独用线和点来表达感觉的这种做法，其实不只是在旧石器时代的洞窟里。在中国重庆奉节县，发现了一个剑齿象的门齿化石，上面就有这样的刻痕，而且有转折，两条线之间还有交织和微妙的退让关系。这实际上就是用线来进行表达的一个例子，它出现在10万到13万年前。如果理解了全部的宋朝绘画，理解了赵孟頫，就要重新理解艺术是什么、绘画是什么？造型艺术是什么？我们不能把艺术史仅仅看成从旧石器时代的洞窟壁画中开始，因为这忽视了在它旁边用点和线进行的寄托和表达。如果上溯到用点和线就能表达的远古时代，至少往前推进10万年。这样艺术史就要重新书写，对艺术的理解就要重新来定义了。

我们不仅有对于什么是艺术这个问题的回顾，还有延伸。1839年摄影术发明，用绘画来对外界进行记录和再现的方法，就逐步地被新媒体、新方法、新技术替代了。此后，在欧洲发生了一次重大的现代艺术革命。从塞尚开始，一直到毕加索、康定斯基，他们做的最重要

崔白 寒雀图卷 局部
故宫博物院藏

的事情，就是把绘画从再现和模仿中解脱出来，用一条线或是一个特别的造型，来寻找对人的价值的表达和对人的意义的承载。如果我们把从“画”到“写”这条线找出来，它就不再是简单的关于艺术风格的变化和发展，而可以被看成人类另外一种精神从隐蔽走向展现的历史痕迹，从十几万年前一直穿到现代。如果把这条线梳理清楚，人类艺术长河中一个最重要的旋涡和峡谷，那不就是在我们刚刚讲到的宋朝吗？

推荐阅读

◎ 宋画全集编辑委员会 :《宋画全集》，浙江大学出版社，2008 年

◎ 首都博物馆编 :《中国记忆 : 五千年文明瑰宝》，文物出版社，2008 年

◎ 高居翰 :《图说中国绘画史》，生活 · 读书 · 新知三联书店，2014 年

◎ 方闻 :《宋元绘画》，上海书画出版社，2017 年

◎ 金原省吾 :《唐宋之绘画》，中信出版社，2019 年

宋徽宗与翰林图画院

宋代宫廷绘画继承五代南唐和西蜀画院传统，在写生造型能力方面达到巅峰，涌现出李成、郭熙、范宽、黄筌、徐熙、崔白等诸多名家。尤其是徽宗在位时期，由于他本人特善画艺，对于画院又特别加以提倡，画院成为科举制度的一部分，画家经过考试入学，入学后除学习绘画以外，也要学习《说文》《尔雅》《方言》《释名》等古文字学的书籍。学习期间有考试，按照考试成绩决定等级升迁，职位有画学正、艺学、祗候、待诏、供奉及画学生等名目。徽宗亲自制定考试标准、指导学生作画，因此他的审美思想很大程度上主导了宫廷画院的风格面貌。

宋人论画最重一“理”字。宋邓椿《画继》记载了两则小故事：其一，有一座宫殿修筑完成，名手画家们绘制的全部壁画都没有引起赵佶的重视，他只注意殿前柱廊栱眼中一个年轻画家画的斜枝月季花。他认为这枝月季画得最好，因为月季花四时朝暮，花蕊、叶都不相同，而这枝月季正是表现春季中午时候的姿态。另有一次，徽宗叫画家们画孔雀升墩屏障，画了几次都不满意，问他为什么？他指出：孔雀升墩一定先举左脚，而画家们画的都是举右脚。由此可见，当时画院中流行的是精细的观察和巧妙的表现。日本金原省吾氏道：“宋画虽一草一木、一鸟一虫之简单形体，亦有深味…… 以一个形体，得全体的意味，是宋画的特色。”

宋画虽然用心于审体物形，但更强调不为物象所拘束，而能传达出自然的意趣神态。下面两个例子，记述了画院考试的试题和画家在表现技巧方面的创造性。“野水无人渡，孤舟尽日横”，一般画家多应题而画船上无人，但一个表现得最成功的画家却为了强调“无人”反而画人。画上舟子在船尾入睡，横置一根笛子，借舟子的寂寞无聊以突出环境的荒僻安静。“嫩绿枝头红一点，动人春色不须多”，很多画家竭力描绘春天的花卉，但有一个画家独绘绿荫掩映中的一座楼宇，楼上一个红衣女子凭栏而立，利用人物将红绿两种颜色的感情内容表达得更强烈、浓郁。沈括在《梦溪笔谈》中也提到：“书画之妙，当以神会，难可以形器求也。”特别推崇王维作画“不问四时”，绘雪中芭蕉，将南北冬夏之物绘于一景，而能迥得天趣。

流传至今的传为徽宗的作品在艺术上都达到相当高水平。据说他曾把宫廷聚集的古代名画一千五百件辑成十五册，称为《宣和睿览集》；又把自己专门描绘珍异的动物和植物的作品编成《宣和睿览册》，每十五幅一册，累至“千册”之多。《宣和画谱》一般被认为是宣和时由宋徽宗与内臣合撰，大致反映了北宋宫廷的内府收藏。全书总十门二十卷，以道释、人物、宫室、番族、龙鱼、山水、畜兽、花鸟、墨竹、蔬果为序，收录了魏晋至北宋的名家画作。虽然也有学者认为画谱成书于元代，与徽宗并无直接关联，但通过画谱所列十个门类和次第，我们大致可了解宋人心中所谓“画学”之全貌。

佚名 如意轮观音图

李唐 采薇图卷 局部 故宫博物院藏

李嵩 月夜看潮 局部 台北故宫博物院藏

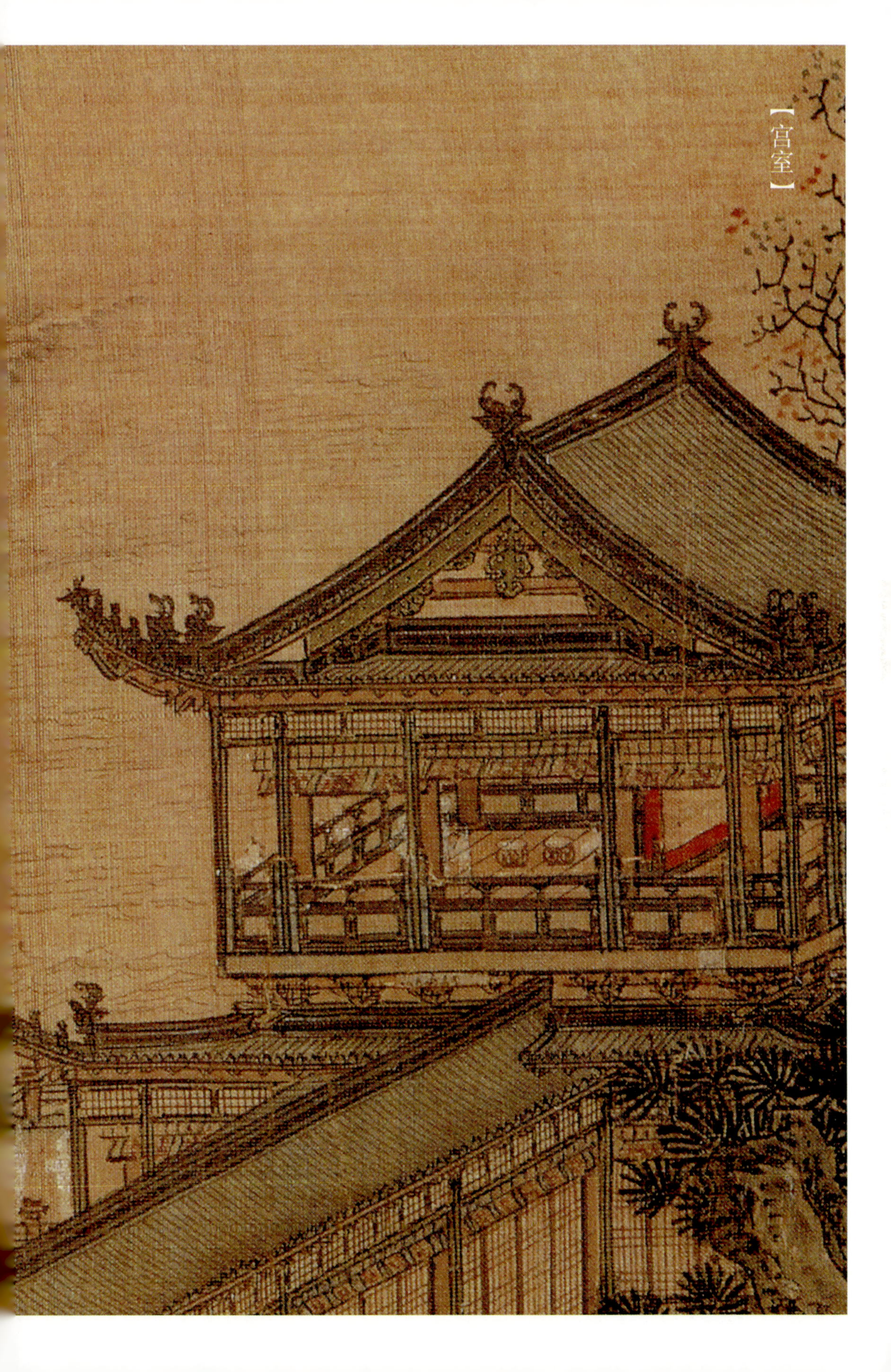

李赞华 番骑图 局部 弗利尔美术馆藏

陈容 墨龙卷 局部 广东省博物馆藏

王希孟 千里江山图卷 局部 故宫博物院藏

佚名 云峰远眺图 局部 故宫博物院藏

易元吉 猴猫图 局部 台北故宫博物院藏

易元吉 群猿拾果图页 局部 故宫博物院藏

黄居寀 山鹧棘雀图 台北故宫博物院藏

山禽矜逸態
梅粉弄輕柔
已有丹青約

宣和殿御製并書

赵佶 腊梅山禽图轴 台北故宫博物院

文同 墨竹图轴 局部 台北故宫博物院藏

【墨竹】

鲁宗贵 吉祥多子图 波士顿美术馆藏

牙白／白玉螭吻鸡心佩

第五讲

宋词——都市燕乐中的宋词

康震——北京师范大学文学院教授

中国文学源远流长，成就也非常璀璨。每个时代都有自己的成就和特色，比如说先秦时代，文章蔚为大观；到了汉代，最为辉煌的是汉大赋，还有散文；之后随着时代的变迁，出现了唐诗、宋词、元曲，还有明清小说。很多人可能会问，为什么唐诗之后就是宋词呢？

宋词之所以具有深远的历史影响，其主要原因在于拥有一批非常杰出的创作者。他们的词作不仅反映了当时的生活，更反映了自己的人生。从这些词中，我们能看出他们的真性情、真感情。

1 唱出来的宋词

音乐文学

其实，唐诗之后不仅有宋词，还有宋诗和宋代的文章，无论就规模还是作家，宋代诗文的数量要大得多。与唐诗相比，宋诗的境界别有洞天。但为什么说唐诗以后是宋词？因为它的语言更通俗，情感更细腻，写的生活更加贴近普通人，有些话简直就像是口语一样，特别便于记诵。尤其是写爱情、写离别、写夫妻感情，几句话一下子就写到我们心里了。所以，在一般老百姓的心中，宋词似乎倒成了宋代文学的代表，而宋诗更合乎知识分子的口味。相比之下，宋词是一种新兴的诗歌艺术形式，是唱而不是读出来的。

让我们先看一则小故事：苏轼在翰林院的时候，有位同僚非常善于唱歌，苏轼问他："我写的词和柳永写的词，怎么比？"对曰："柳永写的词正好让一位十七八岁的妙龄女郎，拿着红牙板，唱'杨柳岸，晓风残月'。而您，苏学士的词，需要一位关西大汉弹着铜琵琶，拿着铁板唱'大江东去'。"东坡听后，笑弯了腰。（宋俞文豹《吹剑续录》）这则故事说明两个问题：第一，词的确是用来唱的；第二，词不是让一个关西大汉敲着铁板、弹着铜琵琶唱的，而应是由一位二八女郎拿着红牙板唱着"杨柳岸，晓风残月"这样的婉约词。苏轼为何笑弯了腰呢？因为对方是想要戏谑苏轼一番，意思是词大多不是如此唱的。

这个故事给我们一个启示，让我们知道宋词不同于唐诗之处，它不是读，而是唱出来的。换句话说，宋词是音乐文学。隋唐时期，音乐很发达，而且多民族、多类别的音乐融合到了一起。大体说来，隋唐的音乐主要分为三种：一种是中原本土保留的传统音乐，即华夏正

（传）顾闳中 韩熙载夜宴图 局部 故宫博物院藏

词是曲子词的简称，在唐五代及宋初，还很少把词体单称为词的，一般都根据它的歌词性质称为曲、曲子、曲词或曲子词，是配合乐曲而填写，配合燕乐而演唱。燕乐的主要乐器是琵琶、筚篥等。词最早起源于民间，形成于唐代，五代十国后开始兴盛，至宋代达到顶峰。王国维先生在《人间词话》中曾道："唐五代之词，有句而无篇。南宋名家之词，有篇而无句。有篇有句，唯李后主降宋后诸作，及永叔、子瞻、少游、美成、稼轩数人而已。"

声，以雅乐和清乐为主，但这种音乐很古老，在唐代宫廷中就日趋衰落了。还有一种是从南北朝以来就不断传入中原的周边民族的音乐，以西凉乐和龟兹乐最为盛行。再有一种是民间新兴的里巷歌曲。我们都知道，唐玄宗是个大音乐家，自己还创立了新的内教坊和梨园。唐代民间的里巷歌曲与外来的民族音乐就融合为一体，当时，有一些唐诗也能配乐来歌唱，被称为“声诗”或“歌诗”。那些因声度词、根据曲调节拍填词的曲词，叫作“曲子词”“歌词”，或直接简称为“词”，这就是宋词的来源。换句话说，宋词最先出现的不是词，不是歌词，而是音乐。没有音乐，就没有宋词。

伶工之词与士大夫之词

词所依托的音乐形式以及词的内容是民间的、市井的。所以，词从源头上来说，是一种来自老百姓的文学，它跟诗最大的不同是创作目的娱乐化、语言通俗化、内涵浅显化。20 世纪初，敦煌鸣沙山的藏经洞被打开，发现了一大批未曾面世的珍贵文物，其中包括南北朝、唐朝几百首抄写的民间词。这些词为我们提供了大量的研究资料。这些词的主要特点就是反映男女的情爱，表达女子的感情生活，还有一部分词模拟歌伎的口吻，增强了表演性。如敦煌曲子词《望江南》写道：“莫攀我，攀我太心偏。我是曲江临池柳，这人折去那人攀，恩爱一时间。”“太心偏”就是太痴心的意思，词作者拟代世俗女子的口吻，控诉薄情人的负心，用的都是纯口语和俗语的直白表述，情景非常生活化，很有民间气息。

敦煌的曲子词给我们的启发是，当时民间有大量的艺人和歌女，演唱并创作了这些词。任何一种新兴的文学形式，都会引起文人的关注，中唐的刘长卿、韦应物、刘禹锡、白居易、张志和等都写过文人词，像张志和的《渔歌子》我们都熟悉：“西塞山前白鹭飞，桃花流水

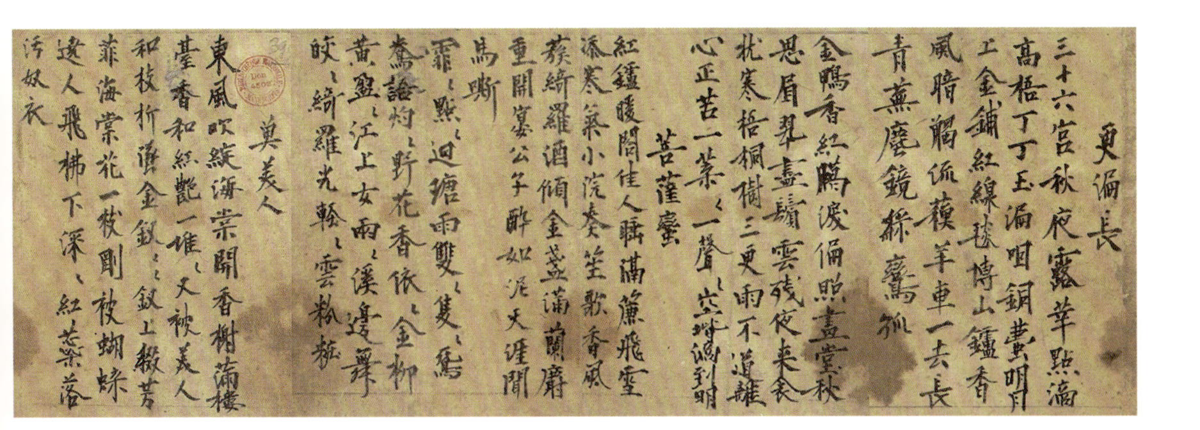

更漏长帖 敦煌藏经洞出土 法国国家图书馆藏

鳜鱼肥。青箬笠，绿蓑衣，斜风细雨不须归”，用鲜明的色彩描绘了一幅雨中垂钓图。雪白的鹭鸶、粉红的桃花，与渔翁的青箬笠、绿蓑衣，都融进微凉的细雨中，优美闲静，潇洒惬意，被后人称为“风流千古”的名作。白居易写的《望江南》我们也很熟悉：“江南好，风景旧曾谙。日出江花红胜火，春来江水绿如蓝。能不忆江南？”这与刚才的“莫攀我，攀我太心偏”在语言上，有很大的不同。

词最早开始于民间，所以在语言上有些粗糙，也很直白、大胆，而文人写词就比较典雅、迂回和含蓄。文人的味道和民间的味道是有区别的，但无论如何，在中唐或晚唐，大多数情况下，文人写词仅是游戏的态度，因为他们的主要精力用来写诗和写文章了。到了五代时期，出现西蜀、南唐两个词学中心，涌现出温庭筠、韦庄、冯延巳等写词名家，他们的创作多是模拟女子的口吻写男情女爱之词。他们为何不用词写自己的真实情感呢？因为词在当时属于艳科、小道，是业余的时候创作的，文人们不屑用词来写自己的真实情感。但是，到了李煜，词的内容变得很真实，他用词写一个亡国之君内心真实的、深刻的、深远的痛苦。“问君能有几多愁，恰似一江春水向东流”，这一“生于深宫之中，长于妇人之手”的词帝，“变伶工之词而为士大夫之词”，为宋词开启了抒情言志的大门。

词的演唱与传播

宋词有很多词牌，词牌的来历都非常有趣，有很多来源于唐人的典故。比如说著名的《雨霖铃》，“寒蝉凄切，对长亭晚，骤雨初歇”，这个词牌就是从唐玄宗和杨贵妃的故事来的。“安史之乱”发生后，杨贵妃马嵬缢亡，唐玄宗一路向西南，逃亡成都，在栈道中听到车马铃声的回音在山中激荡不止。唐玄宗思念杨贵妃，采其声为《雨霖铃》曲，聊以寄恨。当时，有个梨园弟子将玄宗的曲子演奏出来，流传于世，成为词牌名。

又比如说我们都熟悉的苏轼《念奴娇·赤壁怀古》，这是一首慷慨激昂的词作，但“念奴”本是玄宗身边的一名歌伎，有姿色、善歌唱。史书记载，她只要一唱歌，“声出于朝霞之上，虽钟鼓笙竽嘈杂而莫能遏”。意思是，她的歌声可以穿越朝霞，即使敲锣打鼓再大的杂音，都盖不住她的声音。唐玄宗每次宴会累日，宾客吵闹声会导致音乐演奏不下去，于是玄宗就遣高力士呼念奴出来唱歌，大家被歌声所吸引，自然而然就安静下来。中唐的著名诗人元稹将念奴的故事写进了《连昌宫词》：“力士传呼觅念奴，念奴潜伴诸郎宿。”“飞上九天歌一声，二十五郎吹管逐。”后来，“念奴娇”就变成了词牌的名字。

当然，还有很多词牌是词人自己创作的。我们知道在宋代有很多非常杰出的词人，本身即精通音律，有些还会自己创作乐曲、命名词牌，比如姜夔的《暗香》《疏影》，即是自己谱的曲，借用林逋的“疏影横斜水清浅，暗香浮动月黄昏”为词牌名。演唱是词本身特有的一种传播形式，它不仅能让词获得广泛的传播，而且成为当时一道非常独特的风景。北宋词人柳永在中年以后才考中进士，担任了一个不大不小的官职。临行当天，众多歌伎前来送行。大家肯定觉得奇怪，为何歌伎会为一位官员送行呢？因为柳永的词在当时影响非常大，打一个不太恰当的比方，他很像我们现在流行歌曲的词、曲创作者，而这些词曲的创作直接为歌伎的演唱提供了源源不断的素材和来源。柳永用词记录下了这一盛大的感人场面："郊外绿阴千里，掩映红裙十队。惜别语方长，车马催人速去。　偷泪、偷泪，那得分身应你！"柳永词的内容简单易懂，风雅但不俗气。足见叶梦得说的很对，"凡有井水处，皆能歌柳词"，的确当得起彼时的"超级流行音乐"。

词的演唱与传播相得益彰。宋代各级地方政府有专职的官妓，酒楼有"营业性"的私人歌伎，一些士大夫也会蓄养家妓，如欧阳修，家中有八九位妙龄女郎，苏门四学士之一的晁补之被贬谪玉山时还带着家伎前往。南宋范成大晚年住在苏州石湖也蓄养歌伎，刚刚提到的姜夔《暗香》《疏影》二曲，即是造访范成大时所作，曲谱成之后，范成大立即遣歌伎演唱。总而言之，宋词的来源是音乐，宋词的传播依靠演唱。它是一种集表演性、音乐性与文学性于一体的悦耳、悦心、悦目的新的诗歌艺术形式。

因此，词在宋代比诗歌更受市民大众的喜爱和欢迎，成为当时社会文化娱乐消费的一种主导方式。而演唱的传播方式，对宋词的发展有着重要的影响。前人说，"长短句宜歌而不宜诵，非朱唇皓齿，无以发其要妙之声"，演唱扩大了词的影响，展示了词的魅力，让词这种艺术形式不仅在宋代，而且在后代产生了巨大影响。

（传）顾闳中 韩熙载夜宴图 局部 故宫博物院藏

2 市井生活中的宋词

爱情之美

宋代重视文治，也非常器重文人。不仅宰相是文人，就连主兵事的枢密使等职也多由文人担当。在宋代，文人不但社会地位高，而且待遇优渥，朝廷“恩逮于百官者，惟恐其不足”，唯恐百官的工资不够，太祖赵匡胤曾鼓励手下的大臣们多积累财富、多购田宅，以留给子孙，希望用物质享受的方式来笼络官员。而宋代的官员大多是有高度文化修养的士大夫，他们娱乐的方式通常是轻歌曼舞、浅斟低唱、歌台舞榭，所以滋生于这种土壤中的“词”自然异常兴盛。

词最初源自民间，是一种轻松的、富有娱乐性质的艺术形式。诗言志，词缘情。文人可以借助词这种形式，毫无顾忌地抒发诗和文不能言、不便言以及不便多言的儿女私情。钱锺书先生曾在《宋诗选注》中谈到：“爱情，尤其是在封建礼教眼开眼闭的监视之下，那种公然走私的爱情，从古体诗里差不多全部撤退到近体诗里，又从近体诗里大部分迁移到词里。”如此一来，大家就明白了，文人词的创作长期处于“尊前”“花间”的环境中，带有鲜明的娱乐消遣功能，所以就形成了“作闺音”“为艳科”的特色。因此，温婉的、女子般的纤柔之美、情感寄托，就成为宋词极力描摹书写的首要对象。

欧阳炯曾写道：“绮筵公子，绣幌佳人，递叶叶之花笺，文抽丽锦；举纤纤之玉指，拍按香檀。不无清绝之辞，用助娇娆之态。”再如张先《醉垂鞭》写道：“双蝶绣罗裙，东池宴，初相见。朱粉不深匀，闲花淡淡春。　细看诸处好，人人道，柳腰身。昨日乱山昏，来时衣上云。”这是一首典型的描写歌伎的词。张先以写影闻名，人称“张三影”，因为他有三句把影写绝了的词,即“云破月来花弄影”“帘压卷花影”“堕轻絮无影”。这首赠伎词,将歌女的美写得令人神往。开篇从衣裙写起,借衣裙暗示女子的美丽,“朱粉不深匀,闲花淡淡春”,可见歌女并非浓妆艳抹,而是一派清雅娴静,超然脱俗。尤其“闲花淡淡春”,不拘于形,抓住的是歌女娴雅的神韵。

宋人以歌伎为主要描写对象的词作,除了延续宫体、花间风格之外,还有一些是写歌伎与文人之间存在感情上的联系,甚至有些歌伎在词人生命中占据着重要位置。也就是说,文人所写往往是他心中之人。譬如,著名词人晏几道,也就是晏殊的小儿子,早年过惯了富贵公子的生活,后来家道中落,生活一落千丈。黄庭坚曾评价晏几道:“仕宦连蹇,而不能一傍贵人之门,是一痴也;论文自有体,不肯一作新进士语,此又一痴也;费资千百万,家人寒饥,而面有孺子之色,此

佚名 招凉仕女图
台北故宫博物院藏

又一痴也；人百负之而不恨，已信人，终不疑其欺己，此又一痴也。”说他虽然官做得不好，可是也不愿求达官贵人帮忙；虽然文章写得好，却不愿为了考中进士而对自己的文章有所改进；虽然家里很有钱，可是不会经营；虽然别人欺负他或背信于他，他却不以为然。一句话，晏几道实在、单纯、重情义。正是这样的人，写情词是第一等地好。

如他的《鹧鸪天》写道：“彩袖殷勤捧玉钟，当年拚却醉颜红。舞低杨柳楼心月，歌尽桃花扇底风。 从别后，忆相逢，几回魂梦与君同，今宵剩把银釭照，犹恐相逢是梦中。”词的上阕回忆过去同这位歌伎一见钟情，相互爱慕。下阕写长期分离之后难以割舍的柔情和重逢的惊喜。结尾两句点化了杜甫《羌村三首》“夜阑更秉烛，相对如梦寐”一句，可是写起来，在词中显得更加空灵婉转，饶有韵味。以及大家熟知的《临江仙》：“记得小苹初见，两重心字罗衣。琵琶弦上说相思，当时明月在，曾照彩云归。”“小苹”即是“莲、鸿、苹、云”四位歌女中的“小苹”。可见，在这两首词中，晏几道对于原来与他在一起的这几位歌伎，情深意长。只不过，在写这几首情深意长的感伤之词时，背后寄寓的是自己身世的巨变与个人的切肤之痛。虽为艳词，但真挚深婉，表达了士大夫的仕途沉沦浮荡。

城市之美

词，不仅是在歌舞升平、瓦栏歌肆之间，与歌伎推杯换盏的文学创作，更是一种重要的城市文学。我们知道，宋代的城市经济更加繁荣，北宋都城汴京、南宋都城临安，以及建康、成都等都是人口达十万以上的大城市。宋代还逐渐取消了城市中坊和市的界限，为商业和娱乐业的发展提供了便利条件。词人将眼光投向更为开阔的生活场景，用词来表现生活着的城市。

著名的“白衣卿相”柳永，对北宋的都市生活有着丰富的体验，

望海潮·东南形胜

柳永

东南形胜，三吴都会，钱塘自古繁华。
烟柳画桥，风帘翠幕，参差十万人家。
云树绕堤沙，怒涛卷霜雪，天堑无涯。
市列珠玑，户盈罗绮，竞豪奢。

重湖叠巘清嘉，有三秋桂子，十里荷花。
羌管弄晴，菱歌泛夜，嬉嬉钓叟莲娃。
千骑拥高牙，乘醉听箫鼓，吟赏烟霞。
异日图将好景，归去凤池夸。

佚名 西湖清趣图局部 弗利尔美术馆藏

用词描绘过汴京、洛阳、益州、扬州、会稽、金陵、杭州等当时许多著名的城市。在他的《望海潮》中,写杭州既有“三秋桂子,十里荷花”的清丽之景，又有“乘醉听箫鼓，吟赏烟霞”的惬意生活，真实交错地描绘出杭州的美景和民众的生活乐事，前所未有地展现出当时社会的太平气象，一时被誉为绝唱。又如《倾杯乐·禁漏花深》是柳永为宋仁宗在元宵佳节之夜与民同乐时所作。这首词重在渲染上元节的节日气氛，“变韶景，都门十二，元宵三五，银蟾光满。……会乐府两籍神仙，梨园四部弦管。向晓色，都人未散”。宋代每到元宵佳节，游乐活动规模盛大。辛弃疾就曾在《青玉案·元夕》中描写元宵佳节“玉壶光转，一夜鱼龙舞”，火树银花不夜天！京城元宵佳节的夜晚，无比辉煌。皇帝有时也走出宫门与老百姓共同观灯，以示天下承平。柳永笔下的汴京富丽堂皇而又繁荣昌盛，为我们展示了有宋以来物阜民康的社会生活风貌。

这一类词有个特点，就是篇幅比较长。如果用小令来写，街道的拐角还未写完，词就结束了，由于都市词的兴盛，慢词也得以兴起。慢词是曲调变长、字句增加、节奏放慢，在音乐上的变化更加繁多，悠扬动听。可以说，有了慢词，词的描写手法发生了变化。以往的词更重视抒情，而慢词更重视描写。

山水之美

除了城市，还有描写乡村。相对于城市的富庶、繁华，乡村词的重点在于勾勒农家之乐，展现出怡然自得的、缓慢的、富有诗意的生活节奏。譬如苏轼笔下的“林断山明竹隐墙，乱蝉衰草小池塘”，辛弃疾笔下的“明月别枝惊鹊，清风半夜鸣蝉”，皆是难得的、富有诗意的、文人化的乡村景色。他们亦曾在乡村的丽景中寻找心灵的慰藉。苏轼在乡村中，获得“殷勤昨夜三更雨，又得浮生一日凉”的洒脱与惬意，

马远 华灯侍宴图 台北故宫博物院藏

佚名 松阴庭院图 台北故宫博物院藏

辛弃疾在乡村中经历了“旧时茅店社林边，路转溪桥忽见”的恍惚与惊喜。苏轼曾写作《浣溪沙》组词，展现“老幼扶携收麦社，乌鸢翔舞赛神村”的热闹场景；辛弃疾《清平乐 · 村居》则描述了“醉里吴音相媚好，白发谁家翁媪”其乐融融的生活，让我们看到大文豪笔下的乡村世界依然让我们心旷神怡。

宋代士大夫的生活态度是随遇而安、和光同尘、与时俯仰。他们一方面承担社会的责任，一方面注重个人的生活。他们试图将都市生活与乡村野趣融为一体，在闲暇之余遍览山水形胜，在登临游览中恣意抒怀。欧阳修曾写过《采桑子》十首，从不同角度描绘了西湖之美。他 43 岁时在颍州任职，“爱其民淳讼简而物产美，土厚水甘而风气和，于时慨然已有终焉之意也”。二十几年后，欧阳修归隐颍州。颍州的西湖也是特别美妙，在词人的笔下是这样：“轻舟短棹西湖好，绿水逶迤，芳草长堤，隐隐笙歌处处随。无风水面琉璃滑，不觉船移，微动涟漪，惊起沙禽掠岸飞。”

文人不仅喜欢漫游山水，还喜欢在园林当中抒发情怀。北宋时期，主要是皇室贵族和达官显宦营造私家园林，进入南宋，士大夫文人构筑私家园林之风越来越盛，如叶梦得的石林别墅，范成大的石湖。张镃在《昭君怨 · 园池夜泛》写的就是他在自己的私家园林南湖的生活场景：“月在碧虚中住，人向乱荷中去。花气杂风凉，满船香。　云被歌声摇动，酒被诗情掇送。醉里卧花心，拥红衾。”我们从这些词可以看出，宋代的文人不仅有着强烈的民族自豪感，热爱着自己的国家和自己的王朝，同时也有一双善于发现美的眼睛，观察日常事物非常细腻。

词这种不太严肃、可长可短、随即可歌的文学样式，特别满足了宋人想要表达丰富内心感受的需要，也特别适合表现宋代文人的世俗娱乐，以及生活中的闲情逸致。如果我们说，宋人在诗文当中表达他们的治国情怀，有壮志的情怀，那么他们对于自身生活的热爱，对于宋代的边边角角细致入微地描述，就在词当中充分地表达了出来。由此来讲，宋词当得起宋代文学的主要代表。

3 士大夫笔下的宋词

宋代的词人非常多，我们无法一一列举。在这里，我们只能选取几位比较有代表性的词人，给大家做一个介绍。

柳永——白衣卿相

第一位是柳永，原名柳三变，字耆卿，因排行第七，也称柳七。今天我们对柳永的认识是，创作了大量艳词，一生眠花宿柳，好像生活态度很不端正，生活作风很不好。其实这是一个很大的误会。柳永出生于一个有深厚儒学传统、以科举进取为目的的仕宦之家。父亲柳宜在南唐时为监察御史，入宋后在宋太宗雍熙二年（985）登进士第，官至工部侍郎。柳永的长兄柳三复于宋真宗天禧三年（1019）登进士第；次兄柳三接与柳永均于宋仁宗景祐元年（1034）登进士第。一门三兄弟都登了进士第，这可不是一件简单的事，史称柳永三兄弟“皆工文艺，号柳氏三绝”。柳永的人生既然如此正常，为何写了如此多的艳词，为何与众多的歌伎打交道呢?

柳永在应举前，一副势在必得的架势，不料屡试不中，这让他愤愤不平，并为此写下大发牢骚的《鹤冲天》：“黄金榜上，偶失龙头望。明代暂遗贤，如何向? 未遂风云便，争不恣狂荡。何须论得丧，才子词人，自是白衣卿相。　烟花巷陌，依约丹青屏障。幸有意中人，堪寻访。且恁偎红倚翠，风流事，平生畅。青春都一饷，忍把浮名，换了浅斟低唱。”此词很长，但意思很简单。第一，没考中，他非常不高兴，第二，他认为自己是才子，虽不中举也是白衣卿相。因为生气了，所

苏汉臣 妆靓仕女图团扇局部 波士顿博物馆藏

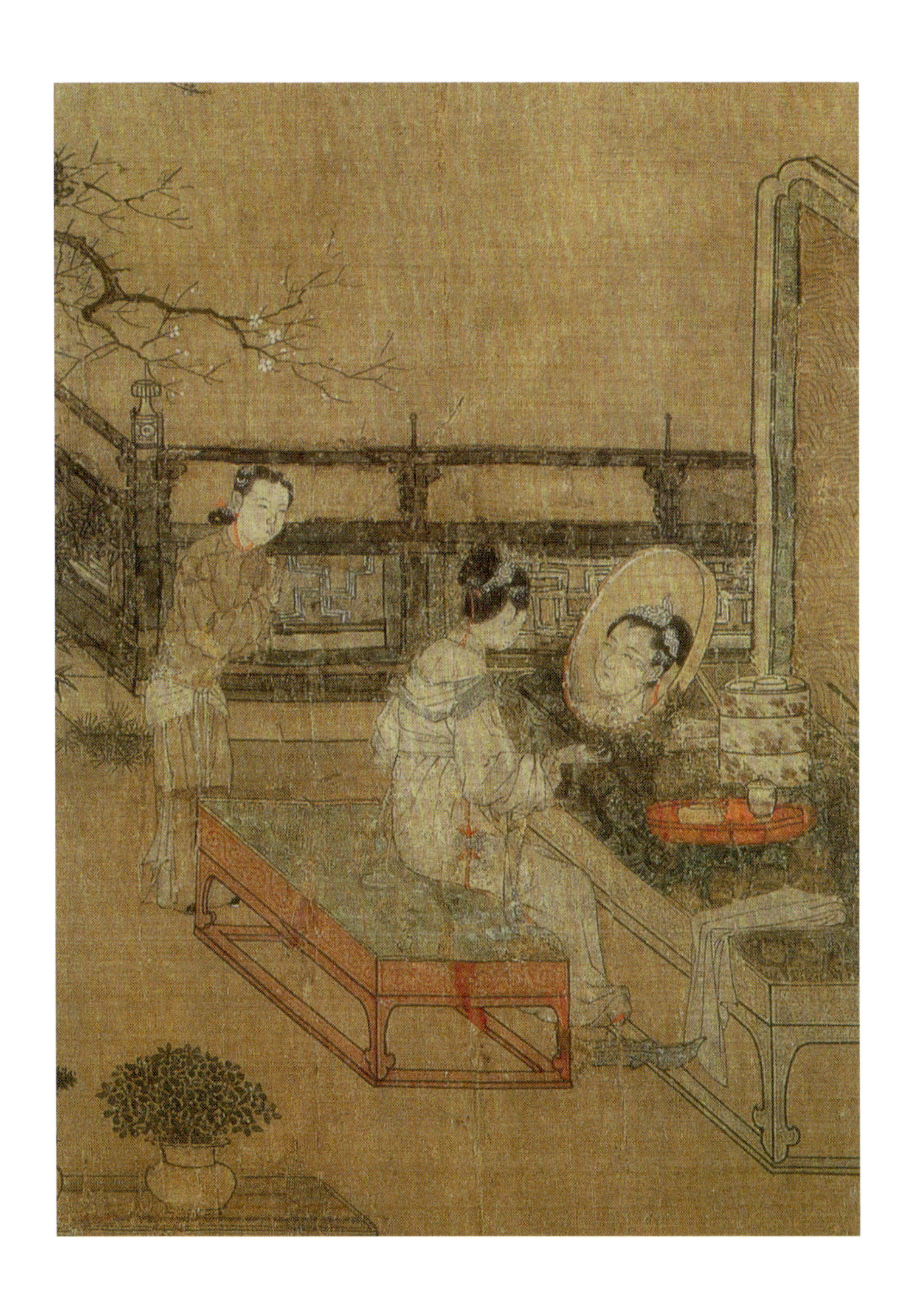

以“烟花巷陌，依约丹青屏障。幸有意中人，堪寻访”。他把心中的怨气都发泄在词中，去有青楼歌女的地方，让自己内心的创伤得以抚平。

词写得确实好，但这是吐槽皇帝的话。据宋人吴曾《能改斋漫录》记载，宋仁宗看到了这首词后非常不悦，虽然柳永已经考中，却在临放榜的时候把其名字勾掉，并说：“且去浅斟低唱，何要浮名！”柳永本来是要走科举仕进道路的，结果一时气话把皇帝给得罪了。据记载，当时有人推荐柳永，皇上说：“得非填词柳三变？”答曰：是那位柳三变。皇上说：“且去填词。”从此以后，柳永遇人便说是“奉旨填词柳三变”，这当然也是气话。柳永在中晚年时，考中了进士，被授予一个小官。柳永的一生始终都在填词，甚至以此谋生。虽然苏轼的词与柳永的词的风格迥然不同，但我们不得不承认，北宋时期，柳永的词依然是词的主流，而苏轼的词则代表着词的某种变革。

苏轼——豪放全才

说到苏轼，大家对他非常熟悉。他确实是少有的通才，在诗、词、文、书、画等方面都有很高的造诣。在诗歌创作方面，与黄庭坚并称“苏黄”；其词开豪放一派，超脱旷达，与辛弃疾并称“苏辛”；其文行云流水，收放自如，与欧阳修并称“欧苏”，是“唐宋八大家”之一；又善书法，与黄、米、蔡合称“宋四家”；工于画，尤擅墨竹、怪石，是“湖州竹派”的代表。

在词作方面，苏轼经历了一个从学习他人，到逐渐形成自己风格的过程。苏轼真正开始词的创作是很晚的，是在宋神宗熙宁五年（1072），即苏轼37岁，外任杭州通判，作《浪淘沙》和《南歌子》。大家可能会问，苏轼写的一手好词，是文学上的天才，为什么作词却如此之晚呢？他在给朋友的信中写道：“记得应举时，见兄能讴歌，甚妙。弟虽不会，然常令人唱，为作词。”意思是，苏轼年轻时主要忙着

定风波·莫听穿林打叶声

苏轼

莫听穿林打叶声，何妨吟啸且徐行。
竹杖芒鞋轻胜马，谁怕？一蓑烟雨任平生。
料峭春风吹酒醒，微冷，山头斜照却相迎。
回首向来萧瑟处，归去，也无风雨也无晴。

（三月七日，沙湖道中遇雨。雨具先去，同行皆狼狈，余独不觉，已而遂晴，故作此词。）

佚名 东坡笠屐图 大都会艺术博物馆藏

武元直 赤壁图卷
台北故宫博物院藏

科举考试，哪有闲工夫来写词呢？而且后遇父母病逝，又遇王安石变法，搅入党争当中，生活一直清苦，无暇他顾。

苏轼开始作词时，词坛有晏殊和欧阳修所形成的典雅婉约的传统，而柳永俚俗纤艳的词在社会下层广泛流行。苏轼初期的词作能看到二者的影响，《蝶恋花》“雨后春容清更丽”“一纸乡书来万里”，含蓄的抒情方式颇有晏、欧词风。《祝英台近》“断肠簇簇云山，重重烟树。回首望，孤城何处？”有柳七郎《雨霖铃》风味。但苏轼就是苏轼，创新是他的本性也是其本质。神宗熙宁八年（1075）冬，苏轼与同僚打猎练兵的时候，写下了《江城子·密州出猎》：“老夫聊发少年狂，左牵黄，右擎苍，锦帽貂裘，千骑卷平冈。为报倾城随太守，亲射虎，看孙郎。 酒酣胸胆尚开张，鬓微霜，又何妨。持节云中，何日遣冯唐。

会挽雕弓如满月，西北望，射天狼。”并在好友的信中说道：“虽无柳七风味，亦自是一家。”由此苏轼开始脱离传统词的羁绊，自觉地走上词体改革的道路，为豪放词的写作树起一面旗帜。

次年中秋，苏轼又在密州作《水调歌头·明月几时有》，豪放婉约已收发自如，字里行间无不透着苏轼的风格，成为“天仙化人之笔”。后来，苏轼又创作了《念奴娇》《定风波》《千秋岁》等多首豪迈高远的词作，提倡诗词一体，打破了“词为艳科”的格局，使词从音乐的附属品提升为一种独立的抒情诗体，从根本上改变了词史的发展方向。在词史上，“苏辛”并称，二人共同被后人列为“豪放词派”。与苏轼的洒脱旷达相比，辛词有着悲壮激烈的情怀，隐含着沉郁苍凉的色彩。

辛弃疾——壮志未酬

辛弃疾是南宋人，但他生于山东历城，这时金人已经统治此地十13年。祖父辛赞被迫仕金而未忘国耻，常常带着辛弃疾“登高望远，指画山河”。辛弃疾天生一副英雄相貌：肤硕体胖，目光有棱，红颊青眼，健壮如虎。高宗绍兴三十一年（1161），济南人耿京聚众数十万反抗金朝统治，时年辛弃疾22岁，拉起了一支2000人的队伍，乘机揭竿而起支援耿京。次年正月，辛弃疾受耿京委派，赴建康面见宋高宗。归来途中，得知耿京被叛徒张安国杀害，率50名骑兵径入数万人的金营，生擒张安国，历经艰险，渡江南归。此时辛弃疾只有23岁，以英雄气概而闻名，极具传奇色彩。

只可惜辛弃疾出生于金人统治的北方，所以虽然归来南宋，却并不受朝廷的重用。此时，他写下了著名的《水龙吟·登建康赏心亭》:“倩何人唤取，红巾翠袖，揾英雄泪。”词中有“何意百炼钢，化为绕指柔”的巨大悲痛，如梁启超所说：“确是满腹经纶在羁旅落拓或下僚沉滞中勃郁一吐情状，当为先生词传世者最初一首。”可见，青年时代辛弃疾的豪放词已然带着一种激愤的色彩。

辛弃疾平生“以气节自负，以功业自许”，26岁时向宋孝宗献《美芹十论》，陈述复国中兴大计。可惜的是，尽管朝廷有志恢复中原，但对类似辛弃疾这样由北方回到南宋的归正之人并不重用。从23岁南归，到42岁被罢职，辛弃疾一直被安排在地方任职，而且13年间被调换了14次官职，宋代官制是每任三年，而辛弃疾平均一任不到一年，可见，他根本无法施展自己的才华。

后来，辛弃疾也被起任过两次，但到其68岁去世，二十几年的时光都被迫废置闲居，致使壮志未酬。据岳珂记载：“稼轩以词名，每燕必命侍妓歌其所作。特好歌《贺新郎》一词，自诵其警句曰：‘我见青山多妩媚，料青山见我应如是。’又曰：‘不恨古人吾不见，恨古人不见吾狂耳。’每至此辄拊髀自笑，顾问坐客何如，皆叹誉如出一口。”

足见，辛弃疾一辈子最大的苦恼就是生不逢时，怀才不遇，未能遇到一位了解并重用他的君王。

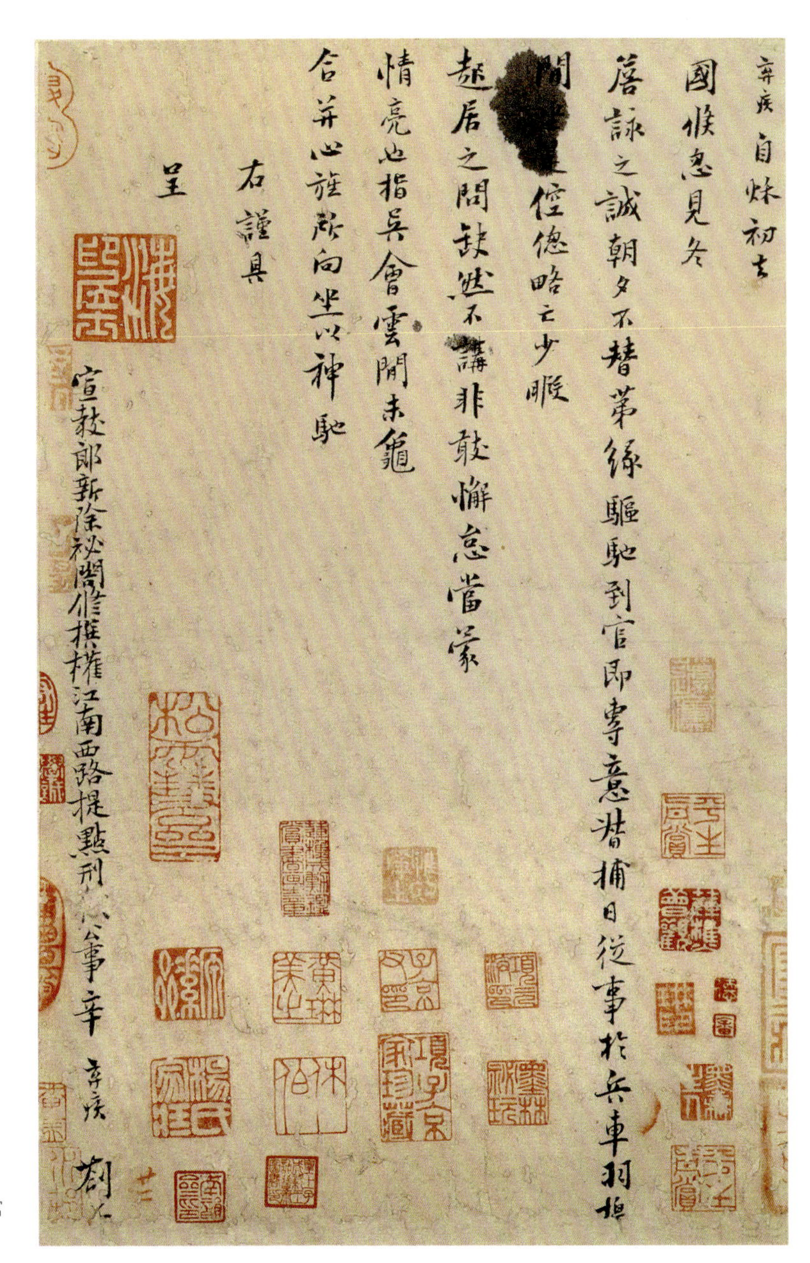
棄疾自秋初去
國倏忽見冬
詹詠之誠朝夕不替第緣驅馳到官即專意督捕日從事於兵車羽檄
間[illegible]倥偬略亡少暇
起居之問缺然不講非敢懈怠當蒙
情亮也指吳會雲間未龜
合并心旌所向坐以神馳
右謹具
呈
宣教郎新除秘閣修撰權江南西路提點刑獄公事辛棄疾劄子

辛弃疾 去国帖 故宫博物院藏

李清照——词人翘楚

在中国古代社会，女性想要获取知识或学习，受到各方面因素制约，虽然如此，在两宋之际还是出现了很多著名的女词人，譬如魏夫人、李清照和朱淑真。三人中，李清照的词成就最大，可以说，李清照是中国古代最为杰出的女作家。

李清照，自号易安居士，父亲李格非，是苏门“后四学士”之一，母亲是王准之孙女，知书能文。李清照出生在这样的诗礼之家，受到了良好的教育，“自少年即有诗名，才力华赡，逼近前辈”，此时创作的《点绛唇》《如梦令》等，或是写少女“和羞走，倚门回首，却把青梅嗅”的古灵精怪，或是写“误入藕花深处，争渡、争渡，惊起一滩鸥鹭”的生活趣事，词中活泼天真的少女形象，正是李清照自身的写照，以她的闺中生活经历为蓝本，清新自然，得全天性。

李清照 18 岁的时候，嫁给了当时礼部侍郎赵挺之的儿子赵明诚。赵明诚当时是太学生，非常有才华。赵明诚做官之后，常常外出，李清照写了那首最出名的《醉花阴》寄给对方，以表相思之情。赵明诚读后，赞叹不已，也惹得比试之心大起，于是废寝忘食三天，最后得词五十首，中间夹着李清照的《醉花阴》，交友人陆德夫评鉴。陆德夫虽不是著名词人，但鉴赏力非凡。他将五十首词把玩再三，说：“只三句绝佳。”赵明诚忙问是哪三句，对方答：“莫道不销魂，帘卷西风，人比黄花瘦。”可见，在写词的道路上，赵明诚较妻子更逊一筹。

后来，北宋党争激烈，赵明诚不得不罢官离京，夫妇二人屏居青州故里十年，潜心研究金石，共同勘校，整理题签。饭后时常坐在归来堂中烹茶、读书。可以说，那段岁月，是夫妻二人琴瑟相和的美好时光。

宋钦宗靖康之难（1127）成为李清照人生的一个转折点，这一年金兵南侵，北宋灭亡，宋徽宗和宋钦宗被掳掠到了北方。金兵南侵第三年，赵明诚病逝，李清照一个人带着金石文物颠沛流离。在战火中，金石文物损失大半。

醉花阴·薄雾浓云愁永昼

李清照

薄雾浓云愁永昼，瑞脑销金兽。
佳节又重阳，玉枕纱厨，半夜凉初透。
东篱把酒黄昏后，有暗香盈袖。
莫道不销魂，帘卷西风，人比黄花瘦。

声声慢·寻寻觅觅

李清照

寻寻觅觅，冷冷清清，凄凄惨惨戚戚。
乍暖还寒时候，最难将息。
三杯两盏淡酒，怎敌他，晚来风急？
雁过也，正伤心，却是旧时相识。
满地黄花堆积。
憔悴损，如今有谁堪摘？
守着窗儿，独自怎生得黑？
梧桐更兼细雨，到黄昏，点点滴滴。
这次第，怎一个愁字了得！

佚名 桐荫玩月图局部 故宫博物院藏

李清照晚年，不仅经历了婚姻上的变故，而且愈发孤单。因此她的词风发生了巨大变化，将愁苦惨淡的情绪寄托在词作里。《声声慢》的开头便表达了她全部的心绪，“寻寻觅觅，冷冷清清，凄凄惨惨戚戚。”李清照的词都是从心底流出的，是她一生从少女、少妇再到晚年的心路历程的真实写照。

李清照认为，“词别是一家”。有很多的大诗人，像欧阳修、苏轼、王安石，虽然也写词，但都不是本色当好，只是被截成长短不一的诗句，所以在她的《词论》中，“历评诸公歌词，皆摘其短，无一免者”，毫不客气地指出柳永、苏轼、晏几道、贺铸、秦观、黄庭坚等一干词学大家的短板，显示了一位女子在词的创作方面独特的理论见地。要知道对前辈提出批评，需要巨大的勇气，所以我们说，李清照在面对生活时是一位强者，在进行词的创作时，依然具有独立的个性。面对这样一位才华横溢的奇女子，人们是由衷佩服的。王灼《碧鸡漫志》认为，李清照“若本朝妇人，当推词采第一”。李调元《雨村词话》称赞李清照的词“不徒俯视巾帼，直欲压倒须眉！”

推荐阅读

- 唐圭璋编：《全宋词》，中华书局，1965 年
- 夏承焘：《宋词鉴赏辞典》，上海辞书出版社，2003 年
- 叶嘉莹：《唐宋词十七讲》，北京大学出版社，2015 年
- 康震：《康震讲苏东坡》，中华书局，2018 年
- 吕正惠：《第二个经典时代——重估唐宋文学》，生活·读书·新知三联书店，2019 年

佚名 天寒翠袖图页　故宫博物院藏

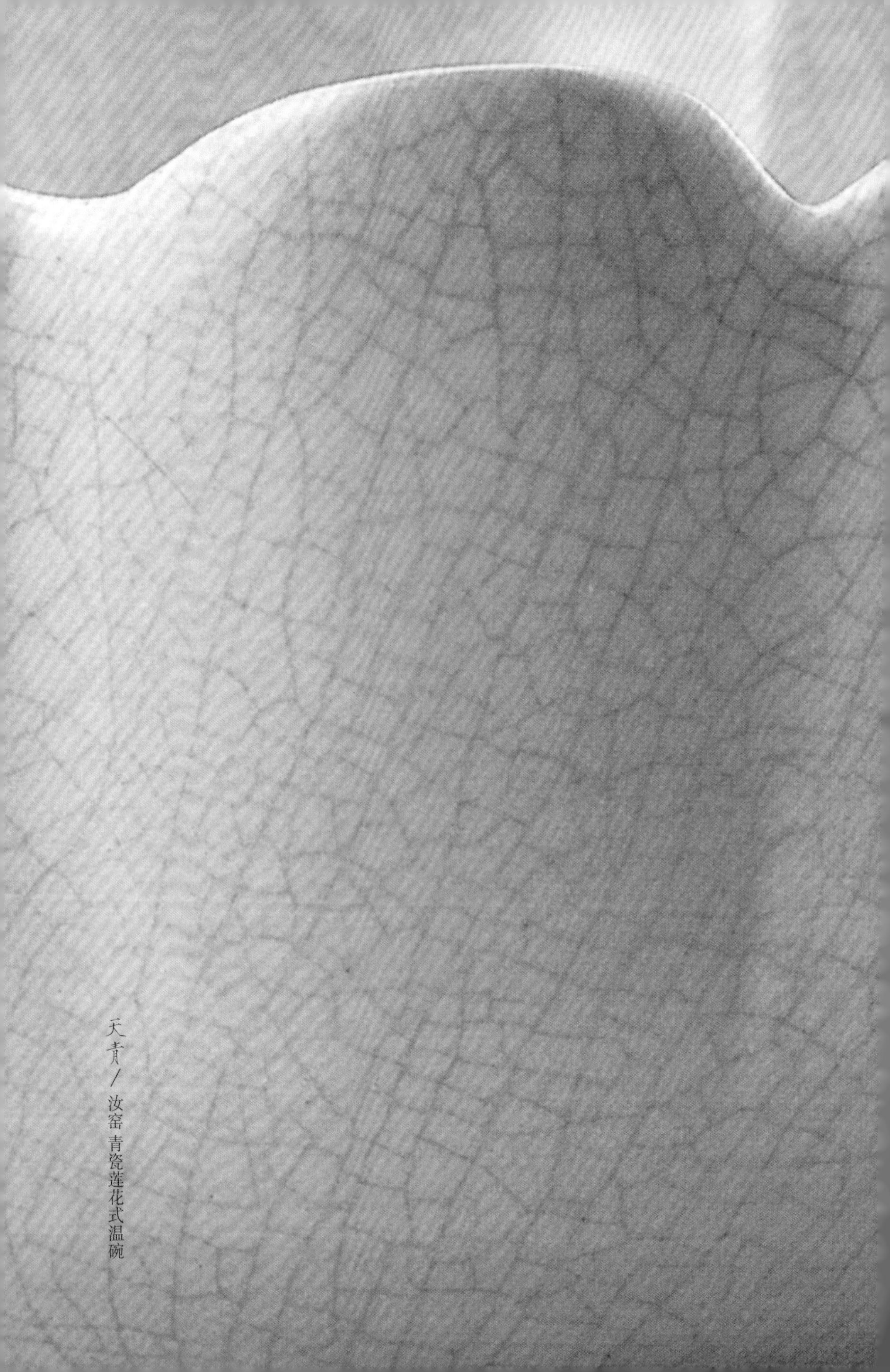

天青／汝窑 青瓷莲花式温碗

第六讲

宋瓷——优雅内敛的极简美学

廖宝秀 ｜ 原台北故宫博物院研究员

众所周知，宋朝是中国陶瓷史上的黄金时期，在宋代的时候，全国各地都有窑场，名窑遍布南北。宋瓷以青瓷、白瓷、黑瓷等单色釉系闻名于世。毋庸置疑，宋瓷是美的。但宋瓷之美，究竟美在什么地方呢？

整个宋代皇室推崇的是不尚奢华、不好奇巧、不贵金玉。因此在南北官窑瓷器上，呈现出一个朝代的共同美感，那就是朴实无华、优雅端庄的极简主义。宋瓷经过宋人的反复淬炼，去芜存菁，留下最实用、最简洁也是最富美感的造型器用，是宋人精神的映照。

1 极简主义的宋瓷之风

众所周知，宋朝是中国陶瓷史上的黄金时期，在宋代的时候，全国各地都有窑场，名窑遍布南北。宋瓷以青瓷、白瓷、黑瓷等单色釉系闻名于世。毋庸置疑，宋瓷是美的。但宋瓷之美，究竟美在什么地方呢？个人浅见，宋瓷美在它的朴实无华、优雅端庄，美在它的内敛与温润宁静，美在它所展现出的整个宋代崇尚礼制、自然的文化精神，当然也和那个时期的理学、禅学的盛行密不可分。

宋代皇室崇尚俭朴。宋朝时周辉《清波杂志》记载：哲宗皇帝在位时，当时的宰相吕大防与皇帝论学，提到宋代帝王有一个“祖宗家法”：包括“尚礼”，崇尚礼节；“宽仁”，宽厚仁爱；勤身勤奋，尽职尽责；“虚己纳谏”，虚心接纳别人的意见；“不尚玩好，不用玉器”[1]，不要崇尚玩物，不要用玉器那些奢靡的东西。欧阳修提到过这样一件事，有一次仁宗皇帝生病了，欧阳修前去探望，结果看到仁宗皇帝的寝宫里摆放的都是一些朴素的瓷器和漆器。[2]宋徽宗曾经想在宴会时使用玉盏、玉盘，也因为担心被责以奢华而作罢。[3]所以，整个宋代皇

---

1 （宋）周辉：《清波杂志》卷一，第7页，“祖宗家法”条；《文渊阁四库全书》本第1039册，第1037—1039页；又见《宋史·吕大防传》卷三四〇。

2 （宋）欧阳修：《归田录》卷一，《笔记小说大观》21编3册，第1642页。欧阳修记载“仁宗圣性恭俭。至和二年春不豫，两府大臣日至寝阁问圣体，见上器服简质，用素漆唾壶盂子、素瓷盏进药”。

3 （宋）周辉：《清波杂志》卷二，第1039—1046页记载“徽宗尝出玉盏、玉卮，以示辅臣曰：欲用此于大宴，恐人以为太华”，并言“先帝作一小台，财数尺，上封者甚众”，可见对此事颇有警惕，唯蔡京在旁鼓励，曰“今用之上寿，于理毋嫌”，益增帝王华贵的正当性。

北宋 青白瓷茶瓶
东京国立博物馆藏

室推崇的是不尚奢华、不好奇巧、不贵金玉。由于宫廷使用的瓷器样式、釉色、支烧方式等可能都是由朝廷发派制作的，南宋官窑也沿袭了北宋“故京遗制”，因此在南北官窑瓷器上，呈现出一个朝代的共同美感，那就是朴实无华、优雅端庄的极简主义。

宋代极简主义美学在器物上体现得淋漓尽致。以瓷器为例，主要可分为几个部分：第一，瓷器的造型普遍都很简练，线条简单耐看，一般没有复杂多余的形制。第二，釉色往往很单纯，像玉一般，工匠注重釉质的细致温润。第三，重视瓷器的胎骨比例，不仅注重外表釉色，也追求内在的胎骨、胎色。这就好比一个人的内在修为气质比外表更为重要，内外兼备，才称得上完美。

北宋汝窑

宋瓷的极简主义风格首先呈现在汝窑、定窑等北宋瓷器上。对于北宋汝窑，南宋叶寘在他的《坦斋笔衡》里曾经提道：

> ……政和间，京师自置窑烧造，名曰官窑。中兴渡江，有邵成章提举后苑，号邵局，袭故京遗制，置窑于修内司，造青器，名内窑。澄泥为范，极其精致，油色莹澈，为世所珍。后郊坛下别立新窑，比旧窑大不侔矣。[1]

"政和"，是宋徽宗赵佶的年号。这句话是说，宋徽宗的时候，"京师"，即汴京，设置了官窑烧造瓷器。"中兴渡江"，即南宋时，有个名为邵成章的监督制窑的官员，曾主持修内司窑，承袭北宋官窑的烧制方式，烧出一种青瓷，叫作内窑。这种内窑，是以经过淘洗的细泥作为原料加工烧制，质地十分细腻精致，釉色也晶莹润泽，在当时就被认为是珍品。后来，在杭州的南郊郊坛下又重新开了一处新窑，也称作官窑，也就是我们现在常说的"郊坛下官窑"。这个官窑和过去的旧窑修内司官窑大不相同。从这段话里我们可以了解两宋时期，在汴京及杭州都设有官窑烧造瓷器。21 世纪以来，部分陶瓷研究者认为"京师自置窑烧造，名曰官窑"，指的就是北宋汝窑。[2]

而北宋宫廷使用汝窑的时间，约在宋哲宗元祐元年至宋徽宗崇宁五年，即 1086 年至 1106 年短短 20 年之间，所以遗留器物非常稀少。汝窑的窑址位于河南省宝丰县清凉寺村的南边，过去叫作汝州，所以称为"汝窑"。汝窑的窑址大概 20 多处，地势平坦，四面环山，西边、南边都有小溪环绕，附近也产煤炭、木材、玛瑙石等烧制汝瓷的重要原料。

---

1 （宋）叶寘:《坦斋笔衡》，收入（元）陶宗仪《辍耕录》卷二十九，《文渊阁四库全书》本第 1040 册，第 735—736 页。

2 余佩瑾 :《清宫传世宋元青瓷及相关问题》，《贵似晨星——清宫传世 12 至 14 世纪青瓷特展》，台北故宫博物院，2016 年，第 297—300 页。

叶寘在《坦斋笔衡》里边又说“本朝以定州白瓷器有芒不堪用，遂命汝州造青窑器。故河北唐、邓、耀州悉有之，汝窑为魁”;陆游《老学庵笔记》也说“故都时，定器不入禁中，惟用汝器，以定器有芒也”。这两句话均提及北宋定窑，但定窑烧造的白瓷有芒口，并不适合宫廷使用，所以才又制作宫廷使用的汝瓷。汝窑为皇室烧造瓷器的记载频繁见于宋代文献，所以汝瓷作为官方用器是毋庸置疑的，而且清宫旧藏中也有很多实物可以证明。

现今全世界收藏汝瓷最多的博物馆约有：台北故宫博物院收藏了21件、故宫博物院收藏了14件、英国的大维德基金会有12件、大英博物馆有4件，这些是收藏较多的典藏单位。目前所知道的汝瓷传世数量大约是74件，但也有90件左右的说法。

上文提到台北故宫博物院的21件汝窑名品，都属于清宫旧藏。其中有水仙盆4件、纸槌瓶2件、胆瓶1件、莲花式温碗1件、盘5件、碟5件、圆洗2件、椭圆洗1件。其中有13件底部刻有乾隆皇帝的御制诗，5件无题，1件刻甲、1件刻奉华、1件刻蔡丙。而其中的汝窑天青无纹水仙盆，以及汝窑青瓷莲花式温碗，一无纹（没有开片）、一有纹（有开片），正是传世汝窑中举世无双的珍品。

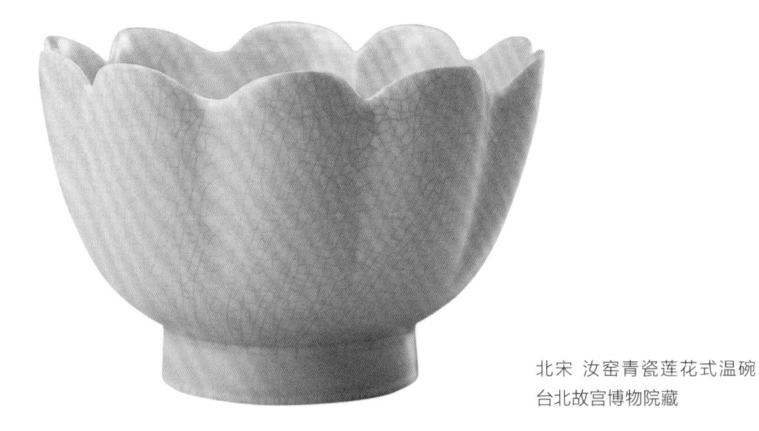

北宋 汝窑青瓷莲花式温碗
台北故宫博物院藏

1 北宋 汝窑青瓷碟（蔡丙铭） 台北故宫博物院藏
2 北宋 汝窑青瓷盘 台北故宫博物院藏
3 北宋 汝窑青瓷洗 台北故宫博物院藏
4 北宋 汝窑青瓷水仙盆 台北故宫博物院藏
5 北宋 汝窑青瓷纸槌瓶及底部 台北故宫博物院藏

我们欣赏汝瓷之美，首先要谈汝瓷的胎骨。汝瓷胎骨是香灰色，胎体比较薄，细腻致密。台北故宫博物院收藏的一件纸槌瓶器底满釉，有五个支钉痕，中间在乾隆年间被刮掉釉面，在上面刻了御制诗，刮掉的釉面下呈现出汝瓷的香灰色胎，与汝窑窑址出土的素烧胎色基本上是一样的。

其次我们再来谈汝瓷的釉色。汝瓷的釉色是一种纯正的天青色，有“雨过天青”的美誉。一般施釉都比较薄，釉色莹润，有的呈半透明状，也有的呈乳浊状。釉色是带灰、带绿的浅青色。釉薄的地方泛浅粉色，也就是粉红色调，这正符合《清波杂志》里所写的“汝窑宫中禁烧，内有玛瑙为釉”的说法。

此外，汝窑瓷器制作精细，通体满釉，只有在器底才能看见细如芝麻大小的支钉支烧痕迹。芝麻点的支烧技法，现又称裹釉或包釉支钉烧。汝瓷的支钉一般为三或五枚，只有椭圆形水仙盆作六枚支钉。支钉的多寡一般是依照器物的大小、轻重而确定的，充分体现出宋人执着追求完美的精神。

我们可以一起来欣赏几件汝瓷中举世无双的绝世珍品。

台北故宫博物院镇院宝藏之一的天青无纹水仙盆。(椭圆盆)，器表不见一丝开片纹路，釉色是纯净的天青色，即如雨后的天空一样清朗。整件器形为椭圆形，平底，接有四个云头形的脚座。全器釉色匀润，口沿以及棱角釉薄的地方，还可以看见浅粉色泽。底部有六枚支钉痕，胎骨呈米黄香灰色。

乾隆皇帝在鉴赏清宫旧藏瓷器的时候，对这件作品爱不释手，不仅在器底加刻赞赏的御制诗，乾隆十年（1745）时，还降旨改装原来雍正时期的茜红雕花象牙座子，并且重新为它设计紫檀木座。[1] 木座附带抽屉，抽屉里放的是《乾隆御笔书画合璧》书画册。这图册是乾隆皇帝临摹宋朝四大书家蔡襄、苏东坡、黄庭坚和米芾的尺牍书法，以

1 《清宫内务府造办处档案总汇》册13，乾隆十年五月初一日，“江西”，第708—709页。

及他自己的松、梅画作，完整展现了他经手换木座、加刻御制诗的典藏经过。乾隆皇帝以北宋汝窑搭配临摹的宋代四大书法名家作品，给这件水仙盆赋予了更深层的文化内涵。

“水仙盆”这个名称是近代人的称法，实际上清宫旧名为笔洗、果洗以及猫食盆等，乾隆御制诗则称“猧食盆”“猫食盆”或“官窑盆”。“猧”据学者考证是唐代撒马尔干进贡来的哈巴狗。[1] 乾隆四十四年时，乾隆皇帝在《题官窑盆》这首诗里边提到“谓猧食盆诚澜语”，修正了以前的说法，所以还是称为“笔洗”比较正确，只不过从 1936 年故宫文物赴英国展览后，“水仙盆”这个名称就已经变成约定俗成的叫法了，所以我们现在还是叫它“水仙盆”。

在此略谈一下雍正皇帝收藏的《十二美人图》之一。这幅《十二美人图》正式名称或应称为《胤禛妃行乐图》，主角美人背后有一个多宝格立柜，上面陈设的都是雍正皇帝收藏的名宝重器。立柜其中三个格架内置有三件汝瓷名器，右面最上边的格架上带有茜红雕花象牙座的汝窑青瓷，就是我们刚提到的现藏于台北故宫博物院的无纹水仙盆。另外两件，一件是汝窑三足洗，现藏于故宫博物院。这件三足洗底刻有乾隆御制诗，也是传世唯一的一件三足洗。另一件是承载着宣德霁青白里茶碗的盏托，原来是大维德爵士的收藏，现藏于大英博物馆。[2]

还有一件汝窑胆瓶（鹅颈瓶）。南宋早期楼钥在《戏题胆瓶蕉》这首诗中曾提到“垂胆新瓷出汝窑”，诗里边明白地提出了插饰美人蕉的胆瓶来自汝窑，而汝窑用作宫廷及文人书斋清供，由此也可以清楚得知。汝窑胆瓶是宋代宫廷的插花用器。台北故宫博物院的这件胆瓶，

---

1 蔡鸿生：《哈巴狗源流》，《东方文物》1996 年第 1 期，第 81—85 页。

2 《十二美人图》今或已为约定俗成名称，然实际名称应为《古装后圣容》，后定为《清人画胤禛妃行乐图》，此两种名称均表示画像为雍正皇帝的后妃像之意。虽有十二张画像，十二位仕女人物画像，然实际画中人物应只有四位，其中多有重复描绘者。林姝：《“人欤”？“后妃”乎？——〈十二美人图〉为雍亲王妃像考》，《紫禁城》2013 年第 5 期，第 124—147 页。

北宋 汝窑天青无纹水仙盆及紫檀木匣座匣 内置乾隆御笔书画合璧书画册 台北故宫博物院藏

汝窑天青无纹水仙盆底部

北宋 汝窑青瓷三足洗 故宫博物院藏

宋代的饮茶方式为点茶，以饮用茶末为主，茶盏与茶托配套使用，宋人举茶必举茶托，所以当时有各种材质的茶托。各大名窑中烧制的茶托属汝窑最为稀少名贵，定窑、南宋官窑等也都有制作。

北宋 汝窑青瓷葵花盏托 大英博物院藏

清 雍正 十二美人图之“博古幽思”
故宫博物院藏

口沿及底部略有伤缺，所以到了清代将撇口的口沿磨掉，变成了直口，再镶嵌铜扣（铜边）。[1]这件胆瓶也是传世中仅有的一件。全器满布开片纹，线条优美，底部中心刮釉一圈，沿着刮釉圈，题刻了乾隆皇帝《咏官窑温壶》御制诗一首，将其视为官窑制品，这是乾隆皇帝汝官不分的例子之一。这件胆瓶样式、尺寸实与汝窑窑址出土的天青刻花莲花纹鹅颈瓶造型相同。[2]

汝窑作为宋代青瓷之首，烧造时间在北宋晚期，从宋代到明代、清代，备受帝王、鉴赏家喜爱。如前面提及的举世闻名的汝窑珍品天青无纹水仙盆，在明代已被曹昭等鉴赏家认定为无纹者最好，到了清代又被雍正、乾隆二帝珍爱收藏。而清宫官窑瓷器也一再仿制汝窑瓷器，可见古今风雅之士皆着迷于它的极简造型，以及优雅悦目的釉色，首推它为中国陶瓷之最。

1 廖宝秀：《官窑胆瓶与鹅颈瓶——略谈书斋花器造形》，《故宫文物月刊》第340期，2011年7月，第82—97页。

2 廖宝秀：《中华五千年文物集刊 瓷器篇三——汝窑 定窑》图版九，台北故宫博物院，中华五千年文物集刊编辑委员会，1992年，第10页。

1 | 2

1 北宋 汝窑青瓷胆瓶 台北故宫博物院藏

2 北宋 耀州窑青瓷划花三鱼小碗 台北故宫博物院藏

2 五大名窑的釉色之美

宋代名窑

宋代社会经济繁荣，陶瓷制作蓬勃，陶瓷器多为日常生活及居家陈设所需。制瓷业大体沿袭唐代以来“南青北白”的发展倾向，窑场遍布全国，以白、青、黑以及青白四大单色釉系闻名于世，不但釉色优美，而且造型典雅。明代以后有五大名窑——汝、定、官、哥、钧的说法。汝窑、南宋官窑以天青、粉青瓷著称，釉色如雨过天青；定窑牙白纯净，精品多进贡内廷，钧窑、哥窑以今日的研究而言，则还有很多问题尚待解决。

宋瓷朴实无华，优雅端庄，釉色优美，呈现出的是宋人内敛与宁静的美感，前面已提过。这与宋代理学、禅学的兴盛都有关联。故宫博物院藏有丰富的传世宋代瓷器，皆可与典籍相互印证。汝窑为五大名窑之冠，前面已经谈过，这次我们来谈谈其他四个名窑——定窑、南宋官窑（一般又称官窑）、哥窑及钧窑。

定窑——色白天下

宋代的定窑受到唐代邢窑的釉色影响，以生产白瓷为主。宋人所谓“定窑颜色天下白”，就说明当时定窑白釉瓷器已通行全国。定窑以河北曲阳为烧造中心，这里古称定州，所以叫作定窑。定窑的釉色莹润牙白，配上浮雕、刻花、划花或印花装饰，素净高雅中增添了纹饰构图的趣味，深受当时人们的喜爱。北宋时期，定窑就被引入宫中，成为宫廷用瓷。北宋中期后，定窑白瓷浮雕刻花技术有了变化，出现了划花与印花技法。定窑盘碟碗器多采用覆烧技法烧造，就是将器物倒扣烧制，底部满釉，口沿无釉，一般釉面多有流釉痕迹，通称“泪痕”。因覆烧留有芒口，所以烧造完成后，在口沿未施釉的芒口上镶加金银扣，成为定窑的独特风格之一。

由于定窑白瓷流行的时间比较长，存世的数量也很多，以碗、盘、茶盏、茶托以及陈设器等生活用器为主。此外，定窑也生产黑釉及酱釉瓷器,被称为“黑定”“紫定”,同样受到世人的珍爱。“黑定”“紫定”近来也颇多出土，瓶、罐、茶盏、盏托之类也多有所见。

定窑瓷器的胎土细致结实，色近牙白。台北故宫博物院所藏的带有“官”字款的莲瓣碗、仿青铜器簋式炉、双龙耳壶、纸槌瓶、梅瓶、玉壶春式瓶等多是传世较为少见的作品，相当珍贵。另外还有一对定窑白瓷婴儿枕，釉色极美、纹饰极为精致，枕底并刻有清代乾隆皇帝的御题诗一首。这件婴儿枕，婴孩所穿着的衣服十分考究，也是研究宋代衣冠的最佳材料。这种类型存世仅有 3 件，台北故宫博物院 2 件，故宫博物院 1 件。

1
2

1 北宋 定窑白瓷“官”字莲瓣碗
台北故宫博物院藏

2 北宋－金 定窑白瓷婴儿枕
台北故宫博物院藏

南宋官窑

接着我们谈南宋官窑。宋室南渡以后在杭州所设的修内司及郊坛下两窑，就是我们今日所说的南宋官窑。郊坛下（宋代祭天曰郊）官窑在浙江省杭州市乌龟山八卦田。修内司官窑的窑址，则位于杭州市凤凰山老虎洞，因此又称老虎洞官窑。南宋官窑器型、釉色大多沿袭北宋汝窑，其造型典雅，多重施釉，深浅粗细相交的冰裂开片纹是南宋官窑的最大特征。

南宋官窑的釉面大部分有多重开片纹，有深浅疏密之分。其中有半透明好像白色的“冰裂纹”开片。冰裂开片像冰糖、云母一般，层层而下，呈多角开片。台北故宫博物院所藏的南宋官窑青瓷弦纹三足炉、簋式炉、长方盆，釉层腴厚，冰裂开片，最具特色。南宋官窑制品以青瓷为主，有仿古青铜造型尊、壶、簋等，也有大量的碗、盘、瓶、炉、洗、文房、茶器、香具等品类，釉色由灰青至粉青不等，器身开片大小不均，但“紫口铁足”是它们的共同特征。有些伤缺处还可以见到灰黑色胎土及多层施釉的痕迹。

“紫口铁足”是南宋官窑的特色之一，因为胎土使用的“紫金土”含铁量高，施釉后口沿及凸棱处，釉自然往下流，造成釉薄处显现深褐胎色，故称“紫口”；“铁足”则是指圈足底部，因未施釉，而胎土含铁成分高，因此烧成后显出黑褐胎色，少部分则涂有护胎汁。

台北故宫博物院所藏的青瓷贯耳壶，器形仿自青铜酒器“壶”的造型，底部胎釉相接处呈现出南宋官窑多次施釉的特征，圈足无釉处露出黑褐色胎骨。整件作品造型端整硕大，高 37.8 厘米，堪称传世所见的最大的南宋官窑瓷器。官窑瓷器除早期多见仿青铜祭祀礼器外，亦多生活用器，如陈设器、书斋用器、香具、茶器等皆有制作。

1 南宋 官窑 青瓷弦纹三足炉、底部及冰裂开片 台北故宫博物院藏

2 南宋 官窑 青瓷贯耳壶 台北故宫博物院藏

哥窑——金丝铁线

哥窑是宋元瓷器中的另一类型，不过哥窑烧造的年代以及地点，到现在，学界也没有定论。哥窑最大的特点就是：金丝铁线开片。

根据明代文献记载：宋代章生一、生二两兄弟在处州琉田窑（今浙江省龙泉县，在当时处州境内）烧陶，哥哥所烧制的浅白断纹的细碎开片，号称百圾碎，称为“哥窑”。哥窑开片，晚明文人又称为“碎器”。

元代孔齐在《静斋至正直记》中记载有“哥哥洞窑”，并且说到：“近日哥哥窑绝类古官窑，不可不细辨也。”[1] 也就是说最近烧的“哥窑”和宋代的官窑很相近，必须要仔细观察，才可以分辨出来。另外在明初曹昭的《格古要论》中也提到：“旧哥窑，

1 元 哥窑 灰青双耳三足炉 台北故宫博物院藏

2 宋－元 哥窑葵口碗及金丝铁线开片 台北故宫博物院藏

色青，浓淡不一，亦有铁足紫口，色好者类董窑，今亦少有。成群队者，是元末新烧，土脉麄糙，色亦不好。”[2]元代人已经说到当时烧得好的哥窑作品，与南宋官窑类似。色青、紫口铁足都是南宋官窑的特征。这也难怪至今陶瓷界仍多难辨官、哥之分。

在用途上，哥窑器多用于居家、文房陈设，一般器身施灰青色釉，器面满布烧造时，因胎土与釉料收缩比例不同所形成的开片纹，成就了哥窑瓷器的特殊风格与美感。哥窑的釉色有灰青偏白，或灰黄等多种色调，而且多带有大小双重、黑黄细碎的开片纹路，这被明、清的鉴赏家称为“金丝铁线”“金银开片”等。哥窑细碎开片颜色是烧制完成后，再经染色的，明代《天工开物》称开片为“老茶水一抹也”。现今，仿哥釉的黑色开片纹路则是以墨水搓擦而成的。明代以来哥釉碎器深受文人的喜爱，大多是作为书斋清供，比如花器、香具、文房用器、茶器等，其中花器尤多。直到清代雍正、乾隆时期，清代官窑瓷器中仍有不少的仿哥釉瓷器。

哥窑属于青瓷系，唯如前述所提，哥窑的窑址到现在学界也没有定论，有认为它烧制于龙泉县，也有认为是杭州老虎洞窑。目前考古出土的作品，有元代任氏家族墓、洪武四年汪兴祖墓、浙江长兴县明代墓等随葬的葵口盘、胆瓶、贯耳瓶（投壶）等，这些器形也都可以在故宫博物院所藏清宫旧藏哥窑瓷器中找到相应的作品。

不过，哥窑盛行于元、明两代则是不争的事实。尤其明代诸多文人雅集中但见茶器、花器、香具等多使用哥釉碎器。

1 （元）孔齐:《静斋至正直记》,《续修四库全书》第1166册，上海古籍出版社1995年，第456—457页。

2 （明）曹昭：《格古要论》,《古窑器论 · 官窑》,《文渊阁四库全书》本第871册，第107页。

钧窑——霞紫瑰红

钧窑的窑址在河南禹县境内，由于禹县在金世宗二十四年（1184）改名钧州，因此这个地方烧制的瓷器就称为钧窑。钧窑也是宋代名窑之一。钧窑瓷器突破了单色青瓷的传统，釉面添加或融入了紫红色斑，这也说明当时的工匠已经能充分掌握铜元素的还原技术。钧窑的釉层腴厚、乳浊且富有色彩，有红如玫瑰、紫若葡萄的斑纹，和器物本身原有的天蓝、月白等底色相互辉映，瑰丽多彩。

钧窑在金、元时以烧制碗盘类居多，不过也有一些玉壶春瓶或匜等酒器类的作品，明初开始常见宫廷陈设花器，由于釉中含铜成分，因此以各类玫瑰紫、海棠红等窑变釉色，著名于世。各式各样的花盆、盆托，种植了宫廷喜爱的菖蒲、水仙等四季的应景植物，瑰丽堂皇，相得益彰。

钧窑的研究，目前仍然有很多分歧，它和哥窑一样，被定为五大名窑都是明代人的说法，宋代文献中并没有记载。但钧窑胎体与汝窑、耀州窑等青瓷系相比，相对粗糙，胎色呈灰黄，烧成以后，口沿、突棱等釉薄处，可以看到灰黄胎色的出筋线条，形成自然加边的装饰效果，颇具特色。由此可见，胎色也是宋瓷的特征之一。

台北故宫博物院所藏的一件如意形枕上就有紫色斑块，通体呈天蓝釉，釉面浮现出红紫色斑块，形成蓝天彩霞的装饰效果，极为瑰丽好看，难怪乾隆皇帝也忍不住要题诗赞美一番。不过乾隆在本件《咏汝窑瓷枕》御制诗中将其视为汝窑作品，“汝州建青窑，珍学柴周式。柴已不可得，汝尚逢一二。是枕犹北宋，其形肖如意。色具君子德，晬面盎于背。髻垦虽不无，穆然以古贵。今瓷设如兹，脚货在所弃。贵古而贱今，人情率若是。然斯亦有说，鲁论示其义。大德不逾闲，小德可出入。色润玛瑙釉，象泯烟火气。通灵旁孔透，怡神平底置。我自宵衣人，几曾安此寐。”可见汝、官、钧在清宫确实不好分辨，故时见乾隆御制诗中汝官、汝钧不分的情况发生。

1 元 钧窑天蓝紫斑如意枕 台北故宫博物院藏

2 明 钧窑葡萄紫葵花式花盆 台北故宫博物院藏

传世钧窑瓷器可以依照使用功能分为陈设类花器和包含碗、盘、瓶、枕在内的各类器皿。台北故宫博物院收藏的两件丁香紫尊、天蓝玫瑰紫仰钟式花盆底部都有漏水孔，作为花盆使用，全器胎骨比较厚，外表施有蓝紫色的乳浊浓釉，还有一线紫红霞光，釉表多处布满了橘皮棕眼。可见这类天青霞紫、变化莫测的釉色之美，令人陶醉。钧窑各式花盆、盆托多作栽养菖蒲，及各式盆花之用，但也有没有漏水孔的花尊则是插花的花器。明初开始，常常能在宫廷绘画中，看到使用钧窑花盆植花、插花的场景。清代雍正时期的《十二美人图》中也可以见到整套的钧窑花盆、盆托种植水仙的画面。台北故宫博物院所藏的钧窑花盆、盆托有些刻有清宫的宫殿名称，如“养心殿明窗用”“建福宫”“重华宫漱芳斋用”“重华宫芝兰室用”等，所以可以了解到，这些花器从明代以来一直就是宫廷的植栽用器。

元代钧窑在蓝釉中加入铜的成分，施釉时以不规则的点在方式，使其产生斑块状的窑变，明代则用两种釉料互相融合，产生蓝中带红紫，或者红中带紫蓝的斑驳窑变。这种技法在清代时更是发挥得淋漓尽致。清代“钧红”瓷器成为雍正、乾隆两朝的流行用器，“钧红”是形容如钧窑般的釉色，蓝中带火焰红，虽然是清代开发的釉色，但御窑厂监陶官唐英受到钧窑釉色的启发，则是不争的事实。

3 宋人的瓷器使用之道

众所周知，陶瓷器大多都是用作日常生活用器，用途多样，有祭祀用的礼器、陈设器、各种饮食用器等等。宋人讲究生活美学，注重生活与艺术的调和，无论饮宴聚会、文人雅集、居家生活、书斋装饰、燕闲清赏都讲究品位，例如饮用绿色茶末，一般使用“冰瓷雪碗”，延续唐代陆羽以来的青瓷及白瓷。宋代著名的青瓷茶碗，各大名窑如汝窑、南宋官窑、耀州窑、龙泉窑等均有烧造。白瓷则以定窑最好，数量也最多。斗茶时使用的黑釉茶盏，最能衬托茶色，因此福建建窑制作大量的兔毫或鹧鸪斑纹茶盏。建窑以烧造茶盏闻名于世，胎体厚重，可保茶温，使茶末汤花不易消退，而釉色晶黑光亮，带有丝缕条纹的结晶，形如兔毫，最受宋代文人喜爱，甚至美名远播东洋，成为将军以及贵族争相收藏的对象。

1 2 | 3

1 宋 黑釉鹧鸪斑碗　台北故宫博物院藏

2 宋 建窑黑釉兔毫盏 台北故宫博物院藏

3（传）宋徽宗 文会图 局部 台北故宫博物院藏

绘画所见宋代生活陈设

从众多出土壁画以及宋代绘画中所呈现的图像，我们可以了解到宋人使用这些陶瓷器皿的情景。传为宋徽宗的《文会图》描绘了宋代上层阶级文人在池畔花园中饮酒、品茶聚会、聆赏音乐的场景。从图中可看到，侍童们正在烹茶备酒，偌大的黑色方形漆案，设置在柳树下，案上摆满成组的餐具与果食。人物、器用、园景描绘细致讲究，漆案上的椭圆形小盘、温碗、执壶、酒托、酒盏，或前面小桌上的黑漆茶托、白瓷茶盏、茶瓶等都可与当代汝窑椭圆洗或景德镇青白瓷等造型器具相对应。

另外一幅与《文会图》描画内容相近的是传为宋徽宗的《十八学士图》。虽然是明代的摹本仿作，但是母本应该来自宋代，我们也可以从画上看到与宋代几乎一模一样的兔毫紫盏，就是建窑酱釉兔毫茶盏，这也是宋代文人经常吟咏颂赞的茶器，在梅尧臣、苏东坡、黄庭坚等人的诗中一再提及。宋代常见的斗笠形青瓷茶盏，可以在日本奈良能

满院所藏的《罗汉图》上见到相同的造型。流风所至，定窑、官窑、龙泉窑、景德镇青白瓷或其他金银器、石制品等都有制作，尽管材质不同，但所呈现的时代风格是一致的。

宋代瓷器中常见的瓶制，如纸槌瓶、琮式瓶、官哥大瓶、香具等，也常常入画。先谈纸槌瓶，这是宋代流行的样式。北宋汝窑纸槌瓶造型传世的只有两件，都在台北故宫博物院。不过由于口沿破损，清宫收藏时已将盘口磨掉，这个造型后来也被南宋官窑、龙泉窑沿袭制作。纸槌瓶大多是作为花器使用的，在宋代绘画中我们可以看到纸槌瓶插花的画作，故宫博物院所藏的南宋《胆瓶秋卉》图册，图上插饰菊花的花瓶，与纸槌瓶造型相近，可作为宋代纸槌瓶插花的实例。[1]宋代定窑、南宋官窑、龙泉窑都有制作纸槌瓶，其造型可能与造纸时所使用打纸浆的槌棒相类，因此而得名。明代袁宏道的《瓶史》中也有记载纸槌瓶用作花器，并且谈到书斋插花:“大抵斋瓶宜矮而小……窑器如纸槌、鹅颈、花袋、花樽、花囊蓍草、蒲槌，皆须形制短小者，方入清供。”这句话是说，书斋的花瓶宜用矮小的，像纸槌、鹅颈、花樽、花囊等窑器都需要缩小形制才能放在书斋里使用。而同样形制的大件器皿则供厅堂使用。南宋官窑出土的各类瓶器均有大小之分，可见得尺寸大小依场合使用，有一定的规制。

南宋官窑琮式瓶作为陈设器使用之外，主要也作为花器使用。“琮”的造型来自新石器时代的玉器，古人有“天圆地方”的说法，因此以圆璧以及长方形的玉琮作为祭祀天地之用。到了宋代，瓷器仿其

1 南宋 龙泉窑青瓷斗笠形茶盏 台北故宫博物院藏

2 南宋 龙泉窑双凤耳瓶 台北故宫博物院藏

3 北宋 定窑白瓷盘口纸槌瓶 台北故宫博物院藏

1 廖宝秀:《官窑胆瓶与鹅颈瓶——略谈书斋花器造形》，第92—93页。

造型作为插花用器，台北故宫博物院藏宋代杜良臣所写的一封谢函中，书写信函所用花笺纸上的纹饰，可以看到琮式瓶插饰水仙花的图像。[1]琮式瓶也是宋代流行的瓶制之一，台北故宫博物院所藏的南宋官窑、龙泉窑都有琮式瓶的造型，而且制作有各种不同尺寸，显见依其大小，做不同空间的陈设使用。

1 南宋 龙泉窑青瓷琮式瓶 台北故宫博物院藏

2 元 哥窑青瓷鱼耳炉 台北故宫博物院藏

袁宏道在《瓶史》中提到，如堂中插花，乃以汉之铜壶、太古尊、罍以及官、哥大瓶，方入清供。台北故宫博物院藏南宋官窑弦纹瓶，见于清代画家郎世宁所画《聚瑞图》，图中所用的花瓶可能是宋代所制，也可能是雍正官窑的仿官制品。清朝雍正、乾隆时期，景德镇官窑制作了不少仿宋官窑造型器，应该都是用来作为宫廷陈设或插花之用。龙泉窑青瓷也制作过类似的造型。

在宋代绘画中可以说几乎见不到哥窑、钧窑瓷器的使用场景，反而是在明代绘画上时常可以见到。钧窑以花盆花器最为多见，而哥窑则常见文房用器、花器、茶器、香具等。通过绘画及文献显示，明朝人鉴赏瓷器时，非常注重瓷器釉表的纹理变化。因此，哥釉开片碎器也是明代文人最为喜爱的窑器。明四家之一的沈周在《瓶中腊梅》中所用的花瓶，就是满布细碎开片的哥釉花瓶。另外，明朝晚期的著名画家陈洪绶的绘画中，所画的用器也大多是哥釉开片碎器。这类器皿也可以在故宫博物院藏瓷中找到对应的器物。

1 何源泉：《宋代花笺特展》图版 17，《宋杜良臣致中一哥新恩中除贤弟尺牍》册，台北故宫博物院，2018 年 2 月，第 226 页。

哥釉香炉香具

在明代仇英的《蕉荫结夏图》中，两位文人在蕉荫下弹琴听曲，赏书鉴画，一旁茶童手持茶碗、茶托，正在备茶，而前置矮几上有一个插饰折枝花的花尊，以及开片碎器香炉，这个香炉的造型和元明之际的哥釉香炉类似，而插花的出戟花尊也与钧窑或青铜尊很像。画中呈现的正是明代文人的休闲雅事，那就是：听歌拍曲、鼓琴、品茶与插花、焚香、赏书鉴画等等，表现了宋代以来的文人休闲生活与四艺的结合。图中的开片哥釉香炉以及钧窑或青铜器的出戟花樽也都可以在故宫博物院藏品中找到相对应的器物。

唐寅的《煎茶图》中，描绘了在幽静清雅的庭园，高耸的湖石修竹前，一位文人席地坐在蒲团上，手持团风扇火煮茶，除了多种茶器外，画上左前方的朱漆矮几上，还陈设有白瓷茶盅、朱漆茶托一套，另还有书画轴以及炉、瓶、盒等香器，香炉、香瓶为开片哥釉“碎器”，这些造型正是明代最流行的样式，双耳投壶式的香瓶内插有香铲、香箸，画中文人于此焚香、品茶，雅趣盎然，呈现明代文人生活的雅趣。画中的哥釉香炉以及投壶式香瓶，也都可以在洪武四年汪兴祖墓、浙江长兴县明墓等随葬出土的器物中找到相应的造型。传世器中，故宫博物院和台北故宫博物院也都有造型相近的藏品。

钧窑花器的使用

明代绘画中，常见钧窑花盆的使用，台北故宫博物院所藏的明代《十八学士图》，以及故宫博物院所藏的《明宣宗行乐图》上，都可以看到画中葡萄紫或天蓝釉色的钧窑尊式花盆，以及仰钟式花盆栽植石菖蒲。《十八学士图》一共有四轴，主题分别为琴、棋、书、画。第一轴琴的部分，画中五位文人意态悠闲，在牡丹盛开的花园中举行小型雅集，弹琴焚香，画作前方汉白玉石盆中，置有钧窑丁香紫尊形花盆，栽有石菖蒲，下方还放置了一个盆托，另一侧有天蓝长方盆及高圆盆，盆内种植有松树以及棕榈树。

综上所述，宋、明时期绘画中所呈现的五大名窑瓷器的使用情形，除了少部分祭祀礼器之外，大部分都是宫廷或文人的日常生活用器，作为文房清赏或书斋清供。它们共同的特征就是：造型简洁、釉色单纯，而且绝大部分都是经典造型，长久以来一直为明清官窑所沿用，直到今天，我们仍然沿用宋瓷的造型、釉色。

这种美的体现是超越时空、地域的。宋瓷的造型、釉色，经过宋人精淬的美学历程、经验累积，去芜存菁，留下最实用、最简洁也是最富美感的造型器用。宋瓷之美是经典，而宋人的精神反映在瓷器上的，正是这种永恒之美。

1 金至元 钧窑葡萄紫花尊

2 宋、金 磁州窑系 黑釉棱线罐

推荐阅读

- 廖宝秀：《典雅富丽——故宫藏瓷》，台北故宫博物院，2013 年
- 廖宝秀：《中华五千年文物集刊　瓷器篇——汝窑　定窑》，台北故宫博物院，1983 年
- 林柏亭主编：《千禧年宋代文物大展》，台北故宫博物院，2000 年
- 余佩瑾主编：《大观——北宋汝窑特展》，台北故宫博物院，2006 年
- 余佩瑾主编：《贵似晨星——清宫传世 12 至 14 世纪青瓷特展》，台北故宫博物院，2016 年
- 蔡玫芬主编：《文艺绍兴——南宋艺术与文化特展》，台北故宫博物院，2010 年
- 杜正贤主编：《杭州老虎洞窑址瓷器精选》，杭州市文物考古所，2002 年

银色／梅梢月盘盂

第七讲

名物——平凡器物中的人间清趣

扬之水——中国社会科学院文学所研究员

「我思古人，实获我心」，《诗·邶风·绿衣》之句，断章取义，这意思便很教人喜欢，近年即常常引以为言，以表趣向与心境。所谓「古人」，原不是一个空泛的概念，它是占据着时间与空间的真实存在。当然也可以说它就是我们近年频频挂在嘴边的「传统」。在一个迅猛「现代化」的时代里，实在需要努力保持一份对传统的了解、体认和珍爱。

花、酒、香、茶……这些都不是宋人的创造，却是由宋人赋予了雅的品质，换句话说，是宋人从这些本来属于日常生活的细节中提炼出高雅的情趣，并且因此为后世奠定了风雅的基调。为什么宋人会有、或者说能有这样的作为呢？

1 金银杯盏中的诗心词魂

我们这里以两宋金银器为例。两宋金银器的使用，由宫廷而及民间，数量之巨，远逾于前。皇室嫁娶、宫中诞育、册封诸吉且无论，宰相生日、大臣去世、学士草制润笔，都不离金银器。南宋与金的往来朝聘以及宋廷维系与周边各个政权的朝贡关系，更是少不得巨量金银器的支撑。带具、马具、馔器、盥洗用具，金银器作为赏赐与礼品，动辄百两、数百两、千两乃至万两。平居时候的一般用器，上自九重，下至中等以上之家都以金银器为主。

两宋金银器品类中最丰富的一项，是所谓“馔器”，换句话说，便是筵席上的各种用器。而金银馔器，与花与歌与酒关系最为密切。其时士大夫以及乡绅富户商贾几乎家蓄声伎，少则几人，多则几十甚至数百人。“一曲新词酒一杯”，并不独见于宰相家，以歌送酒，实在是宴席之常。南宋戴复古有《洞仙歌》一阕，道是：“卖花担上，菊蕊金初破。说是重阳怎虚过。看画城簇簇，酒肆歌楼，奈没个巧处，安排着我。　家乡煞远哩，抵死思量，枉把眉头万千锁。一笑且开怀，小阁团栾，旋簇着，几般蔬果。把三杯两盏记时光，问有甚曲儿，好唱一个。”以歌送酒为宋代宴饮之常，筵席中又每以好香和时令花卉点缀清雅，即席歌唱的送酒“新词”涉及花事者自然最多，因此酒器的造型与纹饰取意于花卉者，差不多占了第一。

此际十分发达的花鸟画以及与绘画密切相连的刺绣，成为纹样设计的粉本之一，金银焕烂的杯盘碗盏遂使得琼筵瑶池竟也如同一座百花

1 银鎏金果盒盖面图案（金代）黑龙江哈尔滨阿城区出土

2 3 梅梢月盘盂 江苏南京南宋张同之夫妇墓出土

4 5 银鎏金梅梢月盘盏 福建邵武故县窖藏

苑。酒器中的要件是杯盏，此中又以劝盏最为样式新巧。设计上独出机杼的一类象生花式盏，最常取用的象生花，为梅花、菊花、葵花、水仙花、荷花、芙蓉，等等。

梅梢月

宋人爱花，梅花当居第一，不过它却是“独向百花梦外，自一家春色”，有自己独自的特点。象生花、折枝花之外，装饰领域里“自一家春色”的流行纹样莫过于梅梢月。诗词咏梅虽多水边月影孤寒清胜之境，如南宋高翥《冬日即事》“江上凝冰约水痕，门前残雪缀溪云。杖藜独立梅梢月，成就清寒到十分”，然而饰以梅梢月的酒器，却不妨以它的姝秀清逸为筵席劝饮别添诗韵。

南京江浦黄悦岭南宋张同之夫妇墓出土的一副梅梢月盘盂，承盘和酒盂均以梅花为饰。盘高 1.9 厘米，口径 14.6 厘米，盘底在浅浅錾出水波纹的地子上打造水边横斜的一树新枝，梅枝之外留白，唯以清云新月点缀其间。盂高 3.9 厘米，口径 9.5 厘米，口沿加金扣（扣器是指在器物的盖口沿、器口沿、器身或器底等部位包镶金属箍以达到加固和装饰目的的漆器），内心打造梅花一朵，壁间的五个花瓣内各錾折枝梅花，很好地表现了梅梢月的主题。

福建邵武故县窖藏中的一副银鎏金盘盏也是同一类型。“湿云不渡溪桥冷，娥寒初破东风影。溪下水声长，一枝和月香”，诗人咏梅的清词丽句适可为此器品题；“梅花能劝，花长好，愿公更健”，梅边的谱曲，却又可作梅盏的送酒歌。

菊花

宋人对菊花的喜爱，在范成大《菊谱》开篇的一段话里说得最明白："山林好事者，或以菊比君子。其说以谓岁华婉娩，草木变衰，乃独烨然秀发，傲睨风露，此幽人逸士之操，虽寂寥荒寒，而味道之腴，不改其乐者也。神农书以菊为养生上药，能延年轻身，南阳人饮其潭水，皆寿百岁。使夫人者有为于当年，医国庇民，亦犹是而已。菊于君子之道，诚有臭味哉。"这是他说到众人对菊的欣赏。"南阳人"是用典，《后汉书·胡广传》注引盛弘之《荆州记》中"菊水出穰县，芳菊被涯，水极甘香"，有芳菊在旁，水非常甘甜，"谷中皆饮此水，上寿百二十，七八十者犹以为夭"，山谷中的人皆饮用此水，寿者最大一百二十，活到七八十岁还被认为是英年早逝。这也是宋人祝寿词中最常用到的菊花故事。

诚如《菊谱》所说，"爱者既多，种者日广"，南宋临安花市因有菊花结作佛塔、制为花屏的盛况。杨万里在《经和宁门外卖花市见菊》

1 银鎏金菊花盘盏 福建邵武故县窖藏

2 铜鎏金菊卮 陕西历史博物馆藏

《买菊》中描绘，彼时“平地拔起金浮屠，瑞光千尺照碧虚。乃是结成菊花塔，蜜蜂作僧僧作蝶。菊花障子更玲珑，生采翡翠铺屏风。……君不见内前四时有花卖，和宁门外花如海”，以至于爱花也爱酒的诗人“抱瓶醉卧锦绣堆”。

象生花式盏取用菊花，自有“烨然秀发，傲睨风露”之美，用于祝寿，也是满溢喜瑞。福建邵武故县窖藏出的一副南宋银鎏金菊花盘盏，做成菊花造型，盏放在盘子里头的时候，从俯视的角度看更像是多层的菊花。陕西历史博物馆藏一件宋代铜鎏金菊卮，口径5厘米，高4.2厘米，造型取自半开的菊花，袅袅一弯折枝菊做成杯柄，绕腹一周山水小卷：松间月下傍岸听风，柳津花渡泛舟遣兴，坦坦幽人，振振君子，与菊花之韵相映成趣。

葵花

宋人所谓“葵花”，原是锦葵科的蜀葵或黄蜀葵。蜀葵为中土原产，可以说是传统观赏花卉。黄蜀葵花开鹅黄色，花心晕作紫红，即古人所艳称的“檀心”，雄蕊花丝结合若筒而探出很长。在宋人绘画中，比如故宫博物院藏的《百花图·蜀葵》里，我们可以看到它的样子。台北故宫博物院藏一幅宋代刺绣《秋葵蛱蝶图》，也当以绘画为粉本。不管是刺绣还是绘画都画出蜀葵的一个特点，就是叶心下有紫檀色，而且中间雄蕊高耸。

晏殊《菩萨蛮》说："秋花最是黄葵好，天然嫩态迎秋早。染得道家衣，淡妆梳洗时。晓来清露滴，一一金杯侧。插向绿云鬓，便随王母仙”。同调咏黄蜀葵又有“人人尽道黄葵淡，侬家解说黄葵艳”，“摘承金盏酒，劝我千长寿”；“高梧叶下秋光晚，珍丛化出黄金盏”。苏轼题赵昌《黄葵图》“低昂黄金杯，照耀初日光。檀心自成晕，翠叶森有芒”，潘德久“一树黄葵金盏侧，劝人相对醉春风”，都是以酒盏乃至酒事拟喻黄蜀葵。

安徽休宁南宋朱晞颜墓出土一件金葵花盏，高4.8厘米，口径

11 厘米，现藏安徽博物院，就按照蜀葵的样子做出黄金的杯盏，盏口以及花瓣之间又分别用折枝黄葵做出装饰带，盏心一朵花中花，中心花蕊特立，花心没法做出紫檀色，但是把这个特点用錾刻的手法表现出来。

出自江苏金坛水北卫东连的金葵花盏两件，造型与纹样相同，唯其中一只尺寸稍小，花瓣六曲，每一朵各錾一种折枝花：牡丹、栀子、芙蓉、桃花、山茶、菊花，嫩枝摇风，群芳吐艳，借得金葵一朵，展就四时花信。

水仙花

水仙中花开单瓣的一种，宋人俗称“金盏银台”。杨万里《千叶水仙花》诗前小序曰“世以水仙为金盏银台，盖单叶者，其中真有一

1 秋葵图 台北故宫博物院藏

2 金葵花盏 安徽休宁南宋朱晞颜墓出土

3 金葵花盏 江苏金坛水北卫东连出土

4 银水仙花台盏 安徽六安花石咀一号墓出土

5 金水仙花台盏一副 贵州遵义南宋播州土司杨价墓出土

6 佚名 水仙图 故宫博物院藏

酒盏，深黄而金色”。这里的“单叶”，系指花瓣而言，即植物学中的所谓“花被”。单瓣水仙花开白色，花被六裂平展如承盘，中心托起鹅黄色的副花冠好似酒盏一般。宋人咏水仙，以金盏银台为之传神，便最是现成。洪适《水仙》“龙宫陈酒器，金盏白银台”，辛弃疾《贺新郎·赋水仙》“弦断招魂无人赋，但金杯的皪银台润”，都是相同的拟喻。

安徽六安县花石咀一号墓出土的银水仙花台盏一副，承盘打作一枚六瓣花，中心是一个略略凸起的浅台，高 3 厘米，最小径 15 厘米；银盏圆口，高 4.5 厘米，口径 8.7 厘米。作为台盏一副，盏与承盘的造型和纹饰通常总是相互呼应的，就像前面例举的菊花盘盏、梅梢月盘盂，而这一副却是以台、盏的不同造型而合成一朵水仙花。我们俯看，就可以看到它底下的承盘正好是杨万里说的单叶水仙花瓣，中间凸起的鹅黄色金盏正好是水仙花心，从侧看也可以看出水仙花的造型。

荷花

荷花荷叶也是兴起人意的花卉，夏日池塘，新绿照人，嫩红耀眼，折一茎带露的荷叶拗作“碧筩”，以此荷香送酒，这早是前朝风流。欧阳修有皇祐元年作于颍州的一首《答通判吕太博》，句云“千顷芙蕖盖水平，扬州太守旧多情。画盆围处花光合，红袖传来酒令行”，讲他出任扬州太守的时候曾命人采莲千朵，插以画盆，围绕坐席，又命在座的客人传花，人摘一叶，叶尽处饮，传为酒令。日暄风暖，美酒娇花，如此妍媚的花事和酒事，又以诗作者之盛名，使它成为传播很广的风雅故事。

取式于荷叶荷花制为象生杯盏，自可在筵席间佐清欢、助燕喜。东坡诗有《和陶连雨独饮》二首，诗前有一则小引说：“吾谪海南，尽卖酒器，以供衣食，独有一荷叶杯，工制美妙，留以自娱，乃和渊明《连雨独饮》”。浙江衢州南宋史绳祖墓出土一件玉荷叶杯，它的造型就是一个玉荷叶做成的酒杯，大荷叶做成酒杯，小的荷叶做成压指板，下边的荷叶枝梗正好弯过来做成杯柄，适可当得“工制美妙”之赞。江苏溧阳平桥窖藏中也出土了样式不同的银鎏金荷花盏，其一为单瓣，其一为重瓣，很好地表现了荷瓣的娇柔。

“十花”

几件花色不同却尺寸相当、风格一致的象生花式盏组合为一套，即为“十花盏”。宋徽宗《宣和宫词》里说：“十花金盏劝仙娥，乘兴

1 玉荷叶杯 浙江衢州南宋史绳祖墓出土

2 银鎏金荷花盏 江苏溧阳平桥窖藏

3 银鎏金花盏 江苏溧阳平桥窖藏

追欢酒量过。灯影四围深夜里，分明红玉醉颜酡。”“十花金盏”之“十”，可以是实指，也可以是概指。

范成大《菊谱》录有“十样菊”，说它“一本开花，形模各异，或多叶，或单叶，或大，或小，或如金铃。往往有六七色，以成数通，名之曰十样”。江苏溧阳平桥窖藏中有各式象生花银盏，其中六只大小、轻重约略相等，相异只在造型和装饰纹样，即盏口分别作成梅花、秋葵、菱花、栀子、莲和千叶莲花，盏心和内壁的每一曲都各依盏口花式不同而分别装饰相应的图案。

在这里要特别提一下其中的菱花，因为见到的不太多。范成大《初秋间记园池草木五首》之二中有两样是水生植物，而都与酒有关：“菱葩可范伯雅，蓼节偏宜麹生。”“菱葩”一句自注曰：“菱葩为酒杯，样最佳”，伯雅，即酒爵之大者，也可代指酒杯。这只菱花象生盏花开四瓣，内壁八个弧曲分别錾刻菱花折枝。折枝花，宋人又或称作“耍花儿”，也是织绣中的流行纹样。宋无名氏《九张机》句有“三张机。中心有朵耍花儿。娇红嫩绿春明媚，君须早折，一枝浓艳，莫待过芳菲”。

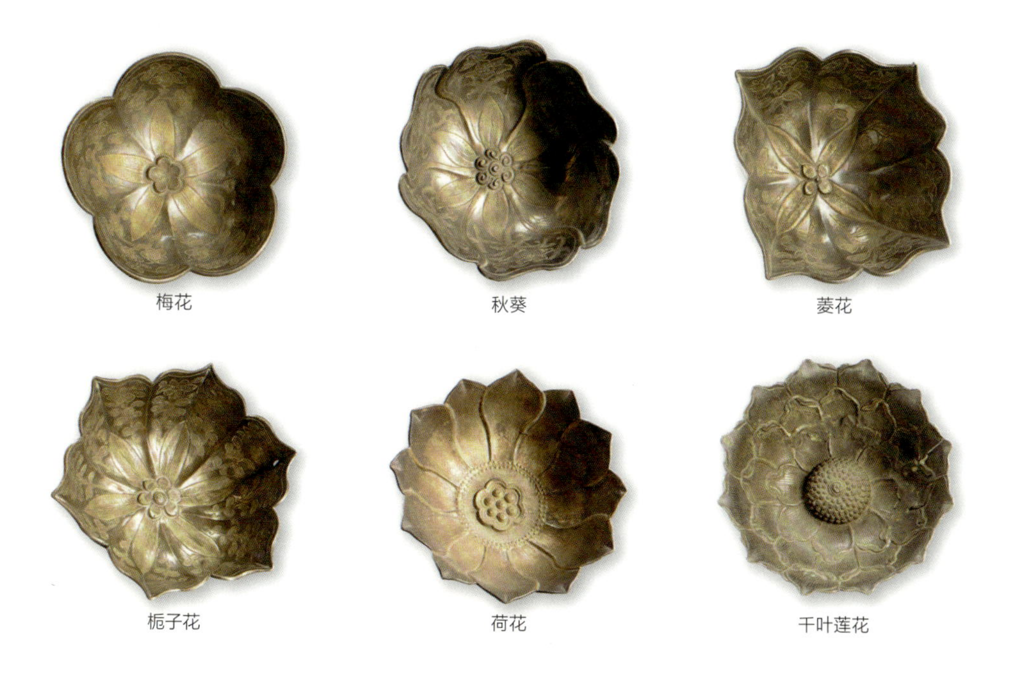

瓜果

筵席中尚有放置时令鲜果的器具。晁补之《梁州令·永嘉郡君生日》句云“东君故遣春来缓，似会人深愿。蟠桃新镂双盏，相期似此春长远”。永嘉郡君就是晁补之的妻子，户部侍郎杜纯的女儿。这一年诗人为妻子写下的贺寿词凡五阕，五阕合看，可知寿筵是在早春二月，设于作者乡居之南园。其时“露桃云杏，已绽碧呈红”，因对花畅饮，满斟“金盅”。“金盅”里的一双，便是“蟠桃新镂”，就是做成蟠桃一样的银盏或是金盏。

桃、石榴、荔枝和瓜每凑在一起组成图案，桃固然最是寿筵中的宠物，但石榴、荔枝和瓜之类此际尚无后世的利用谐音以为吉语的俗趣。杨万里《尝桃》：“金桃两饤照银杯，一是栽来一买来。香味比尝无两样，人情毕竟爱亲栽。”这里的意思很家常，银酒杯旁果盘里的桃子只是为了尝鲜。江苏溧阳平桥窖藏中的一件银盘，盘心打造出仿若浮雕的瓜、桃和石榴，又以荔枝点缀其间。它虽然是鼓起来像浮雕一样，但是完全是打制的。我们看到背面是凹进去的，是用打制的工艺造成的浮雕的效果。

宋代花鸟画一面为各式金银象生花盏提供了造型粉本，一面也为用于平面装饰的錾刻纹样提供了参考图式。比如果菜碟，内底心就每每錾刻精细的花鸟图案。湖南临澧柏枝乡窖藏中有錾花银碟一组10枚，口径在15至16厘米之间，盘心各錾团窠式折枝花。

与酒具相比，茶具中的金银器要少得多，造型则与瓷器大体一致。比如茶盏，多为斗笠盏，撇口，

1 2 3 | 4

1 银鎏金枝梗桃杯 江苏溧阳平桥窖藏

2 银盘 江苏溧阳平桥窖藏

3 银錾栀子花果菜碟 湖南临澧柏枝乡窖藏

4 “凤穴”银盏 四川德阳孝泉镇清真寺宋代窖藏

底下是一个很小的小圈足，像一个翻过来的斗笠，而且大部分光素无纹。一个比较特殊的例子，是四川德阳孝泉镇清真寺宋代窖藏中的“凤穴”银盏。

“凤穴”银盏内壁满饰錾刻精细的穿花凤凰一对，内底心打出錾了水波纹的一个浅凹，水波中间一个小小的牌记，上有“凤穴”二字。茶盏的纹饰不免教人想到宋代北苑御用珍品中的“龙团”和“凤团”，即所谓“酒好鹅黄嫩，茶珍小凤盘”，这是宋人词里头说到的。这里的设计意匠，大约即在于暗喻点凤团茶必要如此考究的茶盏才是佳配，或者反过来说，茶盏之秀逸，原是为了“引凤”，以使茶器与茶臻于双美。

金银器的制作与使用，是南宋社会富庶繁华之一面的重要标志之一，它的造型与纹饰得意于时尚又引领着时尚，以此在很是商业化而又时时浸润诗思的时尚消费中散射魅力。那么凝结于其中的文心文事，今之南宋览胜实不可轻轻放过。

2 花器香器中的生活艺术

日常化的宋代花事

宋代花事是由大的背景推送出来的一种新的生活方式，它的一大特点便是日常化和大众化。宋人对花的赏爱，很少再有狂欢式的热烈，而是把花事作为生活中每一天里的一点温暖，一份美丽的点缀。从宫廷到贵胄到平常人家，影响及于各个方面。卖花买花、种花赏花、咏花送花，寄托心志、传递友情，吟咏花事之作不胜枚举。

宋人花事是很商业化的，但不妨碍它浸润诗意。比如陆游的《临安春雨初霁》："世味年来薄似纱，谁令骑马客京华。小楼一夜听春雨，深巷明朝卖杏花。矮纸斜行闲作草，晴窗细乳戏分茶。素衣莫起风尘叹，犹及清明可到家。"宋徽宗《宣和宫词》有"隔帘遥听卖花声"，可见这一种"清奇可听"的市声是宫廷里也要捕捉的风雅。"小楼一夜听春雨，深巷明朝卖杏花"，成为描绘临安都市风情的名句，而它实在又是北宋都市情景的南移。在《东京梦华录》卷七说到季春时节："万花烂熳，牡丹、芍药、棣棠、木香，种种上市，卖花者以马头竹篮铺排，歌叫之声清奇可听。晴帘静院，晓幙高楼，宿酒未醒，好梦初觉，闻之莫不新愁易感，幽恨悬生，最一时之佳况。"

《清明上河图》里正绘画出这样一个情景：孙羊店旁边正是一个用马头竹篮卖花的花摊，花朵就铺排在竹马背上。作为市声之一的卖花声大约最易牵动思绪，诗词咏及者因此最多，呈现的细节更多一点诗思回旋的体验和品味。比如蒋捷的词《昭君怨·卖花人》："担子挑春虽小，白白红红都好。卖过巷东家，巷西家。帘外一声声叫，帘里鸦鬟入报。问道买梅花，买桃花。"旅店用日送鲜花的方式慰藉客中情

《清明上河图》中的马头花篮

怀，大约也已成为当时一种日常化的服务。比如陈棨的《店翁送花》一首："店翁排日送春花，老去情怀感物华。翁欲殷勤留客住，客因花恼转思家。"本来是想借用送鲜花的方式让客人多住几天，但是客人反而因为看到花的时候想到自己家里的花，所以"客因花恼转思家"。

花的消费也成为一种挥霍，比如张镃的牡丹会。在周密《齐东野语》的"张功甫豪侈"条中记载："众宾既集，坐一虚堂，寂无所有。俄问左右云：香已发未？答云：已发。命卷帘，则异香自内出，郁然满座。群伎以酒肴丝竹，次第而至。别有名姬十辈皆衣白，凡首饰衣领皆牡丹，首带照殿红一枝，执板奏歌侑觞，歌罢乐作乃退。复垂帘谈论自如，良久，香起，卷帘如前。别十姬，易服与花而出。大抵簪白花则衣紫，紫花则衣鹅黄，黄花则衣红，如是十杯，衣与花凡十易。所讴者皆前辈牡丹名词。酒竟，歌者、乐者，无虑数百十人，列行送客。烛光香雾，歌吹杂作，客皆恍然如仙游也。"花在宴席中的用量与讲究可见一斑。

佚名 盥手观花图
局部 天津市艺术博
物馆藏

士人多好“小瓷瓶”

宋代瓷器就器型来说，一个可以算作事件的大变化，是陈设瓷的出现，可以说它是由家具史的变革所引发的。因为桌子的出现，整个室内格局都变了，在此之前的瓷器多半只是实用具，但到了宋代便成为装点书房的日常陈设。

瓶花本来是从礼佛的香花供养而来，演变过程中伸展出室内陈设和几案清玩一支，咏及几案花卉的诗，在宋人作品中俯拾皆是。曾几《瓶中梅》：“小窗水冰青琉璃，梅花横斜三四枝。若非风日不到处，何得色香如许时。神情萧散林下气，玉雪清莹闺中姿。陶泓毛颖果安用，疏影写出无声诗。”在陆游的笔记《家世旧闻》中说到：“荆公（王安石）元祐改元三月末间，疾已甚，犹折花数枝，置床前，作诗曰：‘老年少欢豫，况复病在床。汲水置新花，取慰此流光。流光只须臾，我亦岂久长。新花与故吾，已矣两相忘。’自此至没，不复作诗。”上海朵云轩藏《寒窗读易图》里可以看到“小阁横窗”的书房一角，书案上的其他陈设均被山石掩住，画笔不曾省略的只有书卷和瓶梅，小瓶里横枝欹斜，梅英疏淡，宋人的无声诗与有声画原是韵律一致的梅颂。

宋代花瓶有大和小的区别。最能代表士人好尚的花瓶是插花的小瓶，见于诗人题咏者，最常见的便是胆瓶、小瓶、小壶（壶可以说是瓶的由古称而变成的雅称）。而花瓶的造型也反映着士人的审美情趣。比如仿古一类的贯耳瓶、琮式瓶、尊式瓶、花觚、蓍草瓶，等等。南宋钱时《小瓷瓶》诗前小序提到：“羔侄近得小瓷花瓶二，见者莫不称叹。熊侄自言，因是有感。大概谓此瓶高不盈尺，价不满百，以其体制之美，人皆悦之，若无体制，虽雕金镂玉不足贵也。惟人亦然，修为可取，虽贱亦好。苟不修为，贵无取尔。余喜其有此至论，因诗以进之，且以开示同志。”他的侄子近日买了两个小瓷瓶，看见的人都称赏，他有了一些感想：这两个瓶很小很矮，又很便宜，但因为造型之美人人喜欢，进而引申到：人也是这样，“修为可取，虽贱亦好”，如果没有修

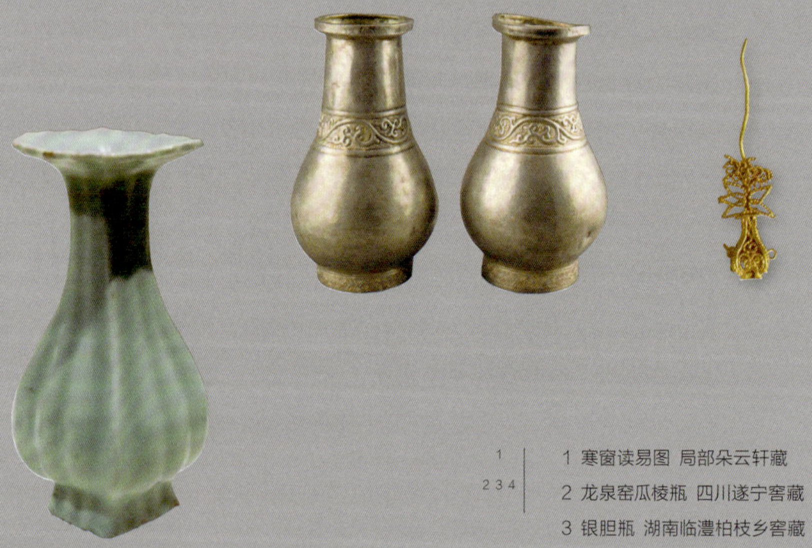

1 寒窗读易图 局部朵云轩藏

2 龙泉窑瓜棱瓶 四川遂宁窖藏

3 银胆瓶 湖南临澧柏枝乡窖藏

4 金累丝瓶莲耳环 湖北蕲春罗城南宋窖藏

为，身份地位再高也无足取。由此，他写了以下这首诗："小瓷瓶，形模端正玉色明。乌聊山边才百文，见者叹赏不容声。乃知物无贱与贵，要在制作何如耳。轮囷如瓠不脱俗，虽玉万镒吾何取……" 这对得自徽州歙县西北乌聊山边的小花瓶高不足一尺，价不到百钱，而釉色美丽得像玉一样，线条流畅，有规整端正之好，引得偏爱"格物"的宋人不由发起一番哲思。玉色，乃青瓷之色，四川遂宁窖藏里头可以看到很多这样的小瓷瓶。

宋人筵席中每以好香和时令花卉点缀清雅。杨万里《昌英知县叔作岁，赋瓶里梅花，时坐上九人七首》之二中说到："胆样银瓶玉样梅，北枝折得未全开。为怜落莫空山里，唤入诗人几案来"，正是酒筵一景。用作插花的"胆样银瓶"，其造型与同时代的瓷瓶、铜瓶大体相同，如湖南临澧柏枝乡窖藏中的一对。花事化入日常，乃至"花香随人入梦魂"。李弥逊《声声慢 · 木犀》下阕："更被秋光断送，微放些月照，著阵风吹。恼杀多情，猛拚沉醉酬伊。朝朝暮暮守定，尽忙时，也不相离。睡梦里，胆瓶儿，枕畔数枝"；林希逸的《瓶中指甲花初来甚香，既久，如无之》"胆瓶花在读书床"；还有赵孟坚的《鹊桥仙·岩桂和韵》"芳心才露一些儿，早已被，西风传遍""便须著个胆瓶儿，夜深在，枕屏根畔"，都是讲睡枕旁边要放个胆瓶，胆瓶里插花。

上边说的都是士人的情景。女子可以把瓶花放在耳边。湖北蕲春罗城南宋窖藏中的一副金累丝瓶莲耳环，则特以攒焊工艺之精而见胜，它把金材剪作若干细窄的长条，然后用此数枚攒焊出一个四棱花瓶，瓶身四面分别装饰三卷如意头，花瓶两侧各缀一对双环耳，再以素金片做成花瓶的底足。花瓶里插一束金条攒焊的并蒂莲和两枝桃花。组成花瓶和花朵的边框均满布粟粒一般的联珠纹。双环耳的四棱瓶，原是当日引领风雅的仿古式花瓶，可见其意匠不俗。耳环构图繁丽精微，而以剔透玲珑而别逞秀逸，一副总重才 3 克。

香事雅韵

把焚香作为一种生活方式，大约自唐代始，至于宋人，则把香事的日常化、诗意化推向极致。我们随便拈取几首宋人的诗。周紫芝的《北湖暮春十首》："长安市里人如海，静寄庵中日似年。梦断午窗花影转，小炉犹有睡时烟。"宋人睡时枕畔不仅有胆瓶插花，还要焚香。再看陆游的这首《移花遇小雨喜甚为赋二十字》："独坐闲无事，烧香赋小诗。可怜清夜雨，及此种花时。"移栽花木后焚香赋诗，可以看到花事和香事的结合。

士人咏香之作，多有书房香事。北宋慕容彦逢《和岑运使题赵吏部容膝斋诗》其中说到："小斋容膝思易安，顾盼俗缘嗟自缚。琴书对眼助清闲，杖履从人笑疏略。红尘一点不到处，只许炉香度帷箔。"他在这个完全私密的空间，也就是书房里焚香，滚滚红尘都在远去，只闻到小炉里的香气。再看曾几的《东轩小室即事五首》之五："有客过丈室，呼儿具炉薰。清谈似微馥，妙处渠应闻。沉水已成烬，博山尚停云。斯须客辞去，趺坐对余芬。"有客人来到他的小书房，叫童子焚上一炉香，清谈也像香一样散发着微微的芬芳。沉水香已经烧成灰烬，博山炉上还缭绕着香烟。客人已经离开，我坐在这儿还能闻见余香。在辽宁省博物馆藏的《秋窗读易图》里我们可以看到，正房旁边的一个小偏室，主人坐在书桌旁，桌上放一函《易》，摆着香炉和香盒，香炉是仿古的式样。泸州博物馆藏的宋墓石刻，表现矮几上面一瓶花一炉香，小童手里拿着香盒正在向炉里头添香。

宋代香炉的样式很多，最具特色的还是南宋仿古式样的小型香炉，最初大约是直接取了古器，如三代乃至秦汉的铜鼎、铜簋、铜鬲。范成大《古鼎作香炉》中说到："云雷萦带古文章，子子孙孙永奉常。辛苦勒铭成底事，如今流落管烧香。"因为古器通常是有铭文的，铭文里最常见的就是子子孙孙永保之。"辛苦勒铭成底事"说的就是这个铭文"子子孙孙永奉常"，但虽然有这样的铭文，现在已经不再作为礼器了，

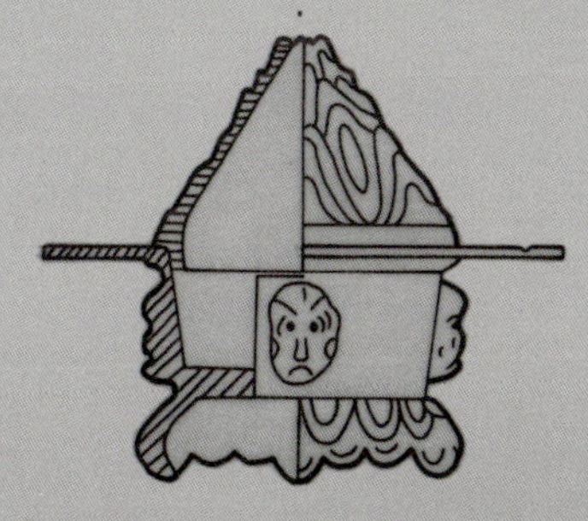

1 佚名 秋窗读易图 局部 辽宁省博物馆藏

2 南宋哥窑鱼耳炉 故宫博物院藏

3 青白瓷博山炉 北宋元祐七年墓出土

4 宋墓石刻（添香）泸州博物馆藏

而是作为我的烧香器具。但古物究竟难得，因此有了瓷制的仿古香炉，其精好者自然是起先的官窑和稍后的龙泉窑制品。官窑瓷器显示着风格鲜明的宫廷式样，香炉亦然，器型更多取自宋人编定的《宣和博古图》，都有实物可见，而且数量并不少。比如故宫博物院藏的南宋哥窑鱼耳炉、台北故宫博物院藏的南宋哥窑鱼耳炉。

而龙泉窑的仿官制品，常常“出蓝”，更有一种釉色的美丽，天工与人力合作成巧。不同于三代礼器所强调的凝重，质料的不同使它从铜簋的凝重中幻化出来，轮廓变成简洁至极的曲线，出脱别作一种优雅和端巧。上海博物馆藏龙泉窑鬲式炉，高 11.3 厘米，式仿古铜鬲，素朴得几乎省略掉一切装饰，仿佛唯一的巧思只是利用烧成过程中釉层积聚厚度的变化而在腹足间“出筋”。其实独特的釉色才是它的精魂，薄胎厚釉恰到好处的配合，洗练出含光沁绿的一泓梅子青，所谓“琢瓷作鼎碧于水”（杨万里《烧香七言》），南宋诗人为龙泉青瓷写神已算形容得恰切，但还要说玉一般的品质才是它的难得。

还有一种北宋已经流行的酒樽式炉，宋人每以“奁”“小奁”“奁炉”

1 南宋 龙泉窑梅子青鬲式炉 上海博物馆藏

2 定窑奁式炉 台北故宫博物院藏

3 《续考古图》中的香球

或“古奁”为称，也有实物可见，比如台北故宫博物院藏的定窑奁式炉、故宫博物院藏的汝窑奁式炉。

两宋又有一种小炉，时人称作“香球”，其形制更为小巧。《西京杂记》有所谓“卧褥香炉”，这一类香炉的重要特点是它里边有一个平衡环，上面放香，平衡环可以保持它永远是水平的状态。宋代虽然在诗里头有提到，比如说可以放在袖中、放在被子里的都应该是这一种，但目前尚未见到实物，在生活中的应用似不及唐代。宋人常常用香球的名称来指称另一种小炉，即炉身做成球形，其下有着三个小矮足，里面却没有唐代香球那样的机巧，就像宋赵九成《续考古图》画出的样式。北宋刘敞《戏作青瓷香球歌》“蓝田仙人采寒玉，蓝光照人莹如烛。蟾肪淬刀昆吾石，信手镌花何委曲。蒙蒙夜气清且嫭，玉缕喷香如紫雾。天明人起朝云飞，仿佛疑成此中去”道出了他在卧室里放香炉起床以后的一番感受。黄庭坚《谢王炳之惠石香鼎》诗中说“薰炉宜小寝”。这类博山炉一样的山形香炉也是放在小小的卧室里的，北宋元祐七年墓出土青白瓷博山炉正是这样的造型。

宋人的焚香，可以说是完全没有功利的目的，只是一种高雅的娱乐，因此宋代士人会有兴趣亲自调香，并互相交流调香的经验。在《陈氏香谱》卷一“窨香”条说到：“新和香必须窨，贵其燥湿得宜也。每约香多少，贮以不津瓷器（就是干的瓷器），蜡纸封于静室屋中，掘地窨深三五寸，月余逐旋取出，其尤旖旎也。”至于两宋，随佛教东传而来的合香之法已经完全本土化。本草学的发展此际达到一个高潮，园艺学的发达也可谓空前。芍药、牡丹、梅、菊、兰等各有专谱，传统植物的研究自不待言，对许多外来植物也已有了很确切的认识。博物、多识、格物的空气里，“更将花谱通香谱”，乃是必然，它因此成为宋代合香的重要特色之一，也是两宋香事的特色之一。宋代士人之焚香，追求的不是豪奢，亦非点缀风雅，此中更没有日本“香道”式的仪式化的成分，而是本来保持着的一种生活情趣。“小阁幽窗，是处都香了”，原是宋人咏木樨之句，却也正可移来为两宋香事品题。

3 文房四友中的士人情怀

宋人喜欢在住居中别筑小室，独处读书，如此一方完全属于自己的天地，便可以称作书房。陆游《新开小室》诗里说“并檐开小室，仅可容一几”，这和容膝斋的意思是一样的；“东为读书窗，初日满窗纸。衰眸顿清澈，不畏字如蚁”，眼睛已经不好了，但是在东边的读书窗读书，旭日照过来，衰眸老眼也觉得清澈了，字虽小如蚂蚁也不怕；“琅然弦诵声，和答有稚子。余年犹几何，此事殊可喜”，我已经老了还能活多少年？但是有这样的生活就觉得很高兴了；“山童报炊熟，束卷可以起”，一直读书到吃中午饭的时候。

南宋郑刚中《书斋夏日》诗中说“五月困暑湿，众谓如蒸炊。惟我坐幽堂，心志适所怡”，五月的时候（阳历应该是六月了），天很热，但坐在书斋里就如坐在幽堂；“心志适所怡”，心里并不觉得热；“开窗面西山，野水平清池。菱荷间蒲苇，秀色相因依。幽禽荫嘉木，水鸟时翻飞。文书任讨探，风静香如丝。此殆有至乐，难令俗子知”，读书之乐不受外界的一切影响，天气热也不觉得，这其中的滋味俗子是不知道的，只有独自坐在书斋中方能体会。

以书写用具随葬，在先秦墓葬中已常见，不过彼时尚不曾出现“文房”的习称，文房器具——笔墨纸砚之外，尚包括各种清玩——自然也还没有成为士人爱赏的雅物。“文房四宝”之称在宋代已经出现，不过两宋士人更喜欢的称谓还是“文房四士”或“文房四友”，比所谓“文房四宝”更见深情。米芾《书史》录北宋薛绍彭诗《论笔砚间物》，道是“研滴须琉璃，镇纸须金虎。格笔须白玉，研磨须墨古。越竹滑如苔，更须加万杵。自封翰墨卿，一书当千户”，如此相伴于笔砚间者，便是文房诸友了。

宋人书房

新格局的宋代士人书房，多半是用隔断辟出来一个相对独立的空间，宋人每以“小室”“小阁”“丈室”“容膝斋”等为称，可见其小。书房虽小，但一定有书、有书案，书案上有笔和笔格，有墨和砚、砚滴与镇尺。又有一具小小的香炉，炉里焚着香饼和香丸。与这些精雅之具相配的则是花瓶，或是古器，或其式仿古，或铜或瓷，而依照季节分插时令花卉。这是以文人雅趣为旨归的一套完整组合。

佚名 人物图 台北故宫博物院藏

由考古发现可知，两宋士大夫墓葬与文房用具伴出的每每有茶、酒、香诸般用器，正同于当日的生活情境。所谓“寓物已尽人情”，于世间于冥宅，皆是一般。苏轼“饮官法酒，烹团茶，烧衙香，用诸葛笔”的一番喜悦，固然饱含人生感慨，但挥毫作书，原本是与饮酒、烹茶、焚香共同构成宋代士人日常生活中的赏心乐事。陆游诗云“兴阑却欲烧香睡”，亦为实录，日常生活中的香事在《剑南诗稿》中屡屡可见，且每与笔砚相伴，又如“香岫火深生细霭，砚池风过起微澜”（陆游《题斋壁》）。

狭义的文房用具，南宋刘子翚《书斋十咏》中的十事是其大要，即笔架、剪刀、唤铁、纸拂、图书、压纸狮子、界方、研滴、灯檠、楮案木。广义的文房用具，由南宋刻本《碎金》中《士具》一项列出的诸般器物可见一斑，即如砚篮、笔墨、书筒、砚匣、笈笥、书架、笔架、糊筒、滴水、裁刀、书剪、书攀、牓子匣（名片盒）、镇纸、压尺、界方。对照南宋林洪《文房图赞》所绘各事，如笔、墨、纸、砚、砚滴、笔架、臂搁、镇尺、界方、书剪、裁刀、糊筒、印章、都承盘，两宋文房诸物的品类、名称、用途以及式样之大概，已可得其泰半。考古发现中两宋士大夫墓葬出土器物的情况，也与此大体相合。

纸笔墨砚

以“文房四士”而论，纸最不易保存，因此几乎不见于考古发掘。笔的出土实物很少，分别出土于合肥五里冲村北宋马绍庭夫妇墓、常州武进村前乡南宋墓、常州常宝钢管厂宋墓、福州茶园山南宋许峻墓的毛笔，是难得的几个实例。马绍庭夫妇墓出土竹管毛笔五支，笔毛已朽，笔芯也已炭化，似为硬毫与麻纤维制成柱心，软毫为拔，“属长锋柱心笔”；常州武进村前乡南宋墓出土毛笔一支，芦秆制作笔管和笔套，笔毫已脱，尚存细丝缠绕；出自常宝钢管厂宋墓的一支兔毫，外裹一层织物，笔管与笔套均为竹制，方处于缠纸笔到散卓笔的过渡阶段，是保存状态最好的一例。

1 毛笔 安徽合肥五里冲村北宋马绍庭夫妇墓出土

2 毛笔 江苏常州武进村前乡南宋墓出土

3 毛笔 江苏常州常宝钢管厂宋墓出土

4 叶茂实制“寸玉”墨 江苏常州武进村前乡南宋墓出土

5 抄手歙砚 安徽合肥大兴集包绶夫妇墓出土

6 抄手贺兰石砚 陕西蓝田北宋吕氏家族墓地出土

7 琴式端砚 广东佛山澜石镇鼓颡岗墓葬出土

8 琵琶式石砚 江苏无锡胡埭杨湾出土

两宋笔、墨、砚的制作，均有名家，作品甚为士大夫所珍，每每见于题咏。江苏武进前乡南宋墓中出土一块叶茂实制“寸玉”墨，原为长条形的墨锭上半段已失，下半段正面模印贴金字，完整的一个字是“玉”，上方残存的字迹，可认出是“寸”。背面中间模印长方形边框框内存“实制”二字，由上方依稀可辨的“茂”字残画，知此墨当系南宋著名墨工叶茂实所制。南宋顾文荐《负暄杂录》“墨”条曰：“近世唯三衢叶茂实得制墨之法，清黑不凝滞，诚名下无虚士也。惜老叶亡后，其子不得其传，大不及之，而翁彦卿等往往盗茂实名逐利而已，不足贵也。”古今的情况是一样的，后人在继续做的时候就不能够保持前人的传统，这也说明这个叶茂实制墨的珍贵。

文房四友，以石砚的使用耗材最小，历时当然也最为长久。若为美质，便更为主人所宝，生前亲爱，死后随葬，自在情理之中。砚不易损，因此发现的数量最多。以形制言，唐代流行的风字砚两宋依然习用，此外常见的是圆砚，更有宋代特色的则是抄手砚。以质地言，宋砚以端、歙为主，而又有洮砚、红丝石砚、贺兰石砚、澄泥砚。这在出土实物中都可以见到。比如合肥大兴集包绶夫妇墓出土的抄手歙砚、陕西蓝田吕氏家族墓地出土的抄手贺兰石砚。形制殊异者，如广东佛山市澜石镇鼓颡岗墓葬出土的琴式端砚、江苏无锡胡埭杨湾出土的琵琶式石砚。

镇纸

《碎金·士具》列举的镇纸、镇尺、笔山，虽然起源可以上溯，但都是至宋代而盛行，并且在此际形成特色。镇纸原是从席坐时代用作压席角的石镇、玉镇、铜镇变化而来，坐具改变之后，席镇也逐渐改换用途。苏轼诗“夜风摇动镇帷犀”，所谓“镇帷犀”，即镇压帷幔的犀镇。若为文房用具，便是用来镇压纸或绢帛的两个角。或旧物利用，或模仿旧式，镇纸多为造型浑圆的各种象生：犀牛、狮、虎、羊、兔，又或蟾蜍、辟邪之类。黄庭坚诗有“海牛压纸写银钩”，宋任渊注此句云：“海牛，犀也。”则所咏乃犀牛镇纸。刘子翚《书斋十咏·压纸狮子》

1
2 3

1 石雕 犀牛镇纸 浙江诸暨南宋董康嗣墓出土

2 白石压纸狮子 陕西蓝田北宋吕氏家族墓地出土

3 玉兔镇纸 浙江衢州南宋史绳祖墓出土

说“镇浮须假重，刻石作狻猊。偶以形模好，儿童竞见知”，因为造型非常可爱，所以小孩都特别喜欢。北宋吕氏家族墓地出土的一枚白石压纸狮子，正好是诗人所咏的“刻石作狻猊”。还有浙江衢州南宋史绳祖墓出土的玉兔镇纸，也是可爱当令“儿童竞见知”的文房小品。

镇尺

刚才说的是镇纸，现在说镇尺。镇尺的出现或与写字作画使用纸张的大小变化相关。宋代书画用纸尺幅较前明显增大，乃至出现几丈长的匹纸，辽宁省博物馆藏宋徽宗《草书千字文》就是写于长逾三丈的整幅描金云龙笺。梅尧臣有诗报谢欧阳修赠澄心堂纸二幅，起首就说，南唐名品澄心堂纸国破后为宋廷所得，却因“幅狭不堪作诏命”，遂“弃置大屋墙角堆”,这么珍贵的澄心堂纸却因为纸幅小不能做诏命，诏命要大纸，也可见唐宋朝廷用纸大小的不同。发生在唐宋之际的这一变化，正与书案由小向大的演变同步。

镇尺如尺，不过中间做出捉手，就是可以拿的钮。捉手多取兽形，材料也多为玉、石和铜，并且总是成对。镇尺初有别号，称作“由准氏”，见《清异录》；又称作“隔笔简”，见宋《国老谈苑》卷一：太宗

1 （传）马远 春游赋诗卷 局部 纳尔逊－阿特金斯美术馆藏

2 铁镇尺 陕西蓝田吕氏家族墓地出土

“以柏为界尺，长数寸，谓之隔笔简，每御制或飞宸翰，则用以镇所临之纸”。可知它的压纸，是为着书写时作一个界划行间距离的参照。韦骧《花铁书镇》:“铁尺平如砥，银花贴软枝。成由巧匠手，持以镇书为。弹压全系尔，推迁实在台。不能柔绕指，方册最相宜。”平如砥，是说它像尺子一样是平的；银花贴软枝，指在铁镇纸上镶上银丝。宋人绘画《春游赋诗》卷里头也画出镇纸和镇尺的使用方法。

考古发现的宋代镇尺以金属制品为多，或铁，又或铜。陕西蓝田北宋吕氏家族墓出土铁镇尺、南京江浦黄悦岭南宋张同之墓、福州茶园山南宋许峻墓出土铜镇尺式样均与《文房图赞》中的“边都护”大体一致。吕氏家族墓地一号墓所出铁镇尺，长 31.2 厘米，宽 1.7 厘米，通体光素无纹，中有一个蘑菇头的捉手，正是“铁尺平如砥”。墓主人为吕大雅，同墓出土有陶砚。南宋许峻墓的一对铜镇尺系与笔、墨、砚同出，镇尺中间一个小兽为捉手，正面装饰两道精细的回纹，若依《营造法式》卷三十三《彩画作制度图样》列举的名称，则当呼作“香印纹”。虽然未如诗人的花铁书镇以“银花贴软枝”，亦即用“减铁”工艺嵌作折枝花，但装饰意匠大抵相同。

笔架

《书斋十咏》与《碎金 · 士具》均有笔架一题，《文房图赞》则名作石架阁。拈出“石”来作为姓氏，即因笔架多以石制，《图赞》所绘“石架阁”，便是群峰耸峙的一屏叠嶂，也正是《书斋十咏 · 笔架》中说到的“刻画峰峦势”。“石架阁”，即山石笔格。宋置架阁官，职掌档案文书，因戏以此官命之。笔山原是从砚山而来，也因此笔架又有笔山之名。山或有池可以为砚，峰峦夹峙又恰好搁笔，砚山、笔山并无一定，而

宋人一片深心尽在于“山”，至于可为砚、可置笔、可作砚滴，皆其次也。

宋人爱石，笔山多选用天然巧石，以峰多形峻者为上选。南宋赵希鹄《洞天清禄·笔格辨》：“灵璧、英石自然成山形者可用，于石下作小漆朱座，高寸半许，奇雅可爱。”除却天然巧石，笔架的取材尚有陶瓷、漆木和铜，还有水晶。“璞琢穷工巧，书帷适用高。得邻辉宝墨，栖迹卧文毫。匪月光长在，非冰暑自逃”，乃北宋韦骧咏水晶笔架之句。陕西蓝田吕大临家族墓出土一具白石双狮笔架，造型取了中间高两边低的笔山之势，却是一对舞爪戏要而不失威风的小狮子。南宋方一夔有诗咏《太湖石狮子笔架》，道是“忆昔金仙去后遗双猊，化作双玉南海边”，“烂烂眼有百步威，安眠不动镇书帷”。它本来是一个很威武的狮子，但是在这时候却安眠不动镇书帷。

1 石雕笔架 浙江诸暨南宋董康嗣墓出土

2 水晶笔架 浙江龙游寺底袁南宋墓出土

3 白石双狮笔架 陕西蓝田吕大临家族墓出土

4 影青瓷砚滴 江苏无锡兴竹宋墓出土

5 方水滴子 江苏南京南宋张同之墓出土

6 龙泉窑蟾蜍砚滴 四川遂宁金鱼村窖藏

水盂砚滴

作为文房用具的水盂，在宋人大约是归入砚滴、滴水或曰砚瓶一类的。刘子翚《书斋十咏·砚瓶》“小瓶防砚渴，埏埴自良工。怀抱清谁见，聊凭一滴通”，述其要义甚明。既曰“埏埴自良工”，所咏自然是瓷砚瓶。“怀抱清谁见”，言其为葆清洁而须密闭；“聊凭一滴通”，则口流要细小才好。无锡兴竹宋墓出土影青瓷砚滴，以俯卧的一对小兽为器身，两兽间耸出鹿角一般的支架，可为捉手也可以架笔，旁侧一个小小的注水孔，另一边有个小短流。通高 6 厘米，尺寸是很小的。

南宋万俟绍之有诗题作《方水滴子》：“质由良冶就，心向主人倾。外仿片金制，中藏勺水清。兔毫芳露染，龙尾湿云生。终令双眸炯，曾窥妙女成。”此所谓“兔毫”指笔，“龙尾”指砚，所咏方水滴子，即砚滴。最后两句是双关语，说它曾经清水一泓，陪伴着主人，看他画出一个侍女来。

两宋砚滴更为常见的式样为蟾蜍“象生”，如浙江龙游寺底袁南宋墓出土的三足蟾蜍铜砚滴。刘克庄《蟾蜍砚滴》“铸出爬沙状，儿童竞抚摩。背如千岁者，腹奈一轮何。器较瓶罂小，功于几砚多。所盛涓滴水，后世赖余波”，说的就是这种金属砚滴，适可为此器作赞。它锈蚀得很厉害，正如诗中所说“背如千岁者”，很像蟾蜍背上的疣粒。

闺中文房与以物会友

两宋时期由士大夫引领审美风尚，风气之下，闺阁中人也不免以才艺相尚。李清照固然是佼佼者，

孝经图　局部 故宫博物院藏

所谓“才力华赡，逼近前辈，在士大夫中已不多得，若本朝妇人，当推词采第一”（王灼《碧鸡漫志》），但“人间俗气一点无，健妇果胜大丈夫”的女性也并不在少数，比如黄庭坚的姨母李夫人，比如著有《断肠诗集》的朱淑真。“情知废事因诗句，气习难除笔砚缘”（《暮春三首》），“孤窗镇日无聊赖，编辑诗词改抹看”（《寓怀二首》），都是朱淑真的诗。闺秀所结人生“笔砚缘”，与士人不殊。在金墓壁画中，陕西甘泉金代壁画墓的壁画里头有琴棋书画四个题目，也是四幅画作，画在墓室壁画里，而这个琴棋书画的主人都是女性。

这时候的各种文房器用，既是友朋间往来持赠以及雅集时观赏吟咏的清物，也常常是最具情味的润笔。比如张方平《谢人赠玉界尺》、孔平仲《梦锡惠墨答以蜀茶》，都是雅物之间的赠答，友人赠以墨我报以蜀茶。欧阳修《试笔 · 学书为乐》曰：“苏子美尝言‘明窗净几，笔砚纸墨皆极精良，亦自是人生一乐’。然能得此乐者甚稀，其不为外物移其好者，又特稀也。”苏子美，即苏舜钦。二人标举的“人生一乐”，也是宋代士人的普遍理想。墓葬出土的文房用器，便正是以“物”构筑、以诗心为底蕴的精神世界。饮酒、烹茶、焚香、作书，器物讲述的故事与两宋诗文在在应和。如果说墓志撰写的多为主人公之仕途经历以及学殖、人品、事功，那么用于随葬的“文房诸友”，展露的则是尘嚣之外的潇洒情怀。

推荐阅读

◎ 孙机：《中国古代物质文化》，中华书局，2014 年

◎ 孙机：《从历史中醒来》，生活 · 读书 · 新知三联书店，2016 年

◎ 扬之水：《新编终朝采蓝》，生活 · 读书 · 新知三联书店，2017 年

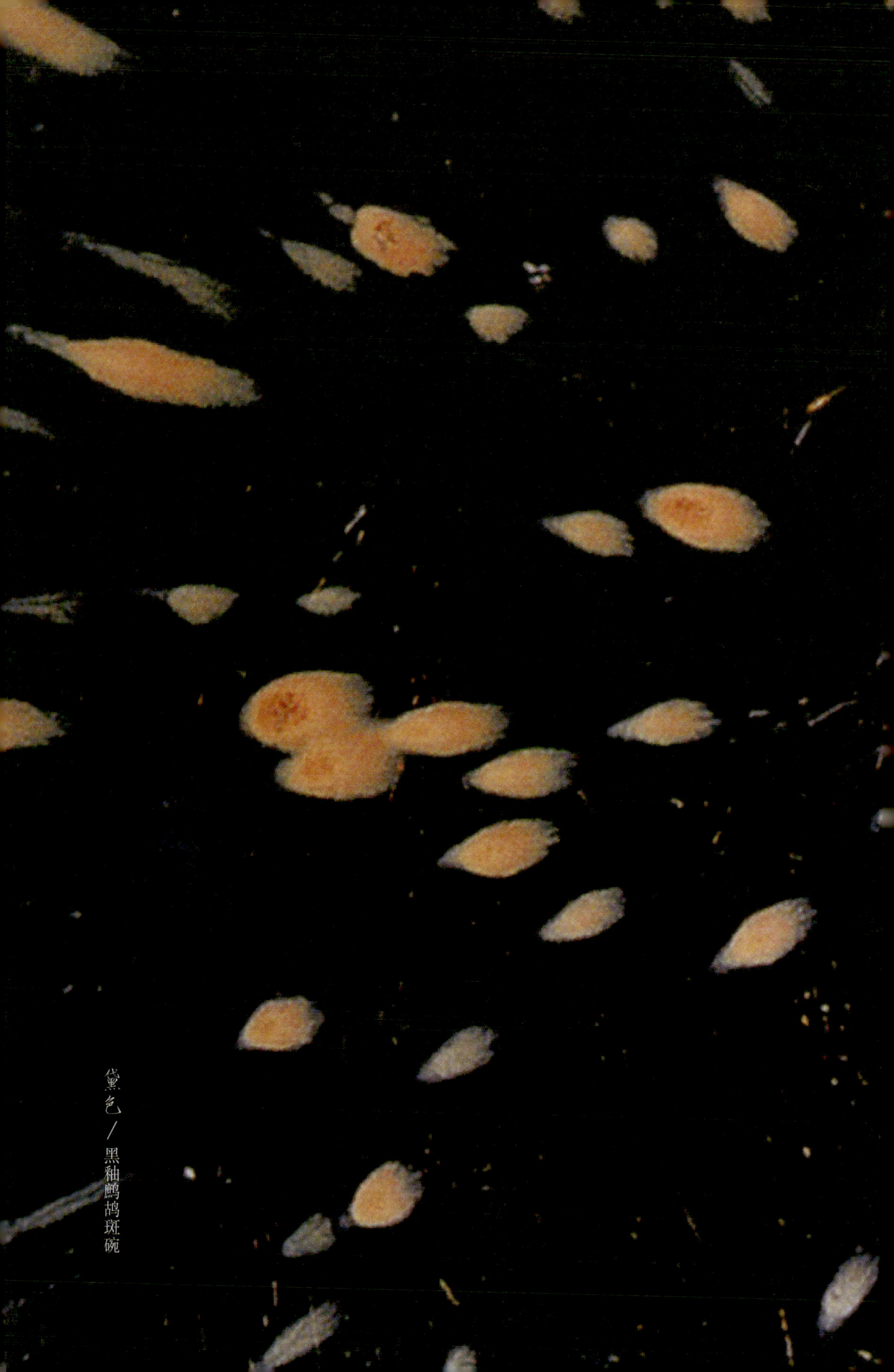

黛色／黑釉鹧鸪斑碗

第八讲

茶事

——啜英咀华：宋代点茶

郑培凯——香港非物质文化遗产咨询委员会主席

宋徽宗在《大观茶论》中，对产茶、采茶、制茶、碾茶的物理与各种工序都做了详细而精到的探讨。他特别指出，只要是涉及喝茶、存茶、点茶，无论阶级贫富贵贱，都可以从中讲究精致高雅的品位，而享有闲情逸致的生活。具体说到追求精致饮茶的方式，他说：「莫不碎玉锵金，啜英咀华，较筐笥之精，争鉴裁之妙。」

我觉得这是一种对美好境界的向往。既然茶是百草英华，点茶所营造的沫饽，就是草木英华的精华，是带有神性的饮啜养生品。喝茶本来是物质性的，是个形而下的东西，可是审美联想是形而上的追求，这种追求审美极致的方向，是宋人点茶要求击拂乳花、沫饽，还要精益求精的潜在原因。

1 宋朝点茶中的审美

北宋点茶，先碾茶成粉末，调制茶膏之后，徐徐注入沸水，讲究击拂茶汤，制造泛起在茶碗的沫饽。击拂的茶具，先是茶匙，到了北宋中期之后开始用茶筅。蔡襄《茶录》中，特别讲到击拂茶汤的技巧："先注汤，调令极匀，又添注之，环回击拂。"对击拂所用的茶匙，是有特定要求的："茶匙要重，击拂有力。黄金为上，人间以银、铁为之。竹者轻，建茶不取。"宋徽宗在《茶论》里提到"击拂无力，茶不发立，水乳未浃，又复增汤，色泽不尽，英华沦散，茶无立作矣"。需要击拂得力，才能达到点茶的效果，才会出现美丽的乳花与光泽。否则就"英华沦散"，凝聚不起乳花似的沫饽，以失败告终。宋徽宗讲得非常清楚，宋人点茶是要见到乳花的，就像现代人喝卡布奇诺咖啡要拉花一样。我曾写过一篇文章《古人饮茶要拉花》（见《书城》杂志 2014 年 6 月号），解释宋人饮茶喜欢这种视觉的花样，觉得赏心悦目，跟现代人喜欢咖啡拉花的心理相同。其实，现在冲泡咖啡用乳沫来拉花比较容易，相较起来，用茶沫来拉花要难得多。

宋朝的点茶、斗茶，虽然沿袭唐代的茶饼研末传统，喝的是末茶，但与唐代的烹茶方式不同，关键就是斗拉花。宋徽宗所讲的"碎玉锵金，啜英咀华"这八个字，非常清楚地说明了唐宋饮茶风尚的转变，从陆羽煎茶到北宋点茶，出现了击拂拉花的追求。有的人以为"碎玉锵金"一词，只是修辞用语，没有特殊的含义，其实大谬不然。《大观茶论·鉴辨》讲如何辨别茶的品质好坏，说："色莹彻而不驳，质缜绎而不浮。举之凝结，碾之则铿然，可验其为精品也。"茶饼之精品，色泽莹彻，质地缜密紧凝，碾末之时有铿然之声。铿，铿锵也，指碾茶的声响。为什么会有铿锵之声？"碎玉锵金"是什么意思？徐夤《谢尚书惠蜡面茶》

1 2

1 陆羽茶神像 五代 邢窑 河北唐县出土

2（传）阎立本 萧翼赚兰亭图卷 摹本

一诗中有句，“金槽和碾沉香末，冰碗轻涵翠缕烟”，明确指出高级茶碾是金属器，最好的当然是金银器。《大观茶论·罗碾》中也说，“碾以银为上，熟铁次之”。由此可知，“玉”指的是玉璧形状的茶团，“金”指金属器的碾槽。宋徽宗说“碎玉锵金”，其实指的是碾茶的过程，铿锵有声。把茶饼碾成茶末之后，下一个步骤就是击拂点茶，再来就可以“啜英咀华”了。点茶出现的泡沫凝聚，宋人沿袭唐人的用词习惯，不用“拉花”一词，用的是“沫饽”“英华”“乳花”“粟花”“琼乳”“雪花”“白花”“凝酥”等充满华丽意象的词语。十分形象地显示，击拂出来的沫饽，还要像白蜡一样（所谓“蜡面”）可以凝聚，泡沫呈现固态，历久不散，才是拉花的最高境界。如此精心泡制出来的“英华”，不但可以啜饮，也堪咀嚼。可见宋徽宗《茶论》说“啜英咀华”，在遣词用字上，是十分精准的。

注重茶的视觉美感，始作俑者可能要算到陆羽头上，因为他特别强调茶的沫饽是茶汤的英华。他在《茶经》的“五之煮”，细述了烹煮研末之后的茶汤，盛到茶碗里产生的视觉美感：“凡酌，置诸碗，令沫饽均。沫饽，汤之华也。华之薄者曰沫，厚者曰饽。细轻者曰花，如枣花漂漂然于环池之上，又如回潭曲渚青萍之始生，又如晴天爽朗有浮云鳞然。其沫者，若绿钱浮于水渭，又如菊英堕于镈俎之中。饽者，

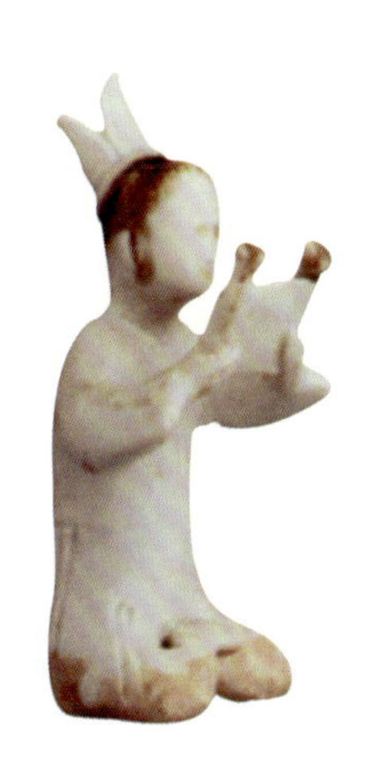

煎茶与点茶：唐宋时期的饮茶方式

与明清之后以冲泡为主的饮茶方式不同，唐代至南宋末年流行煎茶与点茶。所用之茶多采用蒸青工艺制成紧压的茶饼，饮用时经过炙、碾、罗等工序，成细微粒的茶末，煎茶是将茶投入滚水中煎煮，点茶则先将茶末调膏于盏中，然后用滚水冲点，用竹筅击拂，打出丰富的泡沫，注重视觉审美和精神上的体验。

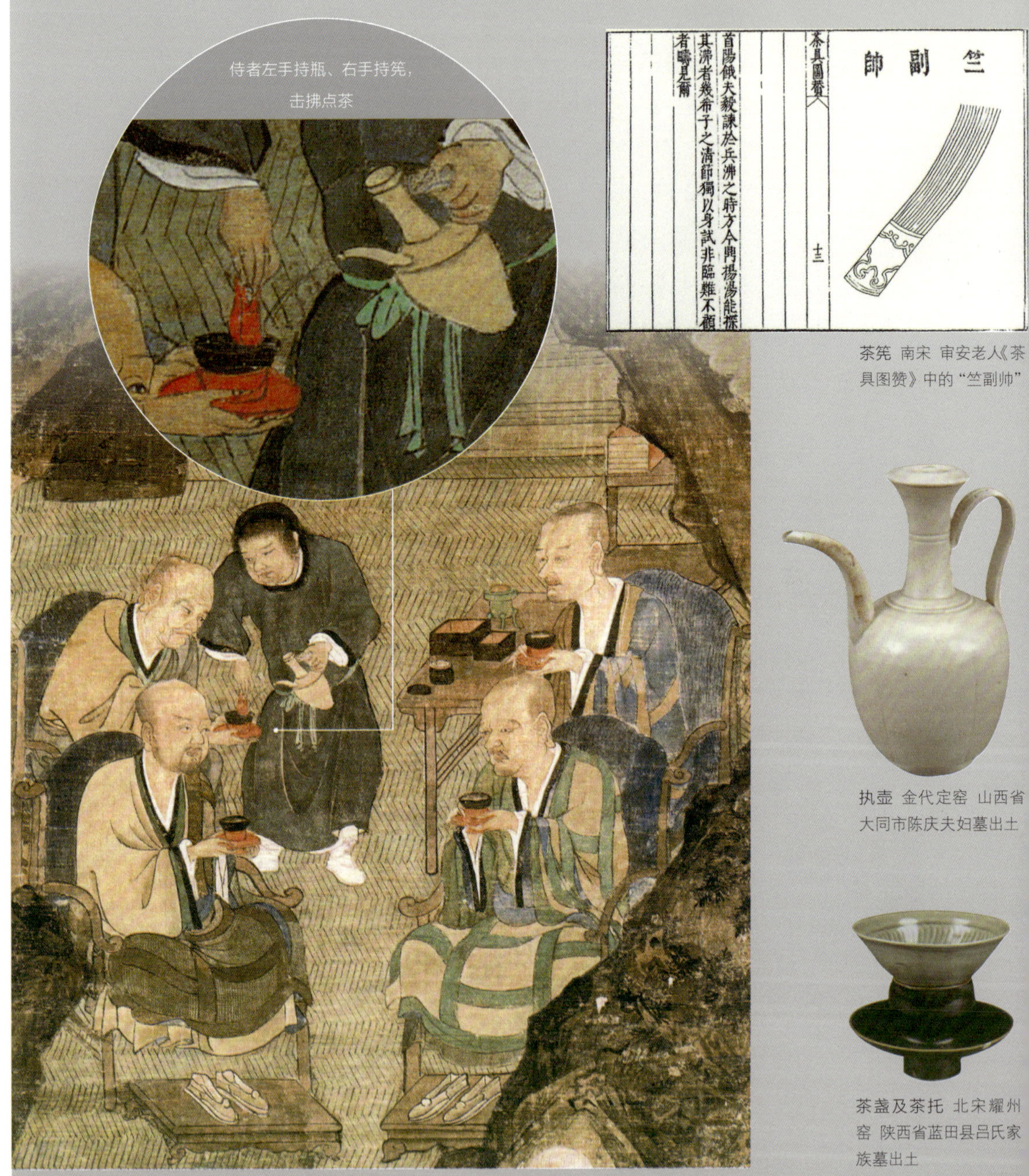

竺副帥

首陽餓夫毅諫於兵沸之時方今鬨揚湯能探其沸者幾希子之清節獨以身試非臨難不顧者疇見爾

茶具圖贊 十三

茶筅 南宋 审安老人《茶具图赞》中的“竺副帅”

执壶 金代定窑 山西省大同市陈庆夫妇墓出土

茶盏及茶托 北宋耀州窑 陕西省蓝田县吕氏家族墓出土

南宋 周季常、林庭珪合绘 五百罗汉图·吃茶 局部 日本京都大德寺藏

唐宋制茶饼的程序

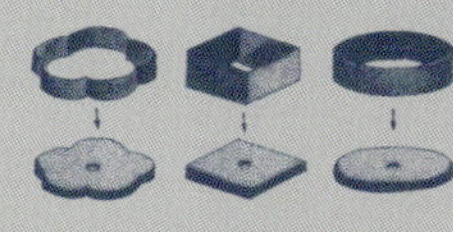

唐代煎茶

宋代点茶喫茶法程序简图

（以上三组简图出自廖宝秀《历代茶器与茶事》）

以滓煮之，及沸，则重华累沫，皤皤然若积雪耳，《荈赋》所谓‘焕如积雪，烨若春藪，有之。”翻成白话文，意思是说，饮酌之时，茶汤倒进碗里，要让沫饽均匀。沫饽，就是茶汤的精华。精华薄的，称为沫；精华厚的，称为饽。轻轻的称为花，就像枣花漂浮在圆形的池塘上，又像曲折回环的潭水新生了青青的浮萍，又像爽朗的晴天点缀着鳞状的浮云。茶汤的沫，有如水边浮着绿色的萍钱，又如菊花落在杯中。茶汤的饽，是以茶滓煮的，煮沸之后，累积层层白沫，皤皤如白雪。《荈赋》所谓“明亮似积雪，艳丽如春花”，是有的。

五代北宋时期陶谷（903—970）《清异录》有“生成盏”一则：“馔茶而幻出物象于汤面者，茶匠通神之艺也。沙门福全生于金乡，长于茶海，能注汤幻茶，成一句诗，并点四瓯，共一绝句，泛乎汤表。小小物类，唾手办耳。檀越日造门求观汤戏，全自咏曰：‘生成盏里水丹青，巧画工夫学不成。却笑当时陆鸿渐，煎茶赢得好名声。’”靠煎茶获得这么大名声，切实不容易，四个茶盏茶汤，像变魔术似的，轻轻松松就点出了这么一首诗来。五代时期是幻化沫饽为视觉艺术的滥觞期，还有各种各样的“茶百戏”“漏影春”之类的花样。

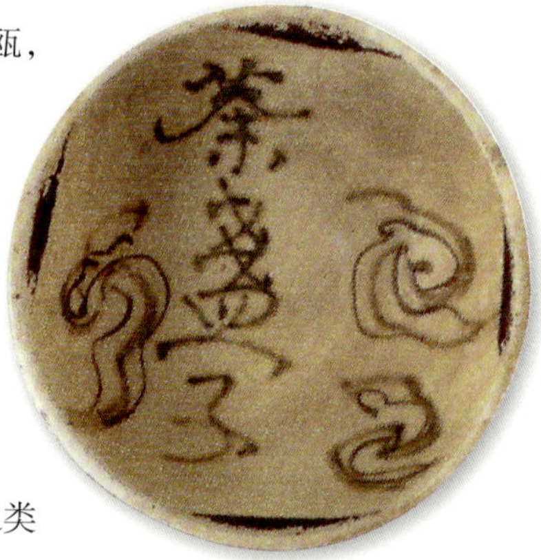

长沙窑青釉褐彩“茶盏子”铭茶盏 印尼黑石号沉船出水

陆羽强调沫饽为茶之英华，强调其中有精神境界的追求，也连带出啜饮养生的含义。沫饽的视觉联想多于味觉联想，又联系起养生益寿，与唐宋佛教流行的“醍醐”概念有关。陆羽在《茶经》里说到茶的功能：“茶之为用，味至寒，为饮最宜。精行俭德之人，若热渴、凝闷、脑疼、目涩、四肢烦、百节不舒，聊四五啜，与醍醐、甘露抗衡也。”“甘露”就是清晨水汽凝结而成的露水，是上天凝聚灵气，从暗夜转为白昼之际呈现在世上的仙品。《资治通鉴》卷二十记汉武帝元鼎二年（前115）：“起柏梁台，作承露盘，高二十丈，大七围，以铜为之，上有仙人，掌以承露，和玉屑饮之，云可以长生。”从汉代以来，宫廷就修建承露盘，以吸取天地精华的甘露。“醍醐”是动物奶乳提炼出来的精华，是与“甘露”同样带有神性的天地精华。《大般涅槃经·圣行品》中提到“譬如从牛出乳，从乳出酪，从酪出生酥，从生酥出熟酥，从熟酥出醍醐”，这里的“醍醐”就是香港人所谓的“忌廉”（cream）。欧美传统烹调美食，就经常使用醍醐（忌廉），比如蘑菇忌廉汤、松露忌廉意大利面条之类。假如我们回到唐宋用词习惯，也可以称之为蘑菇醍醐汤、松露醍醐意大利面。陆羽把茶比作甘露与醍醐，是精神飞升的联想，因为他在联想的过程中，有意无意给茶赋予了神秘的灵性，成为可以追求的精神境界，而且与延年益寿的养生观念相连起来，很容易在审美风尚之上，又加持上一道养生风尚。

我觉得世界上所有追求风尚，对审美追求的提升，都是向往一种美好境界的联想。既然茶是百草英华，点茶所营造的沫饽，就是草木英华的精华，就是在想象意识的提升中，营造了带有神性的饮啜养生品。联想的脉络是：乳奶的精华是醍醐，茶的精华就是沫饽，都是提升精神境界的载体。这也就解释了，为什么唐宋饮茶如此在意沫饽，刻意要在汤面打出泡沫，而且要追求完美，击拂出凝聚不散的雪白泡沫。这种追求不只是客观物质性的视觉美感，其中还有视觉联想带出来的精神追求与向往，从形而下发展到形而上，从饮啜品尝导致延年益寿，以至于提升到神灵境界。喝茶本来是物质性的，是个形而下的东西；可是审美联想是形而上的追求，饮啜的精神追求就没有止境了。假如饮啜沫饽能够跟神圣因素联系起来，那么茶饮审美的境界就可能遨游无尽，达到审美追求的极致。这种想法是否偏执暂且不论，这种追求审美极致的方向，则是宋人点茶要求击拂乳花、沫饽，还要精益求精的潜在原因。

2 苏东坡与文人茶事

文人因为有学问，对于文雅的事情，比如喝茶、点香、插花、园林等都特别重视。在宋徽宗《茶论》详论“啜英咀华”之前，北宋的文人学士如梅尧臣、欧阳修、苏东坡、黄庭坚等，已经写过很多茶诗，在他们写茶的诗或词里，经常出现一些词，比如“英华”“乳花”，或者是“粟花”“琼乳”“雪花”“白花”“凝酥”，后人解释的时候，往往把它们看作文学修辞，其实不是这样，它们都跟斗茶有关，对点茶拉花做了相当细致精确的描述。这些诗词以非常文学性、艺术性的方式记录下了当时喝茶的审美感受。

苏东坡是最典型的，他写的茶诗极多，其中一首题目为《次韵曹辅寄壑源试焙新芽》。朋友送给他御茶园出的好茶，他便写了这首诗唱和：

> 仙山灵草湿行云，洗遍香肌粉未匀。
> 明月来投玉川子，清风吹破武林春。
> 要知冰雪心肠好，不是膏油首面新。
> 戏作小诗君一笑，从来佳茗似佳人。

这位姓曹名辅的朋友送给他的是什么茶呢？题目里讲了，“壑源”，就在北苑御茶园旁边，是当时最好的茶，而且不但是壑源的茶，还是壑源的试焙茶。什么叫作“试焙”？宋朝人很讲究，在惊蛰的时候就开始采茶，第一次采的茶，叫作“试焙”，也叫一火，然后二火、三火。当时的记载很清楚，一火、二火到第三火的茶都是好茶。试焙就是第一火。所以这位友人送给他的是第一次采来的最好的新茶。曹辅的身份是什么？他在福建做经济转运，就是专给朝廷送贡品的，可见苏轼能够得到的是上等的好茶。“仙山灵草湿行云”，“灵草”就是茶叶；“湿

刘松年 卢仝烹茶图卷 局部 台北故宫博物院藏

行云”，讲的是云雾茶。我曾去婺源做过调查，早上云雾弥漫，到中午的时候太阳照进来，有云雾又有阳光，是可以出好茶的地方，这里的茶在当时非常有名。“洗遍香肌粉未匀”，“香肌”也是指茶叶，洗了茶叶以后“粉未匀”。“明月来投玉川子”讲的是卢仝，他在唐朝是很有名的喝茶人，《七碗茶》就是他写的。“清风吹破武林春”，“武林”就是杭州，这个时候苏东坡在杭州。这首诗对仗很好，把茶的灵性与“清风明月”并提。“要知冰雪心肠好，不是膏油首面新”，这两句还讽刺了一些人，如茶饼外面涂得漂亮，里头不见得好，“冰雪心肠好”令人联想到“冰心玉壶”。他最后说，“戏作小诗君一笑，从来佳茗似佳人”，引发美好的联想。

著名的《汲江煎茶》是他晚年遭贬海南所写，描写夜深人静之时，亲自到江边汲水，亲手煎茶，享受茶沫翻滚的乐趣：

> 活水还须活火烹，自临钓石取深清。
> 大瓢贮月归春瓮，小杓分江入夜瓶。
> 雪乳已翻煎处脚，松风忽作泻时声。
> 枯肠未易禁三碗，坐听荒城长短更。

在人生最困顿的时候，喝茶给他带来心灵慰藉。南宋大诗人杨万里认为这首诗写得太好了，就把它从头到尾逐句地解释。这首诗一开始说，“活水还须活火烹”。陆羽讲过，假如你要用江水的话，一定要取离人很远的、没有受到污染的流动的水，而且还须用“活火烹”。宋人讲究的水温是“蟹眼已过，鱼眼未到”。他们没有温度计，不知道水温，当一个像螃蟹眼睛那样小的泡刚出来，像鱼眼睛那样比较大的泡还没出来的时候，水温最好。“自临钓石取深清”，“钓石”就是钓鱼的时候突出的一块岩石，自然比较幽僻，离人、离江边远一些。“取深清”，取很深的、清澈的江水。然后“大瓢贮月归春瓮”，用很大的瓢来舀，舀出来的不只是水，还有月亮的倒影，非常美的境界。“小杓分江入夜瓶”，再用小勺子把江水倒到瓶里面。“雪乳已翻煎处脚”，“雪乳”已经翻腾了。“松风忽作泻时声”，这是一个倒装句，即“泻时忽作松风声”，水沸好像松涛的声音。他引用的这些意象都非常美，让人感觉在品茶的过程中融入天人合一的境界。最后他说“枯肠未易禁三碗，坐听荒城长短更”，喝了三碗不能再喝了，没什么东西可吃，坐在那里听着“荒城”打更。苏东坡被贬海南，境遇凄惨，可是我们看到他仍然能够写出这样的一首诗，在品茶过程中让心灵得到一种审美的愉悦。其实宋朝大多数的茶诗都跟这首诗有接近的地方。从以上两首可以看出，诗人写诗的时候，把他对审美的追求都融入日常生活里面。

苏东坡的弟子黄庭坚好饮茶，特别宣扬自己家乡江西修水出产的贡品双井茶，曾经写过一首《双井茶送子瞻》，赠茶给苏东坡，其中有句：“我家江南摘云腴，落硙霏霏雪不如”，形容双井茶可比白云，碾成茶末比雪还白。东坡和了一首《鲁直以诗馈双井茶，次其韵为谢》，说到双井茶十分名贵，不能让童仆随便烹点，需要亲身烹点，才能保证拉花出现雪乳：“磨成不敢付僮仆，自看雪汤生玑珠。”两首诗中出现的“云”与“雪”的意象，都是描绘双井茶提供的白色视觉感受。点茶的“雪乳”形象，是隐喻也是明喻，因为双井茶的特色是生有白毫，磨末点茶可以凸显雪乳的效果。

双井茶的流行，苏东坡的老师欧阳修认为是时新的风尚，写过一首诗《双井茶》，其中说道：“西江水清江石老，石上生茶如凤爪。穷腊不寒春气早，双井芽生先百草。白毛囊以红碧纱，十斤茶养一两芽。长安富贵五侯家，一啜尤须三日夸。”双井茶早春即采，茶叶覆满了白毛，用十斤茶叶才能制出一两好茶，可见采摘制作与保存之精。他在《归田录》中说得更为清楚：“自景祐（1034—1038）已后，洪州双井白芽渐盛。近岁作尤精，囊以红纱，不过一二两。以常茶数十斤养之，用辟暑湿之气。其品远出日注上，遂为草茶第一。”双井茶能够负有盛名，固然是有其白芽精制的特性，文人墨客的揄扬与炒作也扮演了重要的角色。从欧阳修、苏东坡到黄庭坚，人人力捧，赞誉双井的品级超过日注（铸），可以媲美建溪御苑的龙团。

文人学士吟咏双井茶啜饮之美，等于大做代言广告，既赞扬了茶叶品种，也宣传了饮啜的方式，要点茶拉花，击拂出雪乳沫饽。南宋的杨万里有一首诗《以六一泉煮双井茶》：“鹰爪新茶蟹眼汤，松风鸣雪兔毫霜。细参六一泉中味，故有涪翁句子香。日铸建溪当退舍，落霞秋水梦还乡。何时归上滕王阁，自看风炉自煮尝。”从中可以看到，前人饮茶的典故成了诗歌创作的灵感，前人的诗文美句可以引发想象。杨万里用六一泉煮茶，首先想到欧阳修；烹煮双井茶，就想到黄庭坚；落笔写下“蟹眼”“松风”，就不可避免会想到苏东坡；饮啜双井茶，想到同为上品的日铸茶与建溪龙团，还要想回自己江西老家的滕王阁。从烹茶的过程联想到《滕王阁序》，落霞孤鹜，秋水长天，重新组构意象，一方面继承诗文传统，另一方面则延续了饮茶风尚的流传。

说起茶饮审美联想，我们很自然会想到茶的色、香、味三个不同范畴的美感，但是宋人对点茶的关注，似乎太过痴迷于拉花的过程，集中在“色”的领域。假如太过于关注视觉美感，把饮茶的审美享受集中在啜饮之前的点茶拉花，如苏东坡所说“雪乳已翻煎处脚，松风忽作泻时声”，看起来赏心悦目，再加上听起来如闻乐音，绘声绘色，的确是极声色之娱，就有可能忽视了饮茶的“香”和“味”，对茶饮审美的嗅觉及味觉范畴，不太措意。世上事物多半如此，类似茶的质地与内涵，本来具备富赡的发展可能，可以开发各种认知与审美范畴，但若有一方面走向极致，其他方面往往就受到忽视，甚至逐渐丧失其内涵的可塑性。宋朝人点茶、斗茶，从北宋中期发展到宋徽宗，就有强调视觉审美的倾向，也就对茶的味觉及嗅觉审美领域，逐渐有所忽视。

3 宋徽宗与皇家茶事

对于点茶之道的掌握，宋徽宗这个旷世第一大玩家，讲得很多、很复杂，但条理分明，叙述得很清楚：

> 点茶不一，而调膏继刻。以汤注之，手重筅轻，无粟文蟹眼者，谓之静面点。盖击拂无力，茶不发立，水乳未浃，又复增汤，色泽不尽，英华沦散，茶无立作矣。有随汤击拂，手筅俱重，立文泛泛，谓之一发点。盖用汤已故，指腕不圆，粥面未凝，茶力已尽，云雾虽泛，水脚易生。

他首先指出，点茶要掌握技巧。技巧不到家，就会失败，出现“静面点”“一发点”的现象。“静面点”是说茶汤表面“无粟文蟹眼”，没有乳花，因为使用茶筅的时候，手劲重而茶筅击拂得轻，无法打出沫饽，达不到拉花的效果。关键在于击拂不得力，茶沫发不起来，注汤的方式不得要领，沸水与茶膏尚未恰当调和，就再度加水，以至于“英华沦散”，出现不了沫饽。“一发点”指的是发沫稀薄，一发即散，也是失败的拉花表现。原因还是技术欠佳，手劲与茶筅都用力过重，打起来的泡沫浮泛易散，无法凝聚。虽然表面上看似云雾弥漫，好像出现了乳花，但是很快就消失殆尽。

宋徽宗指出，掌握点茶的技巧，必须依照七个步骤，按部就班，澄心静虑，一一施行。第一步至关紧要：

> 妙于此者，量茶受汤，调如融胶。环注盏畔，勿使侵茶。势不欲猛，先须搅动茶膏，渐加击拂，手轻筅重，指绕腕旋，上下透彻，如酵蘖之起面，疏星皎月，灿然而生，则茶之根本立矣。

真正的行家里手，把茶膏先调得适宜，环绕着茶盏注水，要小心翼翼，不要让注水的过程影响茶膏发立。一开始不能太猛，慢慢击拂，逐渐发力。手要轻，筅要重，手指与手腕的动作要灵活，旋转环绕，上下透彻，才能像酵母发面那样，如“疏星皎月，灿然而生”，形成茶面能够持久的沫饽。接着还有六个步骤，才能达到完美的点茶拉花效果：

> 第二汤自茶面注之，周回一线，急注急止，茶面不动，击拂既力，色泽渐开，珠玑磊落。三汤多寡如前，击拂渐贵轻匀，周环旋复，表里洞彻，粟文蟹眼，泛结杂起，茶之色十已得其六七。四汤尚啬，筅欲转稍宽而勿速，其清真华彩，既已焕发，云雾渐生。五汤乃可少纵，筅欲轻匀而透达，如发立未尽，则击以作之。发立已过，则拂以敛之，结浚霭，结凝雪，茶色尽矣。六汤以观立作，乳点勃结，则以筅着居缓绕，拂动而已。七汤以分轻清重浊，相稀稠得中，可欲则止。乳雾汹涌，溢盏而起，周回旋而不动，谓之咬盏，宜匀其轻清浮合者饮之。《桐君录》曰“茗有饽，饮之宜人”，虽多不为过也。

宋徽宗教人点茶，秘诀是要掌握复杂的程序，循序渐进，才能一步一步看到“色泽渐开，珠玑磊落”，然后再看到“粟文蟹眼，泛结杂起”，到慢慢云雾渐升，“结浚霭，结凝雪”，就像白雪一样；再来是“乳点勃结”，最后才能达到沫饽凝聚的效果：“乳雾汹涌，溢盏而起，周回旋而不动，谓之咬盏，宜匀其轻清浮合者饮之。”

宋徽宗是皇帝，当然享受皇家待遇，喝的茶是特供的贡品，也就是建溪御苑龙焙的产品。关于北苑龙焙的记载，蔡襄《茶录》已经指出，“惟北苑凤凰山连属诸焙所产者味佳”。宋子安《东溪试茶录》引述品茶大家丁谓与蔡襄的论述，综论北苑水土特别适合产茶：“先春朝脐常雨，霁则雾露昏蒸，昼午犹寒，故茶宜之。茶宜高山之阴，而喜日阳之早。自北苑凤山南直苦竹园头，东南属张坑头，皆高远先阳处，岁发常早，芽极肥乳，非民间所比。次出壑源岭，高土沃地，茶味甲于诸焙。”他描述北苑的地理位置特殊，连属诸山出产好茶，离开这片土地就差了：“北苑西距建安之洄溪二十里而近，东至东宫百里而遥（焙名有三十六，东宫其一也）。过洄溪，逾东宫，则仅能成饼耳。独北苑连属诸山者最胜。北苑前枕溪流，北涉数里，茶皆气弇然，色浊，味尤薄恶，况其远者乎？亦犹橘过淮为枳也。”《宣和北苑贡茶录》特别标出上贡给皇帝的御茶，都是精挑细选，花样众多，却产量极少的极品，从龙凤团茶、石乳、的乳、白乳、小团、密云龙、瑞云翔龙，一直到宋徽宗喜欢的白茶，还不断翻新，层出不穷，难以胜数，如龙园胜雪、御苑玉芽、万寿龙芽、上林第一、乙夜清供、承平雅玩、龙凤英华、玉除清赏、启沃承恩，等等，不一而足。

梅尧臣有一首茶诗，诗题很长：“李仲达寄建溪洪井茶七品，云愈少愈佳，未知尝何如耳。因条而答之”。说的是他朋友李仲达寄来建溪所产的洪井茶，共有七等品级，分量愈少的愈好，要他品尝试茶。梅尧臣品尝之后，一一条举：“末品无水晕，六品无沉柤。五品散云脚，四品浮粟花。三品若琼乳，二品罕所加。绝品不可议，甘香焉等差。”梅尧臣所喝的建溪茶，产自北苑一带，分为七个等级品类，品尝之后发现，四品以上才有粟花，三品则美如琼浆玉乳，二品已经好到无以复加了，绝品更是言语道断，难以形容。梅尧臣无法描摹二品与极品的茶汤品相，虚晃一招，让人觉得，只能意会不可言传，但是描述三

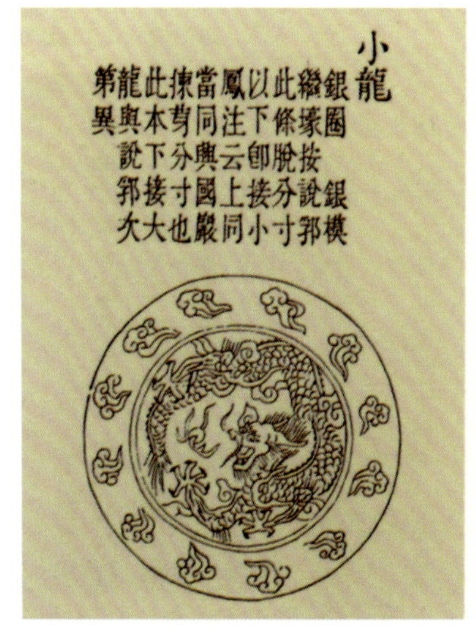

大凤团及小龙团茶
《宣和北苑贡茶录》
读画斋丛书本

茶盏

宋人喝茶还需要讲究茶器。唐朝人已经开始重视茶汤的视觉了，喝茶最好选用浙江出的越窑青瓷。青瓷有着如玉的温润质地，当茶汤倒入青色的、如玉质的瓷碗里，就有一种春天的气息。但用青瓷的习惯到宋朝发生了改变。原因是从五代、北宋开始，喝茶特别强调白色的泡沫，青瓷不能将其完全衬托出来，于是黑釉的瓷器就变得很重要。这也就是为什么福建建州出土的建窑瓷器——非常厚重、很沉的黑釉茶碗，变成宋人最讲究的茶具。建窑黑瓷比较厚重，在打茶的时候，得先把它烤热，泡沫就不容易散掉，它是宋人斗茶最基本的器具。

建窑兔毫紫盏（酱褐釉茶盏）

建窑黑釉兔毫盏

龙泉窑青瓷盏 四川遂宁金鱼村南宋窖藏

建窑黑釉鹧鸪（油滴）斑纹茶盏（日本人所谓油滴天目茶碗）

建窑黑釉窑变（曜变）茶盏

几上及侍者手持黑漆茶托，上置建窑兔毫紫盏

（传）宋徽宗 十八学士图 局部 台北故宫博物院藏

品已经有如琼乳，说及二品与极品，当然还是赞美建溪御茶可以击拂出绚烂的乳花。他在《尝茶和公仪》一诗，称赞北苑御茶是这么说的："都蓝携具上都堂，碾破云团北焙香。汤嫩水清花不散，口甘神爽味偏长。"到了徽宗皇帝写《茶论》，教人点茶拉花七步骤，则把御茶击拂所能达到的审美极致，像他书写瘦金体与描画花鸟人物一样，刻画入微，形容得淋漓尽致，纤毫毕露，那才是言语道断，无以复加呢。

仔细观察《大观茶论》写的品茶过程，可以知道，宋代品茶审美程序的展现，最强调的是视觉感受。虽然宋人饮茶的方式与唐代相似，主要是制造团状茶饼，然后研末煎点，同时又沿袭了唐朝以来强调的沫饽，但是，宋代点茶把视觉审美提升到了极致，更重视的是点茶、拉花，就造成品茶审美的"色香味"三位一体，逐渐向"色"的视觉感受倾斜。

关于饮茶品味，蔡襄早在《茶录》里，就非常清楚地讲到"色、香、味"，本来应该是三者并重的，也显示宋代人饮茶继承了陆羽提出的感官审美的统一性，要求视觉、嗅觉与味觉都能得到愉悦。他论"色"："茶色贵白………既已末之，黄白者受水昏重，青白者受水鲜明，故建安人斗试，以青白胜黄白。"论"香"："茶有真香。………建安民间试茶，皆不入香，恐夺其真。"论"味"："茶味主于甘滑，惟北苑凤凰山连属诸焙所产者味佳。隔溪诸山，虽及时加意制作，色、味皆重，莫能及也。"但是在"茶盏"这一段中，蔡襄却明确点出了斗茶的关键："茶色白，宜黑盏。建安所造者绀黑，纹如兔毫，其杯微厚，熁之久热难冷，最为要用。出他处者，或薄或色紫，皆不及也。其青白盏，斗试家自不用。"你要斗茶，就要使用建窑的黑盏，其他都不够好，斗茶的行家不用。原因很简单，他要看到绀黑的茶盏衬出雪白的沫饽，要看到乳花汹涌而起，最好能够凝聚不散。说到底，要斗茶，斗的首先还是视觉审美，要看击拂拉花的本领。

宋徽宗在《大观茶论》里面，也说"色香味"，大体说得和蔡襄一致，但是论"色"的时候，就长篇大论说了一通"纯白"的重要性："点茶

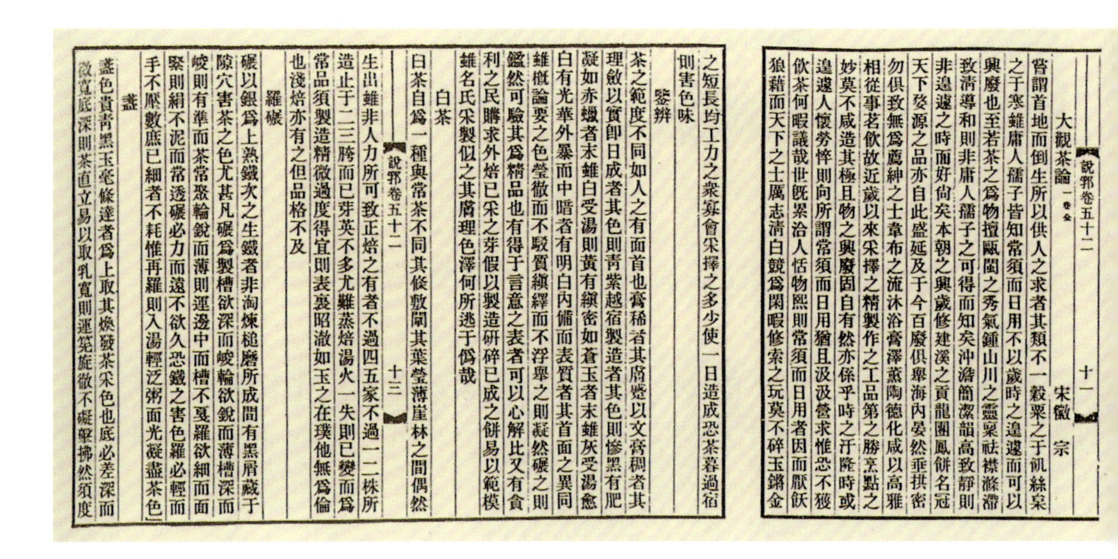
說郛卷五十二 十一
大觀茶論 一卷全 宋徽宗
嘗謂首地而倒生所以供人之求者其類不一穀粟之于飢絲枲
之于寒雖庸人孺子皆知常須而日用不以歲時之遑遽而可以
興廢也至若茶之爲物擅甌閩之秀氣鍾山川之靈稟祛襟滌滯
致清導和則非庸人孺子之可得而知矣沖澹簡潔韻高致靜則
非遑遽之時而好尚矣本朝之興歲修建溪之貢龍團鳳餅名冠
天下婺源之品亦自此盛延及于今百廢俱舉海內晏然垂拱密
勿俱致無爲薦紳之士韋布之流沐浴膏澤薰陶德化咸以高雅
相從事茗飲故近歲以來采擇之精製作之工品第之勝烹點之
妙莫不咸造其極且物之興廢固自有然亦係乎時之汙隆時或
遑遽人懷勞悴則向所謂常須而日用猶且汲汲營求惟恐不獲
飲茶何暇議哉世既累洽人恬物熙則常須而日用者因而厭飫
狼藉而天下之士厲志清白競爲閑暇修索之玩莫不碎玉鏘金

之短長均工力之衆寡會采擇之多少使一日造成恐茶暮過宿
則害色味
鑒辨
茶之範度不同如人之有面首也膏稀者其膚蹙以文膏稠者其
理斂以實即日成者其色則青紫越宿製造者其色則慘黑有肥
凝如赤蠟者末雖白受湯則黃有縝密如蒼玉者末雖灰受湯愈
白有光華外暴而中暗者有明白內備而表質者其首面之異同
難概論要之色瑩徹而不駁質縝繹而不浮舉之則凝然碾之則
鏗然可驗其爲精品也有得于言意之表者可以心解比又有貪
利之民購求外焙已采之芽假以製造研碎已成之餅易以範模
雖名氏采製似之其膚理色澤何所逃于僞哉
白茶
白茶自爲一種與常茶不同其條敷闡其葉瑩薄崖林之間偶然
說郛卷五十二 十三
生出雖非人力所可致正焙之有者不過四五家不過一二株所
造止于二三胯而已芽英不多尤難蒸焙湯火一失則已變而爲
常品須製造精微運度得宜則表裏昭澈如玉之在璞他無爲倫
也淺焙亦有之但品格不及
羅碾
碾以銀爲上熟鐵次之生鐵者非淘煉槌磨所成間有黑屑藏于
隙穴害茶之色尤甚凡碾爲製槽欲深而峻輪欲銳而薄槽深而
峻則有準而茶常聚輪銳而薄則運邊中而槽不戛羅欲細而面
緊則絹不泥而常透碾必力而遠不欲久恐鐵之害色羅必輕而
手不壓數庶已細者不耗惟再羅則入湯輕泛粥面光凝盡茶色
盞
盞色貴青黑玉毫條達者爲上取其煥發茶采色也底必差深而
微寬底深則茶直立易以取乳寬則運筅旋徹不礙擊拂然須度

宋徽宗《大观茶论》明钞说郛本

之色，以纯白为上真，青白为次，灰白次之，黄白又次之。天时得于上，人力尽于下，茶必纯白。”对于茶色要白，他特别关注，还专门列了“白茶”一项:“白茶自为一种，与常茶不同，其条敷阐，其叶莹薄。崖林之间，偶然生出，虽非人力所可致。正焙之有者不过四五家，生者不过一二株，所造止于二三胯而已。芽英不多，尤难蒸焙。汤火一失，则已变而为常品。须制造精微，运度得宜，则表里昭澈，如玉之在璞，他无为伦也。浅焙亦有之，但品格不及。”徽宗皇帝说的白茶，跟我们今天讲的白茶不同，是当时出产在崖林之间的珍异，是天地间钟灵毓秀的英华，是专供皇室的贡品。我们要特别指出，宋徽宗虽然强调茶之“纯白”，却并非忽略“香”与“味”，因为他所饮啜的白茶，是色香味兼有的，也就是他自己说的“与常茶不同”。他在论“味”的时候，还特别说到，“夫茶以味为上，香甘重滑，为味之全，惟北苑、壑源之品兼之”。问题是，这种珍异的白茶，千金难买，当天下官民一体都羡称斗茶风尚，都要使用黑釉的建窑茶碗，击拂出皎如白雪的乳花，而却得不到北苑或壑源的御茶，不能同时具备色香味的情况下，该怎么办，如何取舍呢?

写《东溪试茶录》的宋子安，时代比蔡襄稍晚，生活在宋徽宗之前，对福建御茶园及其附近茶山出产的情况，知之甚详，可能就是监管御茶并从事造茶有关工作的负责人。他在《东溪试茶录》里讲到，北苑与壑源是最重要的上等茶产地，同时还说到，茶之名类有七：白叶茶、柑叶茶、早茶、细叶茶、稽茶、晚茶、丛茶。白叶茶列为第一等："民间大重，出于近岁，园焙时有之。地不以山川远近，发不以社之先后，芽叶如纸，民间以为茶瑞，取其第一者为斗茶。而气味殊薄，非食茶之比。"其次为柑叶茶："树高丈余，径头七八寸，叶厚而圆，状类柑橘之叶。其芽发即肥乳，长二寸许，为食茶之上品。"这里透露的消息是，白叶茶晚近才出现，不出产在特定的地区，也不按照固定的时序出现，芽叶如纸，气味淡薄，是斗茶比试的上品，但是味道比不过叶芽肥厚的柑叶茶。可见宋子安已经明确做了区分，白茶是斗茶的上品，而柑叶茶是食茶的上品。

黄儒《品茶要录》有一节专讲斗茶：

> 茶之精绝者曰斗，曰亚斗，其次拣芽。茶芽，斗品虽最上，园户或止一株，盖天材间有特异，非能皆然也。且物之变势无穷，而人之耳目有尽，故造斗品之家，有昔优而今劣，前负而后胜者。……其造，一火曰斗，二火曰亚斗，不过十数铸而已。拣芽则不然，遍园陇中择其精英者尔。其或贪多务得，又滋色泽，往往以白合盗叶间之。试时色虽鲜白，其味涩淡者，间白合盗叶之病也。（一鹰爪之芽，有两小叶抱而生者，白合也。新条叶之抱生而色白者，盗叶也。造拣芽常剔取鹰爪，而白合不用，况盗叶乎。）

这一段话说明了白茶斗品之难得，一片茶园中或许只有一株茶树达标，而且还可能发生难以预期的变化，过一段时间枯萎或变质了。一株斗品茶树实在做不出多少斗茶，就有人想出其他花样，制造山寨版的斗品，以拣芽为底，掺入白合与盗叶来冒充。拣芽是第三等的茶芽，也就是一般说的一枪一旗（一芽一叶），鲜嫩可口，但是色泽偏绿，达不到斗茶所需要的乳花汹涌、凝聚不散的效果。为了达到视觉效果，就掺入欠缺香气与味道的白合与盗叶，让斗茶的时候看起来色泽鲜白，然而味道涩淡，只能骗骗不入流的茶客。宋徽宗是行家里手，他在《大观茶论》里说："凡芽如雀舌谷粒者为斗品，一枪一旗为拣芽，一枪二旗为次之，余斯为下 。茶之始芽萌，则有白合；既撷，则有乌蒂。白合不去，害茶味；乌蒂不去，害茶色。"显然不会上当受骗，当然也没人敢骗皇帝。

《东溪试茶录》指出，建溪御苑一带，出产白茶的茶园，有以下诸家："今出壑源之大窠者六：叶仲元、叶世万、叶世荣、叶勇、叶世积、叶相，壑源岩下一：叶务滋，源头二：叶团、叶肱，壑源后坑一：叶久，壑源岭根三：叶公、叶品、叶居，林坑黄漈一：游容，丘坑一：游用章，毕源一：王大照（诏），佛岭尾一：游道生，沙溪之大梨漈上一：谢汀，高石岩一：云擦院，大梨一：吕演，砰溪岭根一：任道者。"在北宋中晚期，因为斗茶拉花的风气盛行，白茶成了万众瞩目的精品，民间也流传"叶氏白、王氏白"的说法，而以叶氏白茶最为著名。苏轼《寄周安孺茶》诗有曰："自云叶家白，颇胜中山醁。"王家白茶在宋代亦久负盛名，刘弇《龙云集》卷二十八记曰："其品制之殊，则有……叶家白、王家白……"

蔡襄爱茶成癖，与茶农王大诏熟识，《蔡忠惠文集·茶记》云："王家白茶，闻于天下。其人名大诏。白茶唯一株，岁可作五七饼，如五铢钱大。方其盛时，高视茶山，莫敢与之角。一饼直钱一千，非其亲故，不可得也。终为园家以计，枯其株。予过建安，大诏垂涕为予言其事。今年枯枿辄生一枝，造成一饼，小于五铢，大诏越四千里，特携以来京师见予，喜发颜面。予之好茶固深矣，而大诏不远数千里之役，其勤如此，意谓非予莫之省也。可怜哉！乙巳（1065）初月朔日书。"这里讲的一段故事，让我们看到白茶的珍贵，茶户之间因竞争而嫉恨的冲突，以及茶人之间的高山流水知音情怀。王大诏茶园里只有一株白茶，却能名闻天下。这一株茶树，每年只能生产五铢钱大小的茶饼五七枚，每枚值一千钱，实在不便宜，却不随便售卖，只留给亲朋故旧。

后来这株茶树遭人设计枯死了，王大诏曾向蔡襄哭诉，显然是痛心已极。到了 1065 年，枯树居然发了一枝新桠，王大诏以新桠所生之叶制作成一块小于五铢钱的茶饼，千里迢迢拿到京师来送给懂茶的蔡襄，让他感动不已。

到了宋徽宗的时候，建溪白茶还是以叶氏生产的最为著名，《大观茶论》还一一著录了品名：

> 名茶各以所产之地，如叶耕之平园台星岩，叶刚之高峰青凤髓，叶思纯之大岚，叶屿之眉山，叶五崇林之罗汉山水，叶芽、叶坚之碎石窠、石臼窠（一作突窠），叶琼、叶辉之秀皮林，叶师复、师贶之虎岩，叶椿之无双岩芽，叶懋之老窠园，名擅其门，未尝混淆，不可概举。前后争鬻，互为剥窃，参错无据。曾不思茶之美恶者，在于制造之工拙而已，岂冈地之虚名所能增减哉。焙人之茶，固有前优而后劣者，昔负而今胜者，是亦园地之不常也。

这些记载让我们看到，宋人为了点茶拉花，击拂出最出色的乳花沫饽，对珍稀的白茶是如何向往与渴求，而茶农也因种植高档茶叶，得以蜚声天下，连皇帝都在书中记了一笔。

传为刘松年的《茗园赌市图》描绘了市井斗茶的场景，似乎宋人上自帝王将相下到市井小民，人人都参与斗茶的风尚狂欢，都在点茶拉花的过程中，享受乳花汹涌的愉悦。问题是，升斗小民能得到击拂出色香味俱全的白茶吗？想来是不可能的。点茶讲究纯白的色效，只有正宗的白茶才能达到色香味俱全境界。因此，一般市井小民为了斗茶的沫饽呈现蜡白的效果，使用欠缺香气与味道的山寨白茶，也就成了无可奈何之举。为了跟上风尚，点茶的色相逐渐压过了香气与味道，成了视觉艺术的偏执追求。啜英咀华的发展，由于风尚的大众化与平民化，完全颠覆了饮茶的色香味审美的统一性，沦落为拉花技艺的表演，也就预示着宋代点茶必然走向衰微。

茶之为饮，有其客观的物质性，能够提供色香味的实体愉悦，满足形而下的感官享受。感官愉悦的发展，提升为形而上的探索，追求嗅觉、味觉、视觉的审美统一性，在精神领域追求美感的升华，就是茶道的肇始。从唐代陆羽的煎茶到宋代文人学士与宋徽宗的点茶拉花，是在一脉相承中，不断攀升审美的境界，以臻于极致。但是，当追求过程偏于一隅，为了视觉效果达到乳花凝聚的巅峰状态，就不免忽视了茶香与茶味，排除了茶饮实体愉悦的两个相关面向。在早期点茶拉花的发展过程中，问题还不严重，到了蔡襄与宋徽宗这样的饮茶大家，把高雅艺术追求的探索精神，移植到点茶拉花，就逐渐脱离了茶饮的物质性，带动了难以持续的点茶风尚。

范仲淹有一首著名的《和章岷从事斗茶歌》：

年年春自东南来，建溪先暖冰微开。
溪边奇茗冠天下，武夷仙人从古栽。
新雷昨夜发何处，家家嬉笑穿云去。
露芽错落一番荣，缀玉含珠散嘉树。
终朝采掇未盈襜，唯求精粹不敢贪。
研膏焙乳有雅制，方中圭兮圆中蟾。
北苑将期献天子，林下雄豪先斗美。
鼎磨云外首山铜，瓶携江上中泠水。
黄金碾畔绿尘飞，碧玉瓯中翠涛起。
斗茶味兮轻醍醐，斗茶香兮薄兰芷。
其间品第胡能欺，十目视而十手指。
胜若登仙不可攀，输同降将无穷耻。……

从采茶、制茶，写到斗茶，生动活泼，色香味俱全，似乎把斗茶的欢乐都写尽了。可是蔡襄觉得范仲淹写得不够好，没能掌握点茶的个中三昧，其中最大的问题是，形容茶末是“绿尘飞”，而茶汤的

斗茶风尚

从今天看，宋朝喝茶可能“喝”还不如“看”重要。他们还有比赛，就是所谓的“斗茶”。比法也很有趣，就是看谁打出的泡沫好看、谁的泡沫够持久。比赛的时候，人们会说：我茶碗里的泡沫还保持不变，你的已经不行了，露出一水；我还能咬盏（泡沫咬着茶盏），你出现了二水；你的第三水都出来了，我的泡沫才慢慢地散开。这就跟下围棋一样，你输我一子、二子、三子，是个非常有趣的游戏，从士大夫阶层一直流传到民间，是宋人生活当中很重要的风尚。

沫饽是“翠涛起”，不符合雪白色的茶沫要求，更降低了沫饽色泽应该是雪白乳花的标准。明冯时可《茶录》记载了蔡襄对范仲淹的批评：“范文正公《斗茶歌》‘黄金碾畔绿尘飞，碧玉瓯中翠涛起’，今茶绝品色甚白，翠绿乃下者，谓改为‘玉尘飞’‘素涛起’如何？”蔡襄讲究茶道，是要色香味三位一体的，但是他的批评却在客观上造成强调视觉美感的后果。再经过宋徽宗的推波助澜，通过《大观茶论》的大力宣扬，使得斗茶一味追求视觉美感，违背了这两位茶道大家的初衷。

回顾中国茶饮的历史，点茶拉花的风尚，在宋代大行其道，一直影响了日本茶道的主流发展。在中国却因为发展走了偏锋，在视觉审美上提升到了极致，忽视了饮茶客观本质的香与味，以至于点茶之风走向没落。明太祖罢造龙团，进贡芽茶，一般都说是体恤民情，让茶农不至于疲于奔命，在惊蛰以前赶制特供皇室的龙凤茶团。自此以后，中国饮茶历史完全改观，开始了饮啜芽叶茶的新传统。仔细思考饮茶的历史发展，就会发现，宋代点茶拉花走向极致，以乳花雪白为上的情况，需要偶生于天地间的白茶作原料，居然成为全民风尚，是个不可能持续发展的途径。中国饮茶历史转向芽叶冲泡，更深刻的原因就涉及了茶的物质本性，具备色香味的条件，是应当发展三位一体的审美追求的。因此，明代以来饮茶以芽叶冲泡为主，扬弃了盛极一时的点茶风尚，或许也是中国茶道返璞归真的历程。

推荐阅读

◎ 赵佶：《大观茶论》，九州出版社，2018 年

◎ 廖宝秀：《历代茶器与茶事》，故宫出版社，2017 年

◎ 秦大树等编：《闲事与雅器》，文物出版社，2019 年

松绿／赵佶 听琴图

第九讲

雅集——文人的雅聚乐集

叶放——当代艺术家、园林学者

宋代文人相对安逸，又基于崇雅的理念，追求日常生活的文人化和精致化，更把诗酒相得、谈文论画、宴饮品茗的日常交谊视为生活基础，文会雅集就是这种生活的集中体现，因此可以说雅集在北宋时期达到了理想的极致。

宋人文化生活的魅力，就在于文化成为生活的态度，艺术成为生活的内容，有感而发的展现，因悟而为的表达，行而知，秉物游心，心性欢喜。借古开今，在生活中传承与发扬中华民族文化遗产，雅集无疑是最鲜活和最人本的不二法门。

1 何为雅集

何为雅集？雅，中正、美好；集，会合、会聚。雅集者，以雅为诉求，以集为形态，尚雅之人以雅情行雅事的聚会。在古代，雅集是文士进行文化生活的一种常见方式。不论是三五好友，还是数十同道，他们常常选择或松风鹤影的山中，或鱼乐鸢飞的水边，或鸟鸣芳浮的花间，或炊烟摇波的船上，有时品茗清谈、鉴古读史、长咏短吟、行歌赋颂，斯文有书卷；有时枕流漱石、吟风弄月、澡雪问梅、耕云研道，性灵而趣味；有时豪饮放怀、舞文弄墨、高谈阔论、比才斗识，恣意又纵情。中国历史上著名的雅集，皆因高人的参与和高明的记录而千古流芳。

西晋的金谷雅集，也称金谷园雅集，发生在西晋，作为文学家、官员、富豪的石崇，常在自家宅第金谷园中召集文人聚会，并与当时的文人欧阳建、左思、刘琨、陆机、陆云以及潘安等，共计二十四人结成诗社，史称“金谷二十四友”。元康六年（296），石崇在金谷园中为征西大将军王诩设宴送行，所有宾客“逐个赋诗，以叙中怀，或不能者，罚酒三斗”，事后石崇把众人的诗作收录成集，名《金谷集》，并亲作《金谷诗序》，后人把这次活动视为真正意义上的文人聚会。

东晋的兰亭雅集发生在永和九年（353），作为书法家、官员的王羲之，召集文人士僧谢安、孙绰、支道林、王凝之、王徽之等四十一人，“群贤毕至，少长咸集”，在三月三的修褉活动之后，“流觞曲水，列坐其次”，所有宾客都沿着山谷中弯曲的溪边席地而坐，顺水而下的双耳酒杯，流到谁面前谁就取而饮尽，并赋诗一首，否则罚酒三杯，如此往复赋得诗句数十首。事后王羲之把这些诗赋收录成集，名《兰亭集》，并乘兴挥毫，写下文辞与书法并绝千古的《兰亭集序》，成为雅集传奇。

宋徽宗 听琴图 局部
故宫博物院藏

两宋是文官政治的社会，雅集作为文化生活的常见方式更为活跃，出现了由驸马都尉王诜召集的“西园雅集”。王诜字晋卿，是北宋开国元勋王全斌的后代，自幼好读，天资聪颖，能诗善画，又工弈棋，《宣和画谱》说他“风流蕴藉，真有王谢家风气”，苏轼称他“山水近规李成，远绍王维”，宋神宗将英宗的女儿，也就是自己的妹妹蜀国公主嫁给了他。西园是他的私家宅第，北宋元丰年间，王诜多次邀苏轼、苏辙、黄庭坚、秦观、李公麟、米芾，以及道士陈碧虚、日本僧人圆通等文人名士来西园游园聚会，或写书作画，或弹琴和曲，或赋诗题壁，或谈经论道。据传李公麟为此而绘《西园雅集图》，米芾为图而作《西园雅集图记》。遗憾的是，现存两卷传为李公麟所作的《西园雅集图》，经专家研究均为后世托名，米芾《西园雅集图记》也只是文献记载。至于后世书录，专家推断系明朝人所为。虽系托名，但并不影响后人对“西园雅集”的认知和推崇，或者是出于对苏轼、苏辙、黄庭坚、秦观、李公麟、米芾等千年奇才的景仰，或者是对李公麟《西园雅集图》和米芾《西园雅集图记》的追慕，后世画家纷纷以西园雅集为题进行创作，留下众多关于西园雅集的佳作，而这些书画作品也使“西园雅集”对后世的影响更为深远。

对照现存传为李公麟的《西园雅集图》和传为米芾的《西园雅集图记》的各种版本，都记载了十六位雅集嘉宾，虽然具体人员并不相同，但都是分作五组围绕五个核心人物展开：观苏轼作书、观李公麟作画、观米芾石壁题字、听陈碧虚道长弹阮、听圆通禅师话禅，这成为后世表现西园雅集的基本格式。十六位雅集嘉宾中有“书法四大家”中的三位：苏轼、黄庭坚、米芾，有“苏门四学士”黄庭坚、张耒、晁补之、秦观以及“苏门六君子”中的陈师道，也有画家李公麟、米芾、王诜、刘泾、蔡肇，藏书家王钦至，有苏轼弟弟苏辙，苏轼幕僚李之仪，还有道士陈碧虚和高僧圆通大师，等等。毫无疑问，虽然雅集由王诜召集并发生在其宅第，但始终以苏轼为中心人物。西园雅集是诗人、词客、书法家、画家、音乐家以及思想家的一次聚集，也是儒道释三家

（传）李公麟 西园雅集图卷 私人收藏
苏轼作书、李公麟作画、米芾石壁题字、陈碧虚道长弹阮、圆通禅师话禅

合一理念在现实生活中的具体反映，遂成为一件传颂千古的文人雅事，也成为宋朝文人潇洒风雅放逸生活的佐证。

以兰亭和西园雅集为典范，元末又有“玉山雅集”，江南名士顾瑛与诗人曲家杨维桢，召集书画家黄公望、倪瓒、王蒙及张渥、王冕等，在自家宅第园林玉山草堂雅集聚会，张渥以李公麟法作《玉山雅集图》，杨维桢为记说：“称美于世者，仅山阴之兰亭，洛阳之西园耳，金谷龙山而次弗论也。然而兰亭过于清则隘，西园过于华而靡。清而不隘也，华而不靡也，若今玉山之集非欤。”明朝又有“杏园雅集”，礼部侍郎、兵部尚书兼大学士杨士奇，召集以江西籍文官同乡为主的阁臣们，在内阁首辅杨荣的宅第园林杏园雅集聚会，宫廷画家谢环受邀参加雅集并作《杏园雅集图》，杨荣则作《杏园雅集图后序》：“正统二年丁巳春三月朔，适休暇之晨，馆阁诸公过予，因延于所居之杏园，永嘉谢君庭循旅寓伊迩，亦适来会。时春景澄明，惠风和畅，花卉竞秀，芳香袭人，觞酌序行，琴咏间作，群情萧散，衎然以乐。”

2 雅集的承载之地

中国历史上每一个精彩的雅集，几乎都是在山水清嘉的郊野或园林来完成。金谷雅集以石崇的私家别墅金谷园为场所，在当今河南省洛阳市东北。因引金谷水灌注园中，故名“金谷园”。园随地势高低而筑台凿池，方圆几十里内，楼榭亭阁高下错落，金谷水萦绕穿流其间，水声潺潺，鱼跃荷塘，鸟鸣幽树，池沼碧波与密林修竹交辉掩映。园内筑百丈高的崇绮楼，可“极目南天”，里面装饰以珍珠、玛瑙、琥珀、犀角、象牙，可谓穷奢极丽。郦道元在《水经注》中记载该园“清泉茂树，众果竹柏，药草蔽翳”，堪称当时最美的花园。

兰亭雅集则以公共园林兰亭为场所，在今浙江省绍兴市西南兰渚山下会稽山阴之兰亭，王羲之在《兰亭集序》中说“此地有崇山峻岭，茂林修竹；又有清流激湍，映带左右”，并说在这样的环境聚会，“虽无丝竹管弦之盛，一觞一咏，亦足以畅叙幽情。是日也，天朗气清，惠风和畅，仰观宇宙之大，俯察品类之盛，所以游目骋怀，足以极视听之娱，信可乐也”。由此看出，作为公共园林的会稽山阴之兰亭，不只是修禊的佳处，也是雅集聚会的胜地。

北宋的西园雅集，则以王诜的私家宅第西园为场所，在当今河南省开封市解放大道北段河大附中大门附近。西园之名的由来，可能出于唐宋时盛行对魏晋“西园高会”的追慕。曹操之子曹丕的《芙蓉池作诗》中说：“乘辇夜行游，逍遥步西园。”曹丕继承其父之志，亦常在西园与文人才子雅集：“文帝每以月夜，集文人才子，共游于西园。”曹植《公谚诗》:“公子敬爱客，终宴不知疲。清夜游西园，飞盖相追随。”所谓的“西园意象”，是形容花团锦簇的园林。南宋辛弃疾《汉宫春·立春》中有句：“料今宵，梦到西园。”另有“西园夜饮鸣笳，有华灯碍月，飞盖妨花”，“叹西园已是，花深无地，东风何事又恶”，“海棠梦在，相思过西园，秋千红影”，“西园日日扫林亭，依旧赏新晴”，“但数点红英，犹识西园凄婉”，等等。北宋时，名为西园的地方并不少。

具体到王诜宅第西园的园林之胜，诗人李之仪在《晚过王晋卿第移坐池上松杪凌霄烂开》诗中说：“清风习习醒毛骨，华屋高明占城北。胡床偶伴庾江州，万盖摇香俯澄碧。阴森老树藤千尺，刻桷雕楹初未识。忽传绣障半天来，举头不是人间色。方疑绚塔灯炤耀，更觉丽天星的历。此时遥望若神仙，结绮临春犹可忆。徘徊欲去辄不忍，百种形容空叹息。乱点金钿翠被张，主人此况真难得。”可见其池沼之清澈，花木之秀茂，建筑之精美，陈设之富丽。由于驸马的身份，王诜宅第园林在营造时还得到了帝王的祝福，据《全宋文》记载，宋神宗为蜀国公主建宅上梁的赐语：“邑赐兰陵，园开沁水。维梁斯构，我室用成。甫冀明灵，永绥福祉。”《宋会要辑稿》载“凡主第，皆遣八作工案图造赐，有园林之胜。又引金明涨池，其制度皆同”，将金明池之水引入公主宅第园林的池塘。

宅第之东则筑有一堂，名曰“宝绘”，专藏古今法书名画，苏轼在为其作《宝绘堂记》中说：“驸马都尉王君晋卿虽在戚里，而其被服礼义，学问诗书，常与寒士角。平居攘去膏粱，屏远声色，而从事于书画，作宝绘堂于私第之东，以蓄其所有，而求文以为记。恐其不幸而类吾少时之所好，故以是告之，庶几全其乐而远其病也。”苏辙则在《王诜都尉宝绘堂词》中说“侯家玉食绣罗裳，弹丝吹竹

1 澄泥阔囊砚　台北故宫博物院藏

2 翰林风月墨　台北故宫博物院藏

3 宋徽宗 祥龙石图 故宫博物院藏
宋朝是中国园林的转折与成熟期，出现园林专著和大量“园记”，园林营造、叠石赏石成为文人审美中不可或缺的一部分

喧洞房。哀歌妙舞奉清觞，白日一醉万事忘”，描绘了宝绘堂的富丽雅致、典藏丰富以及高朋满座的热闹场面。

作为雅集朋友圈中心人物的苏轼，自然对西园感受至深，诗文中常出现这个让人留恋的地方，就如《水龙吟·次韵章质夫杨花词》中所说："不恨此花飞尽,恨西园落红难缀。"而传米芾的《西园雅集图记》中则说出了一众文人的赞叹："水石潺湲，风竹相吞，炉烟方袅，草木自馨。人间清旷之乐，不过如此。嗟乎！汹涌于名利之域而不知退者，岂易得此哉？"

怎样的园林才可以成为雅集的理想场所呢？其一，诗画自然的环境，假山真水，洞天桃源，奇花怪石，珍禽异草，以造化为怡乐而寄情林泉。其二，独成天地的状态，庄园别墅，华屋精舍，山房水村，厅堂庭院，与尘世相隔离而别有体系。其三，逸致生活的配置，琴棋书画，茶酒香花，渔樵耕读，用游艺作装备而一应俱全。随着魏晋之后私家园林兴起，园林艺术逐渐融合了中国文人的文化性格，不仅可以宴饮游乐、赏花作诗，更能寄托情志，得享超尘之趣，让士大夫在进退之间皆从容有度，可谓“开门而出仕，则跬步市朝之上；闭门而归隐，则俯仰山林之下”。于是，因由雅集，中国园林也形成了“桃花溪”“流杯亭”等一系列独特的意象。

3 今日的雅集再现

雅集，作为古代文人的文化生活方式，在当下正逐渐成为人们接近中国雅文化传统的方便之门。生态环境不同了，社会文化不同了，没有复制古代生活的意义和必要。历史发展的规律告诉我们，传承是为了发扬。今天的雅集，主要是通过体验来感受雅的生活方式，进而感悟雅的文化态度。毋庸置疑，雅集是轻松而快乐的，中国人的文化智慧和生活美学，梦想与现实，理智与情感，总能在雅集时得到汇聚，这是我们的传统，更是我们的遗产。

雅集是交流慰藉，也是游戏休闲，有庆贺、交谊，也有品鉴、议论，是一种文学和艺术的即兴品评与发想，更是一种形式和情境的同乐与共兴，蕴藏了中国人文的丰富内涵。这里有娱情悦性，也有脑力激荡，有心领神会，也有灵机闪现。诗文联句，书卷画作，以及琴曲棋谱，雅集给后世留下了无数奇思妙想，回味无尽的篇章。如果与西方文脉作个类比，那么雅集更像是派对与沙龙的结合。每一次雅集，都会有一个兴由，有事有物，有情有景，岁时节令、花木生辰、友朋离别、金石祝寿，都可以借题发挥。

传统雅集在茶酒相佐的同时，常常也不乏声色相伴。文人们填词拍曲、持箫横笛，人乐相合而两忘。但雅集绝不是以聚会来欣赏表演，而是人人参与的活动，上一刻他是演绎者，你是欣赏者，下一刻你是演绎者，他是欣赏者。参与雅集的人士，既是作者，也是赏者;既合作，也竞争。你唱我和，有酬有答，即情即景，有应有对，似乎雅集到此时才进入高潮。

岁月悠然，余韵流风。昔日雅集的默契，已变成今日雅集的程序。不同的兴由，有不同的情境，与其说是对古代文人闲情逸志的效法和

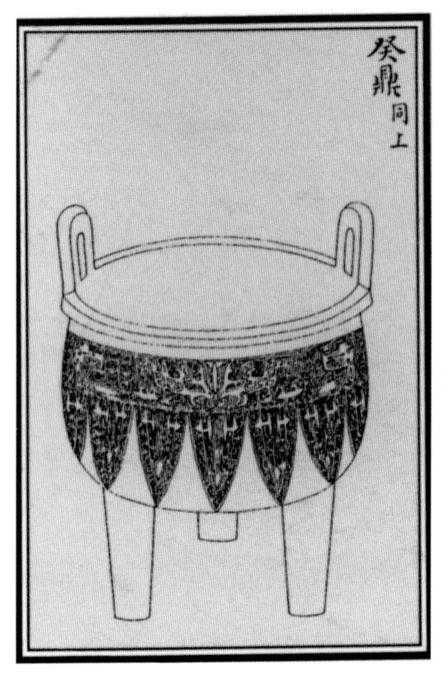

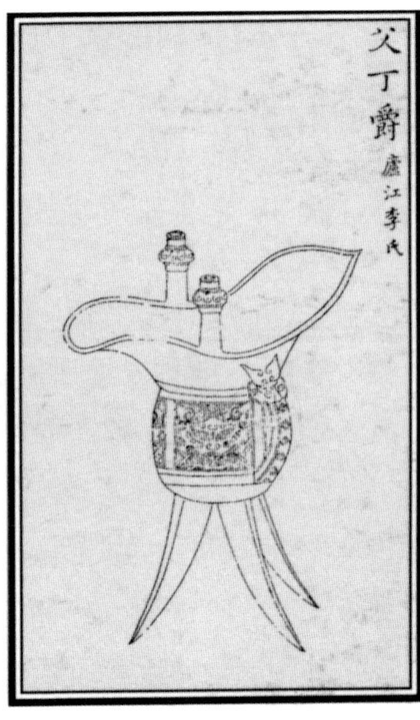

1 北宋吕大临编纂《考古图》中收录的李公麟家藏器物

2 佚名 十八学士图 局部 台北故宫博物院藏

模仿，不如说是对当下喧嚣浮躁生活的遁逸与思辨。但无论是礼俗内容，还是人文内容，即兴和开放，始终是雅集的基本格调。在我看来，以把玩、会意、兴境为内容环节，可作为当下雅集的基本策略。

把玩　一种中国人的欣赏道法，以体验、领会等方式来参与和介入。在传为李公麟所作的《西园雅集图》上可以看到，除了五组嘉宾分别参与的写书、作画、题壁、弹曲、话禅，对于宋人所好的博古活动，自然也不会缺少，只见在一张几案上，一名书童正仔细布置鼎、簋、尊、壶、罍、卣、盉、匜、爵、觚等各种古青铜器，李公麟本人即是古物收藏和鉴赏的名家，“多识奇字，自夏、商以来钟、鼎、尊、彝，皆能考定世次，辨测款识”，若有妙品，宁以千金购之。图中虽然未安排一人进行赏玩，但一众嘉宾纷纷上手、辨识鉴赏的场面和趣味已跃然纸上。

在宋佚名所作的《十八学士图》上，除了琴棋书画，茶道、酒道、香道、花道等雅道的各种文玩器物也一应俱全，甚至连奇石珍卉也历历在目。相对于现代西方艺术欣赏体系，传统中国艺术欣赏的道法讲

佚名 十八学士图局部 台北故宫博物院藏

究“玄览”，心手观，由器而道，以物传神，无论书画类的手卷、册页、扇面，或者工艺类的家具、陈设、文房，等等，上手把玩无疑是最基本和最重要的品鉴策略。

会意 一种中国人的文化角度，以五觉、五味、五脏、五行等态势进行文化感悟，由内而外、由表及里、由身至心、由心而发。传为宋徽宗的《文会图》，描绘了文士们以文为会的雅集场景，庭园里，曲池畔，八九位文士围坐在一张大案旁，案上摆放着果盘、酒樽、杯盏等，文士们或端坐，或谈论，或持盏，或私语，儒衣纶巾，意态闲雅。垂柳后有一石几，几上横仲尼式瑶琴一张，香炉一尊，琴谱数页，琴囊已经解开。大案前设小桌、茶床，小桌上放置酒樽、菜肴等物，一童子正在桌边忙碌，装点食盘。茶床上陈列茶盏、盏托、茶瓯等物，一童子手提汤瓶，意在点茶；另一童子手持长柄茶勺，正在将点好的茶汤从茶瓯中盛入茶盏。床旁设有茶炉、茶箱等物，炉上放置茶瓶，炉火正炽，正在煎水。中国文人物化哲思的独特智慧，常常在宴饮文会、茶酒同乐时得到充分展现。徽宗《大观茶论》的精妙，也正是借由这样的分享才有了会意和共鸣。

兴境 一种中国人的审美体系，以诗赋、书画、琴曲、演艺等形式表达审美感怀。金谷雅集时，石崇把二十余位参加雅集的文人诗作收录成集，名为《金谷集》，并特地亲作《金谷诗序》为贺。而兰亭雅集时，王羲之把四十余位参加雅集的文人士僧中二十余位吟得一至二首佳句的诗赋收录成集，名为《兰亭集》，又应众人推举，趁着酒兴，一气呵成《兰亭集序》，而孙绰则作后序。至西园雅集时，虽传为李公麟的《西园雅集图》和传为米芾的《西园雅集图记》均为假托，然而以诗赋来记雅集，以书法来记雅集和以绘画来记雅集，均已成为后世雅集活动的默契和规制。这是雅集的高潮环节。

美好生活，是尚雅的生活。尚伦理道德之美，雅品位质量之好。雅是品位，是气质，是生活的态度，更是生活的情趣与情怀。挂画、点茶、焚香、插花、清供、和曲、酬酒等等，都是对美好生活的践行和分享。如果说中国文人文化的精髓，就是把形而上落实到形而下的生活哲学，那么雅集正是其最理想的演绎平台。宋人文化生活的魅力，就在于文化成为生活的态度，艺术成为生活的内容，有感而发的展现，因悟而为的表达，行而知，乘物游心，心性欢喜。借古开今，在生活中传承与发扬中华民族文化遗产，雅集无疑是最鲜活和最人本的不二法门。

推荐阅读

◎ 李诫：《营造法式》，人民出版社，2006 年

◎ 赵希鹄：《洞天清录》（外二种），浙江人民美术出版社，2016 年

◎ 洪刍：《香谱》（外一种），浙江人民美术出版社，2016 年

◎ 杜绾：《云林石谱》（外七种），上海书店出版社，2015 年

◎ 周密：《武林旧事》，中华书局，2007 年

◎ 周密：《浩然斋雅谈·志雅堂杂钞·云烟过眼录·澄怀录》，辽宁教育出版社，2000 年

（传）宋徽宗 文会图 局部 台北故宫博物院藏

驼色／缠枝并蒂莲藕纹开裆罗裤

第十讲

《清明上河图》——繁华背后的忧思

余辉——故宫博物院研究员、国家文物鉴定委员会委员

「清明上河」作为一个独特的风俗画题材一直流传了下来，因而对《清明上河图》的研究不会有终结。如果有兴趣进一步深究张择端这幅画的主题思想，那就一定要仔细读读卷尾的跋文，好好比较明清两朝画家绘制的同名长卷。

与张择端《清明上河图》不同的是，那些明清画家的笔下有严格的城防机构、消防措施、民团或禁军训练、社会服务等，然后是商业繁华和社会秩序，但绝没有尖锐的社会矛盾，不会特别去表现清明节令。只要有心，加上耐心，将画中的图像结合相关的史料，一定会有更多的发现……

1 画家张择端

关于张择端的生平，迄今为止只有一条，那就是在《清明上河图》卷（故宫博物院藏）后面的跋文，作者是金国的一位文人，名叫张著。跋文是这么说的："翰林张择端，字正道，东武人也。幼读书，游学于京师，后习绘事。本工其界画，尤嗜于舟车、市桥郭径，别成家数也。按《向氏评论图画记》云《西湖争标图》《清明上河图》选入神品，藏者宜宝之。大定丙午清明后一日，燕山张著跋。"

张择端的故里和家庭

跋文给了我们很多关于张择端的信息，这些信息应该来自于北宋末向氏兄弟编撰的《向氏评论图画记》，是可信的。跋文首先称他是"翰林"，这是唐宋人对在翰林院供职者的简称，也是尊称，并不是说张择端是翰林学士，据《宋史》记载，宋太宗在至道三年（997）六月，"诏翰林写先帝常服及绛纱袍、通天冠御容二，奉帐坐，……"[1] 据画御容的性质，这个"翰林"不会是翰林学士院里的大员，一定是翰林图画院的画家。以张择端的绘画专业，他应该是在翰林图画院供职的画家。他的名为"择端"，字"正道"，我们通过他的名字就可知道他的家庭背景。他的名和字深刻地烙下了儒家思想的印记，其名出于《孟子·离娄下》："夫尹公之他，端人也，其取友必端矣。"在《礼记·燕仪》里面也有这么一句话："上必明正道以道民。"意思是说国君应该将治国的正确道理告知老百姓。从这里我们就可以看出，张择端的父辈和他本人对儒家的道德观念是相当尊崇的。

还有一句说张择端是“东武人也”，就是现在山东诸城市，它是个有 4000 多年历史的古城。东武系密州的一部分，它距离孔子的故里非常近，孔子的女婿公冶长就在这个地方出生和成长，这里是儒家经学思想非常重要的发源地和中心。所谓“经学”就是指如何传达儒家经典著作的思想和解释里面的字句，是儒学中一个专门的学问，是密州文化最重要的核心部分。可以判定，张择端从小就深受儒家思想的熏陶。跋文里接着说，他“幼读书”，很显然，他读的肯定是儒家的经典著作了。

后来，张择端就“游学于京师”了。游学京师不是说到开封城去旅游，它是有特指的。北宋英宗朝的知谏院司马光在上书中提到：“国家用人之法，非进士及第者不得美官，非善为诗赋论策者不得及第，非游学京师者不善为诗赋论策。”意思是说，游学京师是来学诗赋论策的。然后参加进士考试，中了进士之后，就可以得到朝廷的美官。所以可以判定，张择端曾经到开封来是想复习备考，参加进士考试的。

结果如何呢？张著的跋文笔锋一转，说他“后习绘事。本工其界画，尤嗜于舟车、市桥郭径，别成家数也”，结果是他没有考上。当时朝廷里面的新旧党争非常复杂，新、旧党上台后各有各的主张，考试难免会发生变化，张择端很可能没法适应这种变化，当然也会有别的原因，总之，他没有考上。

何为界画

张择端留在京师得继续生活，于是他就开始学习“界画”。界画是一种借助直尺来表现建筑的绘画，手法多样，其中有一种是用界笔，笔杆下部要绑上一个小木块，这个小木块叫界隔。有了这个小木块，界笔就可以抵着直尺运行，毛笔上的墨水就不会把尺和纸弄脏、弄污，就会按照画家的意图画成各种各样不同长短的直线。所以用这样的工具画出的画，就叫界画。界画较易画出效果，只要运用工具熟练、画得精细准确，就会讨得欣赏者的认可，容易出售，可以确保画家衣食无忧。在他之前的燕文贵就是一例，原“隶军中”，“又能画舟船盘车……”[2]，当时富家乐意购藏的绘画是界画，燕文贵的界画颇得富商的喜爱，如“富商高氏家有文贵画舶船渡海像一本”[3]，宰相吕夷简府里都有他的屏风画。在当时，画界画是相对较容易谋生的。

说到界画，就不得不说到古代界画家中最出色的高手郭忠恕，堪称宗师，几乎无人出其右。其字恕先，后周时宗正丞兼国子监书学博士，因直议朝政被贬为崖州司户，期满后去职，浪迹在岐雍陕洛间。入宋，“太宗喜忠恕名节，特迁国子博士”[4]。郭忠恕除了善画楼观木石之外，还是一个文字学家，“从事工古文、小篆、八分，亦能楷法，尤善字学”，著有《古文汉简》，后因不满时政被流配登州（今属山东），这个身怀绝技的画家后来被神化了，他“死于齐之临邑道中，尸解焉”。[5]《宋史》卷四百四十二有传。郭忠恕的界画建筑与林木烟云相合，具有无穷的艺术感染力，他的画深受苏轼的赞赏：“长松搀天，苍壁插水，凭栏飞观，缥缈谁子，空蒙寂历，烟雨灭没，恕先在焉，呼之或出[6]。”刘道醇《圣朝名画评》赞赏了他妥善处理建筑结构中的平行线、屋宇空间建筑规矩等技艺：“上折下算，一斜百随，咸取砖木诸匠本法，略不相背。其气势高爽，户牖深秘，尽合唐格。”[7]北宋绘画批评家郭若虚十分赞赏郭忠恕画中的空间关系：“画屋木者，折算无亏，笔画匀壮，深远透空，一去百斜。……画楼阁多见四角，其斗栱逐铺作为之，向背分明，不分绳墨。”[8]从郭忠恕传世的《雪霁江行图》卷来看，张择端深受郭忠恕画风的影响，他专事画船、桥、城市、街道，已经自成一家了。很可能是因为他在这方面的特长，考进了翰林图画院。

张择端为什么爱画风俗？为了深入了解他这个人，我曾经在2008年到他的老家诸城市去了一趟。一到那里，我才知道张择端为什么在他的画中表现了那么多百姓的世俗生活。原来，那里有一个传统，就是表现民间的世俗生活。在当地的博物馆里，我看到陈列着东汉出土

郭忠恕 雪霁江行图卷 局部 台北故宫博物院藏

的画像砖、画像石，上面画了许许多多当地百姓在为过年或某个节日所举行的盛大活动，如宴饮、杀猪、洗菜等等，表现了一种热情、积极向上的生活场景。北宋著名文人苏轼与诸城也结下过不解之缘，熙宁七年到九年（1074—1076），他在密州任太守，辖管诸城，苏轼在当地建了一个超然台，作有《超然台记》，更重要的是，苏轼在此形成了豪放词派，他的《江城子·密州出猎》、《水调歌头·明月几时有》等，文学灵感都是来自这里。苏轼的词句，给密州文化注入了文学的魅力。当然张择端未必见过这些深埋地下的画像石，但在东武地面上经久不衰的风俗画艺术和苏轼的豪放词派，特别是他对民众疾苦的关注，一直浇灌着他的艺术心田。

从东武去开封，多数路程要坐船。北宋时期的客船运营是比较发达的，我们可以在《清明上河图》里看到张择端对船上生活的描写是那么地细致入微，每一块船板、每一个铆钉都能画得非常到位和准确，这与他在船上的生活是有关系的。遗憾的是，他画完《清明上河图》后就没有消息了，在“靖康之难”中逃到临安的宫廷画家里也没有他，他很可能亡故于北方。

2 催生名画的社会背景

大家都知道，《清明上河图》画的是北宋汴京城。汴京城在历史上是七朝都城，最早是战国的魏惠王在此建立魏国国都大梁，后来在战乱中被摧毁了。隋代称汴州，隋炀帝在此开凿了通济渠，由泗水经汴州流入淮河，成为中原地区的水路交通枢纽。唐代又在此设节度使，在 784 年，唐德宗在此设置军队十万，使之成为北方的军事重镇，也成为大唐的东屏。更重要的是，通济渠作为贯通东西南北的交通大动脉，满足了开封城的军需和商贸需求，使得这里成为中原和洛阳并立的大商贸中心。宣武军节度使朱温建立了后梁，在这里定都，将汴州设为开封府，以后的后晋、后汉、后周、北宋、金朝均在此建都。

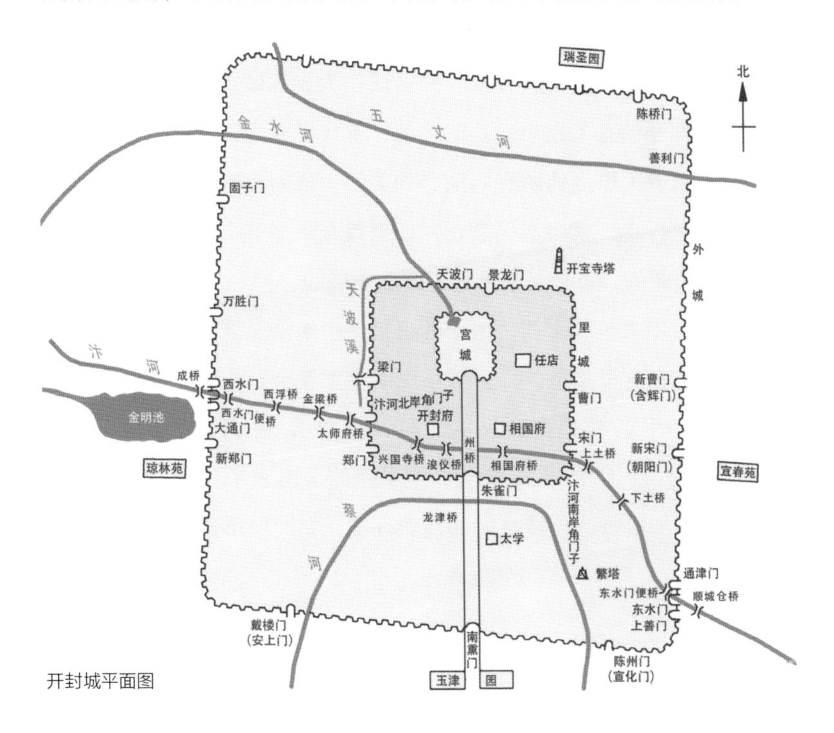

开封城平面图

开封城是什么

北宋开封城的规模有多大？当时它是世界上最大的城市，新旧城共有 8 厢 120 坊，人口达 10 万户，加上驻防的军队共有 137 万人。这个时候的开封,在国际上已经成为“坊市合一”的开放性大都市了。“坊市合一”指的是街与街之间的间隔里将过去的栅栏去掉、墙打通，摆上商品变成店铺做买卖。北宋的年税收最高达到 1.6 亿贯,我算了一下，合现在的人民币 2080 亿元，北宋是当时世界上最富庶的国家，也没有哪个城市能超过开封城的繁荣。

汴京城里的夜市

北宋灭亡时，一个叫孟元老的人逃到了南宋，写了一本回忆开封的笔记《东京梦华录》，这本书记述开封城里的林林总总，就是张择端画《清明上河图》的社会背景。开封城作为大都城，最关键的变化是在北宋初期开始有了夜市，在此之前，五代后周之前开封城和唐代一样实行宵禁，天黑之前所有店铺必须关门，夜间有军队巡逻，如果谁晚上在街上行走，就会遭到盘查，如果盘查不如意，就会被逮捕，气氛是相当紧张的，宵禁是很不利于商业发展的。

到了后周末至北宋初，由于开封是一个水陆交通的大枢纽，南来北往的货物在这里集散，白天做不完的生意就会拉个晚，先拖到戌时（19 时—21 时），再拖到亥时（21 时—23 时），还干不完，最后拖到子时（23 时—1 时），天蒙蒙亮，摆早摊的又出来了。北宋政府觉得这样可以增加税收，创造良好的商业环境，如此就形成了日益成熟的夜市。

市肆和瓦子里的说唱艺术

夜市的出现是中国商业史上一个非常重要的革命。夜市带来了许多新的发展，包括文化、娱乐业。其中勾栏瓦子里的说唱文学沐浴着北宋商业社会的繁荣。北宋初年，商家们在街肆里开设了茶坊，挂起了图画，招揽茶客，模仿文人士夫在斋室里的饮茶方式，世俗百姓在茶肆里会友、聊天到深夜。连皇室也关注酒肆茶馆内百姓的艺术趣味，“太祖阅蜀宫画图，问其所用，曰：‘以奉人主尔。’太祖曰：‘独览孰若使众观邪！’于是以赐东华门外茶肆”[9]。宋太祖看到宫里藏的西蜀绘画，觉得应该让老百姓欣赏，于是就赐给了东华门外的茶馆。

市肆俗民所关心的各种故事是说唱艺术表现的中心内容。由于市井夜生活的延长，在客观上要求增加艺术作品的长度和表述生活情节的精细度，这推进了北宋俗讲文学的发展，特别是出现了从唐代俗讲和变文演化而来的话本小说。讲述故事的“说话人”演说那些现实性很强的城市生活题材，也涉及灵怪、烟粉、传奇、公案、朴刀、神仙、妖术等方面的内容，历史故事发展成长篇“评话”，情节起伏跌宕、故事脍炙人口，成为明清章回小说的始祖。如《大唐三藏取经诗话》《五代史评话》等许多评话本子，其故事内容波澜起伏，情节曲折动人，说话人连演数夜不止，还有“说诨话”的表现形式，即单口说笑话，内容滑稽幽默。在汴京勾栏瓦子里，也上演了情节复杂的长篇杂剧，演出者多达四五人，并出现了明星，如“崇、观以来，在京瓦肆伎艺：张廷叟……小唱：李师师……嘌唱弟子：张七七……”[10]坊间还出现了以舞蹈叙述故事的艺术形式，如《降黄龙舞》，表现了五代前蜀官妓灼灼与河东才子的爱情故事，实乃中国舞剧之滥觞。为了综合调动欣赏者的感觉器官，北宋演艺界还出现了一种新的综合性的艺术形式，以歌舞表演、多首曲词讲唱的形式连续表现一个长篇故事，成为元杂剧的雏形。在汴京的勾栏瓦子里，每天表演二十几种戏曲节目，以满足欣赏者在夜生活里延长欣赏时间的需求，常常是“每日五更头回小杂剧，差晚看不及矣”[11]，几乎达到了通宵都应接不暇的程度。在北宋后期的艺术表现形式上，还出现了另一个突出的现象，即以辛辣的手法讽刺现实社会中的弊病。张择端就是生活在这个时期，他亲眼目睹了北宋商贸达到鼎盛时期的繁盛，洞穿了其中的种种社会危机。

当时开封城里都做些什么生意？老百姓都有什么消费呢？当时的商业活动已经形成了定点化、行业化和规模化，如医药、器皿、茶室、酒店、票行、牙行、典当、赌局、占卜、车行、运输等行业，这些行业就为张择端画风俗画打开了一扇扇活生生的社会窗口。我们在画中看到各式各样的行人，如文武官员、士子、兵卒、牙人（就是中间商）、贩夫、船工、工匠、车夫、力夫、村夫、流民、丐童，还有算命的各色人等，不下几十种。这些人向艺术家展露了城市生活的各种表情。张择端最关注的是其中哪一类人的表情呢？容我放在后面说吧。

水到渠成的《清明上河图》

张择端唯一传世的画作就是《清明上河图》卷，很多人对“上河”两个字总是不太理解。其实这个词我们现在还在用，只不过不说“上河”了，但还说“上车”“上桥”“上船”，这个“上”实际是一个动词。所以“清明上河”就是说在清明时节，大家上河，即到河的堤岸上去、到桥上去，去看春天的景致。所以《清明上河图》表现的就是清明节春天的景色，画中出现踏青回归的人马，街头有卖纸马的店铺，还有当时开封百姓要在清明节里吃的面食枣𫗦，这是一种发面饼，上面嵌着一些大枣。

张择端《清明上河图》卷的成功，是由许多前代画家做了种种艺术铺垫，到了张择端这里变成了一个艺术高潮。例如，我们看到画中的场面非常大，人物有 810 多人。这是借鉴了宗教绘画的成就，当时在开封城的大相国寺和玉清昭应宫，里面都画有大量的宗教壁画，其

1 图中街肆一隅的说书人
2 清明节街头售卖的纸马
3 踏青归来的官家队伍
4 清明节开封特有的食品枣𫗦
5 春季开始有人卖“竹夫人”

1 武宗元 朝元仙仗图卷 局部

2 3《清明上河图》中妇女所穿的宽松式短褙

中的人物场景是很大的。如北宋武宗元的《朝元仙仗图》就是一个大场景中的一个片段。张择端其实是借鉴了宗教画里的大场景，《清明上河图》的场景大了，尺幅并没有变大，高度只有25厘米，长度也只有5米多，里面的人和物就得压缩、变小，否则没有办法画下那么大的场景。

在此之前，北宋已经有了相当发达、我称之为“微画”的绘画。就是在很小幅的画面上，画很多的动物或人物。比如北宋的宫廷画家马贲，擅长画百雁、百猿、百马、百牛、百羊、百鹿等画。在不太大的画面上画上百只同类的动物，这些动物的描绘不是简单的罗列，而必须要有组合、有铺垫、有高潮、有收尾，甚至还有一些情节。在《清明上河图》之前，很多画家都做了成功的努力，为张择端能够展现这么宏大的场景，铺垫下了雄厚的艺术基础。

北宋画家李公麟，算是张择端的前辈，他的《临韦偃牧放图》就是一幅大场景的绘画，画面上有马匹1286匹，人物143人。这么大的场景，却并不是靠把人物和马画得很大去完成的，恰恰相反，人和马都控制在一寸、半寸之间，关键之处在于对整个画面的气势和构图的把握。比如人物的进场，人、马到了高潮，然后人、马的聚散和离合等，形成了一个个非常鲜明的动势。在当时，这已经是作为检验画家艺术能力的一个基本标准，只要有一定绘画水平的画家，都能够在不太大的尺幅里面表现一个相当宏伟的景观。

《清明上河图》绘于何时

那么,《清明上河图》到底是画在北宋的什么时期?首先，我们要查验一下画中人物的衣冠服饰。女士的衣冠服饰是变化最快的，我们看到画当中有不到10位妇女，她们穿的衣服都是宽松式的短褙子（当时叫褙子，我们现在叫外套）。根据南宋遗民徐大焯的《烬余录》记载，这种女装样式是在崇宁、大观年间出现的。最先穿这样衣服的人是来自于演艺界的杂剧演员，出现在白沙宋墓绘于元符三年(1100)墓室壁画《伎乐图》上，然后社会上的百姓渐渐地也穿上了这样的衣服。这种衣服有个特点，比较短、宽松，干起活来比较方便。到了宣和、绍兴年间，这样的衣服已经不太流行了，妇女都爱穿那种紧身的半长外套了。

还有一处，我们看到画面中有两个人在推着车，一辆在大道上、一辆在小巷里，车上面盖着一块大苫布，大苫布上面写着草书大字。很显然，它本来不是苫布，而是大屏风，是粘在屏风上面的书法作品。这么好的书法作品给扯下来当苫布了，一定是写这个字的人出事了。会是什么人呢? 这就要跟北宋朝廷里的新旧党争结合起来。北宋只有

在崇宁年间初期发生了类似的事件，旧党人如苏轼、黄庭坚被宋徽宗废黜，不但废黜了，朝廷还要求把他们印的书、写的墨迹统统都销毁。那么画当中出现的这个情景，正是反映这个事件中的一个片段，记录了当时发生的真实事件。

再往下看，“孙羊店”羊肉方面的牌价为“斤六十足”，“六十足”就是六十个铜钱一个不能少，旁边挂着一对羊肺和羊心、羊肝、羊肠什么的，这应该是羊下水的价格。通常，羊下水的价格大约是羊肉价格的一半，那么当时的羊肉价格在每斤 120 文左右，这在北宋的羊肉价格史上应该是什么时期呢？恰恰也是在崇宁年间初期。

这就是说，我们在画当中看到了多处事件和物件，都和北宋崇宁初年有关。那么画完这张画很可能是在北宋崇宁年间的中后期，差不多在 1104—1106 年之间。我想在这之前，张择端已经进入了翰林图画院了。

张择端具有敏锐的观察力，在《清明上河图》卷中，出现了许多新的物件，每一个微小的细节都体现了在当时科学技术水平中的生活方式、生活质量和生产力水平乃至生产关系。

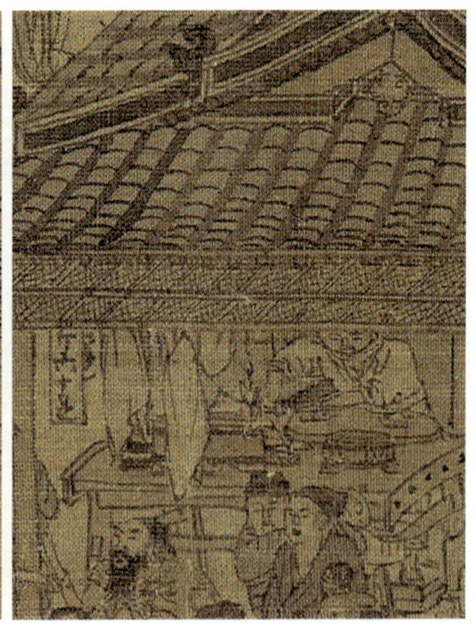

1 2 | 3

1 旧党人的屏风大字被撕下当作苫布推出城门焚毁

2 崇宁初年的羊肉牌价

3 满街流行宽板长凳

画中细节与社会面貌

画中出现最多的家具是椅、凳，表明椅、凳在北宋后期已相当普及了，而且发展成各种不同的坐具，如店铺里的宽板长凳、交椅、靠背椅等。椅子最早是西魏僧徒打坐用的坐具，始称“胡床”，直到唐代才传入宫内，五代初，被一部分士大夫享用。北宋中期，才广泛流传到民间，这类生活用具并不是奢侈品，而是一种新的垂足坐姿，容易在以农耕文明为主的地区流行，进一步方便了起居生活。椅、凳普及的主要原因是，北宋日益繁荣的城市商业经济如大量饭馆、茶肆的出现，食客必定会对方便和舒适度提出要求，给椅、凳的普及带来了机遇，特别是饭馆、茶肆大量流行宽板长凳。此外，文人雅集日趋频繁，也会增加对椅子的需求量，这不可避免地在北宋社会传播开来。

画中的煤炉，证实了煤炭进入了市场。在卷首的第一家店铺即茶肆里，使用的不是炉灶，而是类同于近代城市居民广泛使用的煤炉，这证实了煤炭已经进入了北宋城市的居民生活，炉子中部是炉膛，炉子上面放着水壶，水壶下面露出一个把手，可知炉子的内膛是活动的，

方便使用。这种可移动的炉膛被转化为外卖酒水、汤品的保温炉，在卷尾就有一酒保左手提着下面带着小火炉的酒具，右手拿着夹火炭的夹子。

画中展现了开封的商业广告艺术。当时的汴京利用无字灯暗示店里面的特殊经营，如栀子灯暗示店内有妓女陪客等。图中还有插屏、牌匾和各种酒幌子等多种广告形式。摆放在“十千脚店”和“孙记正店”门口的三维立体广告别具一格，顾客可在多个角度看到广告内容。

在税务所里有一台大架子秤，专门用来称体大质重的货物，较二人抬的大秤要省力、方便得多，说明当时的贸易量已大大增多。

画中科技水平最高的物件是大船上的桅杆“人字桅”，又称“可眠式桅杆”，采用的是转轴技术，使之可以卧倒，以便于通过桥梁。据船舶设计专家席龙飞先生研究，“北宋时当然不可能探讨高等数学上的悬链线方程式，但他所绘出的船舶图样上的拉纤船夫所牵拉的系在桅顶的纤绳的形象，却合乎悬链线方程，真实而形象”。[12] 图中在船头和

1 3 | 4
2 | 5 6

1 街头出现烧煤炭的炉子

2 孙记正店门口的栀子灯和灯箱广告

3 税务所里的大抬秤

4 可起落的桅杆

5 船上的绞盘

6 签筹

井上出现绞盘，这些均说明商业和日常生活的需求促进了各类工具的改革和发展。画中的拱桥、建筑斗栱等无不体现出北宋土木工程的营造技术。

画中还有一种十分特殊的工具——“签筹”，出现在画卷前半部分的粮船码头，一个男子挨个儿向一队背负麻袋的力夫发放竹签。发签筹者是雇主或代理者，在生产关系上，证实了北宋出现了雇工现象和计件工资制，这种用签筹计件付酬的管理方式一直保留到民国年间的上海、天津码头，[13] 因而在经济学界曾有人以宋代出现雇工为据，将中国出现资本主义萌芽的现象提前到了北宋。有意味的是，画中的力夫并没有因为受雇而受到欺凌，计件付酬使他们的人身是自由的，这种早期的雇工模式值得历史学家们研究。

车载脚镫反映了宋代的交通规则。据《隋唐嘉话》载："中书令马周，始以布衣上书，太宗览之，未及终卷，三命召之。所陈世事，莫不施行。旧诸街晨昏传叫，以警行者，代之以鼓，城门入由左，出由右，皆周法也。"唐代初年大臣马周制定了车辆靠右行的规则。从画中马车的结构可以推定北宋城市的交通管制实行的是左行制，如手卷后部绘有一辆迎面而来的马车，这是由四匹马拉的大车，马车上下车的脚镫子是安装在马车后部的左侧，说明北宋实行的是靠左行的交通规则，这是出于人们从道路左侧上下车的方便和安全，也是来自于人们从左侧上马的习惯。还需指出的是，在脚镫后还有一个支架，据韩顺发先生推断，那是为固定马车用的，以免马车滑动。

画中的算盘澄清了珠算史。在医铺"赵太丞家"的柜台上，平放着一把长算盘，这是一把标准的十五档算盘，这可以基本结束元代以来关于算盘起始时间的争议。元初刘因《静穆先生文集》、元末陶宗仪《南村辍耕录》等都有关于当时算盘的描述，导致清代学者钱大昕得出算盘出现在元朝中叶、普及于元末的结论，根据此图可形成比较权威

1 车载脚镫和制动装置

2 赵太丞家的 15 档算盘

3 4 交脚用具

的定论。算盘出现在北宋，是北宋城市商业经济发展的必然结果。在老太医诊所里出现的算盘，不难推断当时的宫廷财政机构也在使用这种计算工具，也不难推定这家诊所的医疗费价格不菲。

交脚用具显示出自由的商业形式。在图中有四个地方出现这样的情景，一男子单肩扛或头顶着物品，手里拿着一个长木架，像是要出摊的样子。根据街头小商贩所使用的架上摆货物的售货形式，这个长木架是一个可折叠的支架，左右两腿交叉，交接点作轴，顶部可用几根绳索固定，上面可放置箩、匾等容器，内装卖品。这种支架在当时是一种新式货架，它来自于交椅的折叠形式，画中屡屡出现交脚货架，从正面表现了北宋后期小摊贩的兴盛程度，当时人们发明的这种便携式货架，表明了设计艺术和制作技术为商业服务的功效是相当及时的。

图中出现了许多职业化的服装。女装显现出崇宁至大观年间的特色，前文已述。男装的最大特点就是服装的职业化趋向，这是商业经济发展到一定阶段的必然结果。孟元老回忆北宋汴京的行业服饰："其士农工商诸行百户衣装，各有本事，不敢越外。……街市行人，便

认得是何色目。”[15]南宋的吴自牧认为：“杭城风俗……盖效学汴京气象，……且如士农工商诸行百户衣巾装着，皆有等差。香铺人顶帽披褙子，质库掌事裹巾着皂衫角带，街市买卖人，各有服色头巾，各可辨认是何名目人。”[16]《清明上河图》卷验证了两人的记述完全属实，如船工的衣着几乎都是浅色短打，即便是搬运工，不同的码头，其装束也不同，有的着白色坎肩[17]，在服务行业里如货栈伙计、饭馆酒保和差役等均头戴黑巾，身着灰色盘领长衫、下摆卷起系在腰间，以便于腿脚活动，还有那专门穿长袖的中间商，当时叫“牙人”，这是阿拉伯商人的习俗，双方在袖笼里掐着对方的手指讨价还价，想必这是在开封的阿拉伯商人带来的习俗。画中难得出现女性，一位坐在轿子里的半老徐娘，头顶扎着绢花，那是职业媒婆的打扮，她今天要在茶馆里与对方的什么人沟通嫁娶之事。服装职业化对规范商业行为、促进商业宣传和销售是有积极作用的，这在中国商业史上具有开先河的意义，说明当时很可能出现了商业行会的雏形。

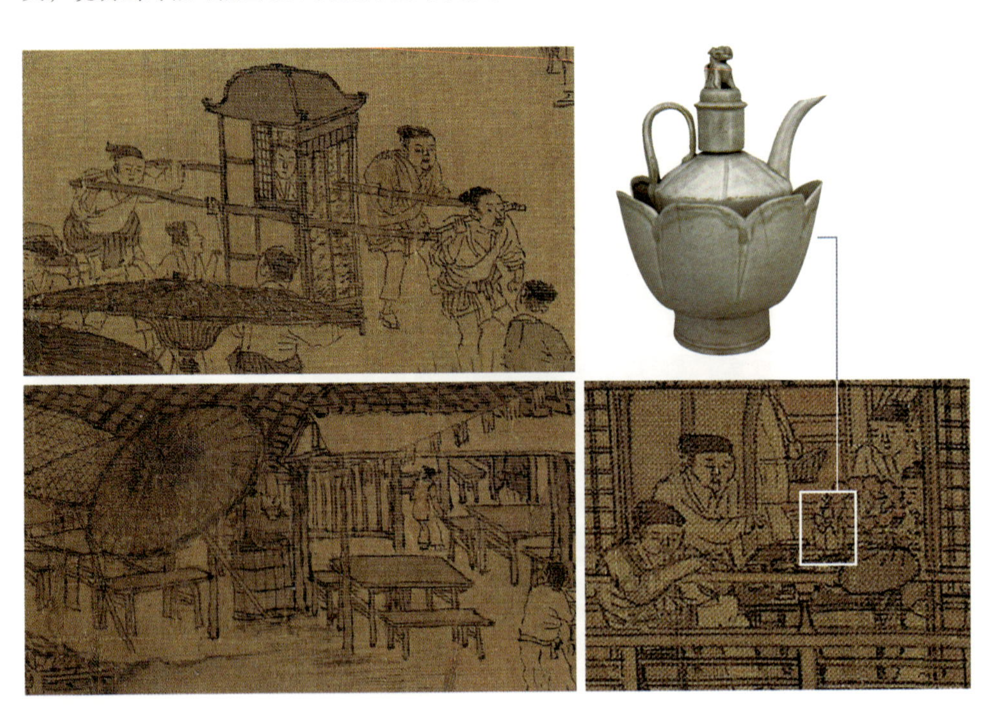

此外，画家在许多细微之处表现了北宋的日常生活日趋精细化和艺术化。比较突出的是店铺里外的公共卫生也初见雏形，如设置公共垃圾桶。在酒肆、饭店和茶馆广泛使用的瓷器，证实了当时餐饮用具主要是瓷器，图中最具有时代特性的瓷器是饭馆里用于温酒的酒具即注子和注碗，注碗里放上热水，将注壶放在注碗里，以保持壶中酒的温度。北宋初，文人士夫中兴起了品茶会友的风气，渐渐扩展到了世俗商肆之中，成为一种社会时尚，世俗百姓模仿文人士夫的样子也在茶肆里享受着清雅的会友方式。一些官员住宅的庭院里摆上了假山石、种起了花竹，画中许多地方都可以看到小型的园艺种植。贩夫走卒所使用的工具也极为精到和精细，如摊贩用的各类竹木制成的货担、货架、藤竹编制的食奁、柳条编制的筐篮等，编织技巧十分精巧且丰富多样。在拱桥的地摊上，摆满了各式“小五金”工具，其中最引人注意的是各种规格的铁钳，且制作精致，这也是运用了交脚的原理，这些复杂的工具表明当时的制作水平和生活需求在追求精细。

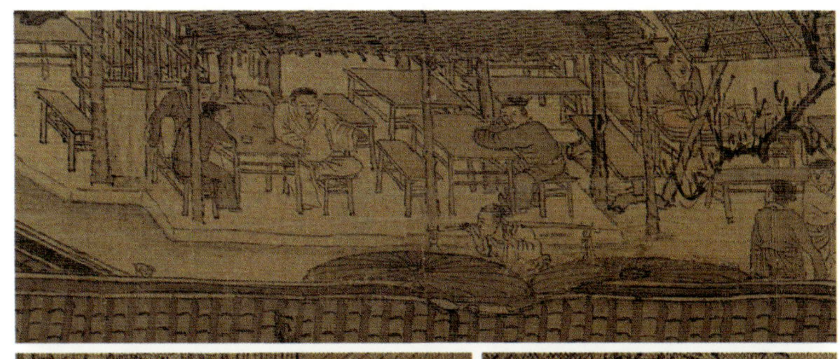

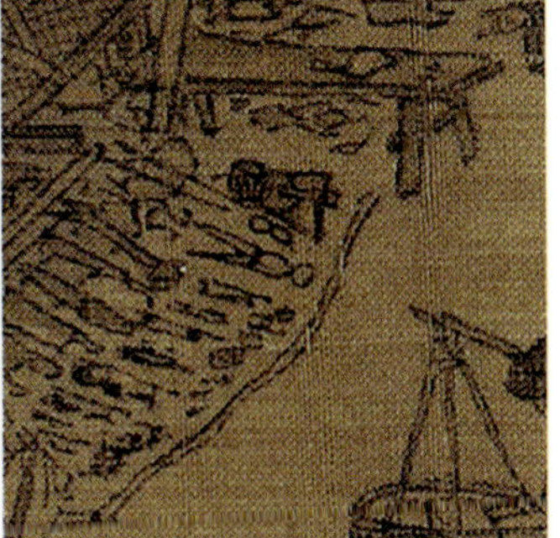

1 媒婆

2 店铺摆放的垃圾桶

3 注壶和注碗

4 文人雅集饮茶的生活方式传到了民间

5 精致的竹编挑子

6 桥上地摊出售的各种钳子

3 画中的重重玄机

以往对张择端《清明上河图》卷的研究，大多写到这里就打住了，最后颂扬一番清明节里北宋发达的社会经济和百姓安定富足的日常生活，等等。一个充满了儒家思想情怀的张择端难道仅仅借画此图展示一下当时的社会风俗、炫炫他画小人的风俗画艺和界画建筑的本领吗？恐怕未必！笔者在卷尾元代李祁、明代李东阳的跋文和失而复得的邵宝跋文抄本上，均可惊奇地发现，古人在近800年前就把张择端的《清明上河图》卷彻底看透了！

元明文人早已看透张择端的作画用意

其一是元代的江浙儒学提举李祁，他认为该图“犹有忧勤惕厉之意”，这个意思是：百姓糊口艰辛即“勤”，并不是什么好事，街头险象环生即“厉”,应该引起忧虑和警惕。他提出“宜以此图与《无逸图》并观之。庶乎其可以长守富贵也”。《无逸图》是什么图？考“无逸”，源自《尚书·无逸》：“周公曰：‘呜呼！君子所其无逸。先知稼穑之艰难，乃逸，则知小人之依。相小人，厥父母勤劳稼穑，厥子乃不知稼穑之艰难乃逸。’”[18]唐开元年间（713—741），名相宋璟借《尚书·无逸》篇告诫唐玄宗要励精图治，该篇记载周公劝成王勿沉溺于享乐，他抄录了《无逸》全篇，并绘成《无逸图》献给唐玄宗。唐人崔植上《对穆宗疏》记述了这段历史：“璟尝手写《尚书·无逸》一篇，为图以献。明皇置之内殿，出入观省，咸记在心，每叹古人至言，后代莫及，故任贤戒欲，心归冲漠。开元之末，因《无逸图》朽坏，始以《山水图》代之。自后既无座右箴规，又信奸臣用事，天宝之世，稍倦于勤，王道于斯缺矣。”[19] 此后，朝廷确定了《无逸图》的规谏作用。如李焘《续资治通鉴长编》记载了宋仁宗对《无逸图》的虔敬态度：翰林侍讲学士兼龙图阁学士孙奭“讲至前世乱君亡国，必反复规讽，帝竦然听之。尝画《无逸图》以进，帝施于讲读阁。帝与太后见奭，未尝不加礼”。[20] 南宋诗人李洪在《和柯山先生读中兴碑》尾句“鉴古评诗增感慨，无逸图亡山水在”，则是感慨《无逸图》的借鉴作用。后世诸朝献《无逸图》之事不绝于书。看看，元代李祁是第一个看出《清明上河图》门道的人，他把该图比作劝诫唐玄宗的《无逸图》！

其二是李祁的五世孙、明代礼部尚书兼文渊阁大学士李东阳（1447—1516）。他平素就关注时政得失，曾多次上疏谏言，他欣赏《清明上河图》后的感受是“独从忧乐感兴衰”，进一步说，即社稷江山“且以见夫逸失之易而嗣守之难，虽一物而时代之兴革、家业之聚散关焉。不亦可慨也哉。噫！不亦可鉴也哉”。

其三，看《清明上河图》最透的是明代南京礼部尚书邵宝。他是一个勤政怜民的官员，尤其是他在任职地方官时。从他体恤民情的为政观念来说，当他“反复展阅”张择端在铺展汴京城清明节商贸繁华的景象时，出乎寻常地发现了一系列使他“洞心骇目”和“触目警心”的社会问题，看到这一切，邵宝很自然地将日常的从政观念带到了绘画赏析中，与400年前的张择端产生出共鸣。邵氏认为该图的主题是“明盛忧危之志”，画中的种种情节令人“触于目而警于心”，画家“以不言之意而绘为图”，是“溢于缣毫素绚之先”。是故，画家在事先就进行了周密的构思，邵宝进一步发现了这个秘密，其内心必定十分兴奋！遗憾的是，《清明上河图》卷后的邵宝跋文在明末被裁去，刘临渊[21]、戴立强[22] 先后在清代卞永誉《式古堂书画汇考》（吴兴蒋氏密均楼藏本）画卷十三“张择端清明上河图卷”著录文字后的空白之处发现了邵宝的这篇跋文。那么，在徽宗朝大好风光的背后，张择端是怎样以一个个连续不断的图像揭示出种种社会危机的？

一个没有名字的地方

首先，我们要看看《清明上河图》画的是什么地方。过去一直都说画的是汴京城的东南角、东水门一带，因为那个地方是汴河进入汴京城的进口处，那里非常热闹。后来经过我的仔细观察，发现画家画的并不是那个地方。我们先来看这个城门。城门都是有名称的，但我们把这个城门的牌匾放大了一看，它上面就写了一个“门”字，“门”的前面就点了几点，这说明画家有意要回避画具体的城门。

这会不会是偶然的呢？我们再看，画中有一个寺庙，这个寺庙有门钉，说明等级很高，应该是皇家寺庙。像这样的寺庙牌匾是要写上庙名的，但再仔细一看，上面也是就点了几点。还有画中的虹桥，像这样的桥在汴河上有 13 座，那么画家到底画的是哪一座呢？在桥身上没见到有名字。在宋代，人们会在桥的两头建个小牌坊，牌坊上面写上桥的名字，北宋瓷枕上的《陈桥兵变图》就是如此，但画中也没有。那么会不会是因为字太小，画家眼神不济，难以写清楚？可当我们看到画当中其他地方的大小招牌、广告，不论再小的字，

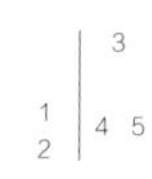

1 城楼上的大牌匾只清楚地写了一个“门”字

2 寺庙不写庙名

3 北宋瓷枕上的陈桥桥头有供写桥名的牌坊

4 画中各种广告牌上的小字

5 精致的竹编挑子

画家都写得一清二楚，看来不是眼神问题，而是画家的构思问题：他压根就不想画一个具体的地方。要是画得很具体，就会把自己局限住了，比如画了某个具体的城门，进了该城门第一家应该是个饭馆，就要画出来，否则人家会说画得不像。他把城门名字去掉，别人就不好挑剔了。

难道他仅仅是为了防止别人挑剔吗？我看未必。画家画出了许多在开封城各个角落里发生的事情，把它们概括集中在画面上。很显然，画家不画具体的某个地方，是为了能够概括提炼出在开封城各个地方发生的一些事情，然后给它们集中到一起来，让大家在这个有限的尺幅里，一下子就看个明白，看个清楚，还要看个心惊肉跳。打开卷首，你就会大吃一惊。

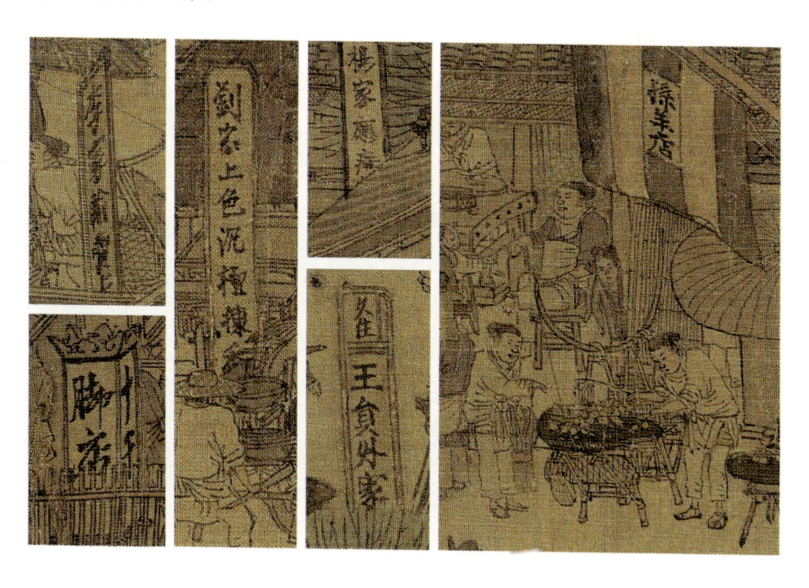

“细思恐极”的画面情节

卷首，有一队人马踏青归来，官人骑马、官太太坐轿，轿顶插花，好不惬意，其中有人挑着两只打来的山鸡，这在当时可是犯了禁律的。北宋初期就有圣旨，每年的二月至九月是不准打猎的，其间正是动物产卵和哺乳的时期。往前就是城乡接合部的集市，沿街有茶馆饭铺，这支无所畏惧的官人队伍终于惊慌了，他们的一匹马受了惊，正要冲到集市里去，那可是要出人命的！当时气氛很紧张，一个老头赶紧招呼他的小孙子回屋，另一个老头吓得落荒而逃。受惊的马奔跑、嘶叫声惊醒了在小茶馆里喝茶的老百姓，他们纷纷寻声外望，有只驴子也受了惊吓，蹦跳了起来。下面的场景会发生些什么，就可想而知了。

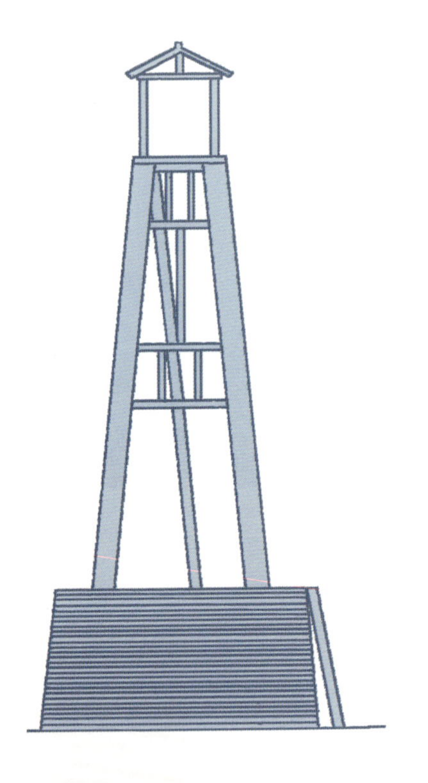

孟元老《东京梦华录》卷三记载道：京师于高处砖砌望火楼，楼上有人卓望，下有官屋数间，还有驻屯军守在里面，一旦发现火情，马上实行扑救。开封有 120 坊，每一个坊都设有一个望火楼观察火情，刘涤宇先生根据北宋李诫的《营造法式》，

成功地复原了北宋开封望火楼的营造图纸。整个《清明上河图》所展示的街道绵延十里，没有一座与此相同的望火楼，唯一看到的是一个砖砌高台，从高台的基础和下面的“官屋数间”来看，砖台上原本立了四个高高的柱子，顶部是一个高台，它原本是一个望火楼，或者是与军事瞭望有关的高台建筑。眼下四根木柱被截去大半，支撑的却是凉亭，上有石桌石凳，成为供人休憩的雅静之地，其下的两排营房变成了饭铺。城里的军巡铺（消防站），在节日里也被改成“军酒转运站”了。

再往前走，我们看到一个官衙模样的建筑，在门口横七竖八地躺着七八个士兵。他们身边有两个文件箱，最近吉林大学一位博士生赵里萌发现还有两个捕头手持轻型枷锁。看起来这是两班人马，一班是去送文件，一班是去捕人，结果都躺在这里睡大觉，发愣。院子里面有一匹白马，喂得饱饱的，也躺在地上，很可能他们的长官还在屋里睡着呢。从这里可以看出北宋冗官、冗兵、冗费的恶劣现状，士兵都处在极其懒惰、消极的状态。

1 望火楼原型（转引自刘涤宇《北宋东京望火楼复原研究》）

2 眼下的望火楼被改成了凉亭

3 官衙门口的瞌睡兵

再往前走，汴河上停泊着许多很大的运粮漕船。过去都说，大量的粮船到了汴京，表现了当时汴京城的繁荣。其实，在这个繁荣背后恰恰隐藏着深刻的危机。这些粮船都是私家的粮船，不是官粮。其实在北宋太宗朝的时候就立下了规矩，在本朝的京畿要地，粮食必须由朝廷所掌控，私粮不得入内。所以在过去，私家粮贩只能在京城外远远地兜售少量的、只能是作为补充用的粮食，无法进入到汴京城里面占领市场。这里却有大量的粮船涌入，粮贩在吆三喝四地指挥着卸粮的民工，把粮食运到街道里面的私家粮仓里，准备囤积居奇。到后来，没过七八年，汴京城的粮食就涨了四倍。

有人会问，你怎么知道这是私粮呢？因为官粮必须要有官员在场、士兵持械护卫。在这个粮船的前后，没有一个官员或军人看守。我们在其他画面上都可以看到，哪怕是在一个盘车的磨坊里都有官员值守，在运输官粮的时候，都有军人在后面押送。

我们继续往前走，走到这幅画的高潮处，也就是拱桥这个地方。这是画中矛盾交锋的高潮，充分表现了画家对事物的观察力、表现力

1 私家漕粮纷纷运抵京师

2 船桥即将相撞的刹那间

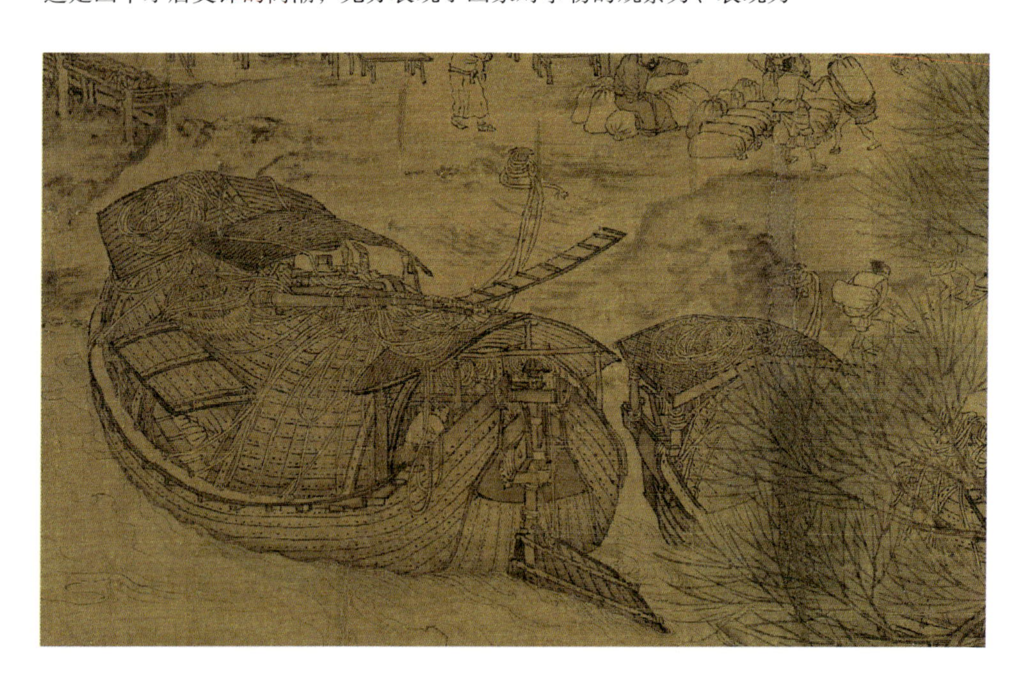

和概括力。画家在这里揭露了一个重要问题，就是当时的官员不作为、不恪尽职守。这一条大客船满载着客人，突然发生了很危急的情况，大船的桅杆要撞上桥梆了。怎么会发生这样的险情呢？按常理，官员应该组织民众实施社会服务，在距离虹桥一定距离的时候，安排人员值守，提醒纤夫停止拉纤、放下桅杆，以免桅杆撞上桥梆。但这些岗职都没有了，所以埋头拉纤的纤夫一直把船拉到桥跟前还不知道，还是桥上的人发现了这个险情，赶紧叫停船，等船上的人发现，已经是十分危急了，他们赶紧七手八脚地放下桅杆，有一个船夫非常机警，他拿起一个长篙，死死顶住桥梆，让船暂时过不去，让船工有足够的时间把桅杆放下来。其他篙夫在不停地调整船头的方向，让它侧过身来，达到减速的目的。这个时候，船上、桥上和周边的老百姓，都在为这条船的命运捏着一把汗，要知道，北宋的一条大客船可载客两三百人，这要造成了事故实是难以想象，从画面上看，船和桥似乎要转危为安了。

一波未平一波又起，桥上更是险象环生，桥上拥挤的人群，完全

是因为两边的占道经营造成的，自然把桥面的宽度压缩了许多，桥的两头分别过来一文官、一武将，他们的马弁护卫在彼此争吵，互不相让，乱成一团。画家把当时各种矛盾交织在桥上和桥下，表现了北宋后期官员不作为所造成的非常尖锐的社会矛盾。

国门洞开。当我们松了口气儿，再往城里走的时候，又会让你惊叹不已。按理说城门内的第一个建筑应该是城防机关，这里必须有军人值守，但城门口没有一个士兵在看守，骆驼队大都是域外来做生意的商人，他们长驱直入、扬长而去，无人盘查，整个开封城等于一个不设防的城市。再看这个城墙，是用泥土夯出来的，但上面已经疏松了，长了很粗的杂树，由于年久失修，城墙塌陷严重。

1 桥上互不相让的官员

2 毫不设防的开封城门

3 城门口内的场务高税

4 官盐无市

高税收引发的争执。我们在明、清的《清明上河图》里都可以看到进城门的第一个建筑是城防机关。但在这里，进城的第一家却是场务，也就是税务所。北宋政府在这个时候放弃了国家防卫，而致力于获取更多的税收。画家特别在这里画出了一场为纺织品税收问题的争吵。纺织品的税收在宋代是最高的，最容易激起矛盾。凡是画家，都会有感触，尤其是画墨笔写意的文人画家，最能体会绢价之高，如文同曾赋诗《织妇怨》，鞭挞了苛严失态的税务官。在画中，我们看到物主在跟税务官争执：税务官指着大麻包说出了一个数，一个货主听了不禁张大了嘴，一副惊恐的模样，另一个物主赶紧拿着单子在辩解，肯定是收税的数目太高了，使他们无法承担。北宋爆发了许多次中、小农民起义，主要都是因税收过高而引起的。

前面，我们看到一个卖盐的盐铺，卖盐的人正在把盐块分堆，挨个称重，但是没有一个顾客。北宋由于官盐税高，稽查私盐无力，最后造成官盐无市。

张择端的黑色幽默

再往前走，就越来越繁华了。最热闹的“孙记正店”是一家政府授权可以酿造美酒的酒店，在它的旁边有一个小铺，地上放着很多大木桶，这是个什么地方？曾有学者指出这里是军巡铺，相当于我们现在的消防站。没错，不过现在它已经没有军巡铺的功能了，这些桶本来储存的是消防用水，一旦传来火警，这里的消防官兵就会带上这些水桶和其他灭火工具去实施扑救。但眼下这里变成了军酒转运站，运送的就是这家“孙记正店”酿造的美酒，原先用来装消防用水的大木桶正好用来装酒。画中还画了一种消防工具叫麻搭，就是一根竹竿前面绑一个圆圈，据《东京梦华录》卷三“防火”载，麻搭的圆圈上必须缠绕着两斤麻绳，消防兵拿它蘸上泥浆去灭火，在火灾初期它还是有一定的压制能力的。然而眼前的麻搭上没有按要求捆上麻绳，而是闲置一边。显然，这个消防站已经失去了它原有的功能。

铺里有几个士兵在拉弓，整个《清明上河图》里面出现的士兵，只有这三个人是最精神的，因为他们要把这些酒运到军营里，走之前他们要检查随身携带的武器，如果遇到类似梁山好汉那样的人打劫的话，他们要能拉得开弓。所以在走之前，他们按惯例拉拉弓，紧紧护

1 | 2 3

1 消防站被改作军酒转运站

2 急速赶来运酒的军车

3 着便装的官人骑着官马逛街

腕，系系腰带。在他们不远处有两辆四拉马车，正风驰电掣地急转过来，由于速度过快，惊吓了路人，都是因为馋酒闹的。为了喝酒，这些禁军都显得非常卖力和尽责。画家用他狡黠的黑色幽默辛辣地讽刺了这些馋酒的禁军官兵们。

说起禁军，你在《清明上河图》里能看到一匹战马吗？宋代经历了从文武并治到以文治代替武治的历史过程，这个过程的具体体现就是国家最重要的战略工具——马匹从多到少、从强到弱。宋仁宗朝翰林学士承旨宋祁奏曰："今天下马军，大率十人无一二人有马。"[23]也就是说，宋军有百分之八十到九十的官兵没有马匹，他担心的不是马匹不够，而是嫌军马过多。景祐年间（1034—1038），他继续上奏曰"天下久平，马益少，臣请多用步兵"，提出他的兵学观念也是主张"损马益步"[24]，即减少骑兵增强步兵。连"先天下之忧而忧，后天下之乐而乐"的参知政事范仲淹竟然也否认军马在战争中的作用，提出取消马匹贸易："沿边市马，岁几百万缗，罢之则绝边人，行之则困中国，然自古骑兵未必为利。"[25]因而在张择端笔下绘有五十多头牲口中竟然没有一匹像样的战马，仅有的几匹马，不是官家的坐骑，就是用来拉车运酒，再看看来自域外的驼队长驱直入汴京城，匹匹精壮，这就不足为怪了。

北宋社会的“侵街”痼疾日益严重。街道两侧屋檐大量加建雨搭，或从平房伸展出来的遮阳棚等辅助性建筑，在其下开设买卖，或临街摆摊设担，房主经过数次“得寸进尺”，构成了北宋几朝都无法解决的“侵街”痼疾，造成交通拥挤、消防通道堵塞的恶果，且愈演愈烈。商铺甚至云集到拱桥上，堵塞桥面通行，造成险象环生的局面。城门口亦拥堵不堪，无人管理，以至于当街举行祭拜“路神”的仪式。出于商业运输的需要，北宋的车辆运力加大，车体加宽，行进在大街上极易磕碰，原来后周时期修建的城门很难实行大车双向通行。画家在卷尾揭示了侵街的根源：设有门屋的品官之家开设了一家旅店[26]，挂起“久住王员外家”等招牌，门外搭建的凉棚层层向街中心递进，还有遮阳伞、广告牌向道路中延伸，这里面深藏着朝廷大员们的私利，迫使朝廷默许。

1 百姓在桥上占道经营

2 官员的建筑不断占据街道

3 百姓相遇，招呼频频

极大的贫富差距

北宋有摆不正的天平——贫富巨差。画中有810多个人，每一个人都有自己的身份、职业，甚至表现出他们的苦乐不均。据程民生先生《宋代物价研究》的爬梳，可知北宋劳动力的价格是每人每天10文至300文不等，崇宁年间一个抄书匠的收入是每天约合116文，在码头扛一天大包也就300文钱左右。北宋财政吃紧时，实行卖官制，庆历年间乌纱帽的价格是九品官主簿、县尉值6000贯，八品殿直的价格是10000贯[27]。就北宋官员的收入而言：正一品官的月俸是120贯加150石米，每年外加20匹绫、1匹罗、50两绵；从九品官的月俸钱是8贯加5石米，每年外加绵12两。宋代官员的俸禄达到中国历史上的最高峰，是清代官员的2至6倍，清代赵翼讥讽宋代的官员是“恩逮于百官惟恐其不足，财取于万民者不留其有余”。[28]进一步造成了宋代贫富差距的极度分化。这一现象十分形象地出现在《清明上河图》卷繁华的商贸活动，在宋都里潜藏着一定的社会危机和诸多隐患。画家在游学京师期间，想必生活在社会底层，使他熟悉底层百姓各种不同的劳动生活。画家最关注的是船夫、车夫、纤夫、轿夫、马夫、挑夫、伙夫等苦力们艰辛的劳作场面，还有商业买卖中的普通人群，如酒保、摊贩、伙计、牙人等为生计而奔波劳累的情景，对他们都寄予了一定的同情。他们虽然生活得十分艰辛，但彼此相见时，均十分热情地打着招呼，这种朴素

乐观的情怀与在桥上争道的官宦们形成了鲜明的对比。画家从政治背景的角度捕捉不同身份人物活动的细节和心态，可谓成功之至。

画家从卷首就开始注重表现贫富对比，将困顿的出行者和欢快的踏青返城的贵族放在一起进行对比。饿汉与那些在酒楼里聚餐的雅士，纤夫与坐在车轿里的富翁和骑马的官宦人家形成了鲜明的对比，还有那高贵的香料店、高档医铺等，喝酒喝出病的富人与饥渴难耐的穷人更是形成了强烈的反差。

画家较多地描绘了破产农民到汴京谋生的细腻情景。在这青黄不接的日子里，饥民们进城寻找打短工的机会，成为城市流民，他们单挑着一个行李卷，徒手游走在大街小巷里，或挑着空筐准备进城帮富家挑东西，他们没有什么购买力，唯有出卖劳动力。如卷首，一个坐在小铺里吃饭的汉子就是这样的行头，看来他们是有活干了，这家小铺门口站立着一个找不到活的流民，他是准备帮人家挑东西挣点钱的，可到晌午了，还没挣到一文钱，两个担子空空的，在茶水铺门口，他光着膀子全身上下都摸遍了，也摸不出一个铜板来喝碗茶，当时的茶水也就一个铜板一碗，也就是说，他连一个铜板都掏不出来。卷中有一个挑夫，找到了挑

1 纤夫之苦

2 破产农民进城找活

3 饿瘫的挑夫挑的是两篮美食

4 这个送外卖的小哥已是熟练工种了

5 乞讨的流浪儿童

6 修车的木工

食盒的活，但筋疲力尽的他坐在树下歇息，也不敢动一下主人的美食。

北宋开封城百姓的用餐习惯起先是一日两餐，由于商业运转的时间加长和社会物质不断丰富，在真宗朝以后，逐渐改为一日三餐，午餐这一顿对于开封人来说正是在最忙的时候的享受。画中可以看到一种新的职业出现了，就是送外卖的。说明当时商业运作的节奏加快了，一些商人在中午都不愿意离开他的铺子，要等人送饭来。有一个“送外卖”的伙计，他能一手拿两个碗，奔跑而去。有的叫外卖的比较讲究，要吃热乎的，送外卖时还得搭上一个明炉，这个伙计还是个半大孩子，沉重的明炉将他瘦弱的身子倾向一侧。

船夫、纤夫、脚夫等出尽大力才能获取一点微薄的收入。在北宋，像他们一天下来的劳累所得，还买不到两斤羊肉。在城门口的桥上，还可以看到两个年幼的乞丐在缠着看春景的文人，要吃的、要钱。有一个文人模样的人拿出一个铜板，远远地递给了他，嫌他脏，也难得这个文人有这番同情心。那么一个铜板能买什么呢？在当时只能买半个馍馍。画当中有木工修车，挑夫打水，特别是码头上的力夫、船上的摇橹工、船下的纤夫等艰辛的劳作，仅仅为了糊口就已筋疲力尽了。

再看看有钱的大佬。在城门里面我们看到有这么一个人，他是这里最富有的人，他正当街宰杀黄羊，他拿着祷文，请路神保佑他家的贵客能够平安到家。在当时，最贵的肉类就是黄羊肉。“孙记正店”楼上的三个窗户里都有人影在晃动，或对饮，或休闲，“十千脚店”里也是杯盘狼藉，在这些高档的店里，一定能喝到汴京最好、最贵的酒：八十文一角的羊羔酒和七十二文一角的银瓶酒，在这里大快朵颐一场，一个人至少要花掉半贯钱！

张择端最后“三问”

画家用整卷的篇幅，把林林总总的社会危机和痼疾展示了出来。到最后，就该有一个含义深刻的收笔了，他接连问了三个问题：问病、问命、问道。这非常符合张择端本人的身份，他就是一个普通的宫廷

1 富豪雇人杀黄羊祭路神送客

2 孙记正店里的享乐者们

3 十千脚店里的美食家

4 问医

5 问道

画家，不可能拿出什么治国的良方，但是他疑惑、困惑啊！他不明白怎么会是这样的呢？这个国家的事儿该有人管管了！

问病。在画作结尾的地方有这样一个情景：两个妇人带着孩子，到一个名为“赵太丞家”的医铺来求医，一定是这两个妇人的老公昨天对饮后大醉，在家里闹得狼狈不堪，铺里的老太太正在安慰她们，等老太医接诊。这家医铺治的是什么病呢？画家非常幽默地在大牌匾上写着“专治酒所伤真方集香丸”，还有专门治“五劳七伤”的，原来这个医铺是专门治喝酒喝伤的人，如胃病、五脏喝伤的等等。要注意，这个“赵太丞”，可是一位侍奉宋廷的太医，他有专门治醉酒的本事，说明他在宫里的时候，上上下下也都喝出病了，现在他退休出宫，看到街面上到处都在喝酒，军队的士兵也都在运酒，好像整个开封城都弥漫在酒气之中。有多位学者指出，最后总得有个收场，那就治治这个酒病。画家在这个地方表达了希望医治“酒病”的良好愿望。

问道。在医铺旁的官宅门口，一个乡下男子要进城省亲，手里拿

着点心匣子，可是他迷路了，不知道该怎么走，正在向官宅的守门人打探去路，守门人在指点他该怎么走。这里，画家也表达了他希望能够有一条救治国家的道路，表达了他内心的忧患。

问命。在医铺对面，画家画了一个算命铺，外面挂了一个“解”字招牌，四周围了一群算命的年轻人。这个时候开封城算命是最兴盛的，清明节过后的两个星期，就是每三年一次的进士考试。士子们在考前都要找算命先生去算一卦。难怪这里有一群穿戴差不多、模样年纪也相当的人，虔诚地围着一个算命的老者，算命的老者拿着扇子，扬着头，在挨个儿说着什么。画家在结尾处画了这个问命的场景，表达了他对未来社会的担忧，不知皇皇大宋之茫茫前程。

合起来，就是“三问”。《清明上河图》在结束时，画家像一个伟大的音乐家一样，谱下了最后一个休止符，他的忧患、他的期待、他的迷茫，尽在其中，这就是这幅长卷深含的真正秘密。这不是一幅简简单单的风俗画，是那个时代像张择端这样有儒家情怀的画家留给我们的精神财富和艺术范本。

问命

4 张择端作画的政治背景

有人提出疑问，张择端这么画徽宗朝的社会败象，是要被处置的，他敢吗？提问者是把中国古代最后一个封建王朝清朝与最开明的宋王朝混同了，恰恰在宋朝，张择端的画谏在某种程度上是受到保护的，明代李东阳还看到卷首有宋徽宗的五字题签，还加钤了徽宗的双龙小印。不过徽宗没有从中获得教益，只是肯定了画家的技艺，张择端在画中所揭示的各种社会弊病在北宋最后的岁月里愈演愈烈，最后被金军荡平。

谏言之风

说起宋徽宗对张择端的态度，不得不追溯到宋太宗。宋太祖以来采取文官治国的国策，制定了鼓励文人谏言的政治措施，特别是立下了“不得杀言事者”的法度，关注社会现实和朝廷政治是宋代画家较为普遍的创作趋向。北宋的谏言方式，越往后越激烈，参与者也越来越多，不仅有朝官上谏，而且还有杂剧家、画家等艺术家参与谏言，这就出现了从开始的书面谏言形式扩展到以文学艺术的形式进谏，即从“文谏”发展为“画谏”“艺谏”和“诗谏”等。随着北宋后期社会矛盾不断尖锐，文学艺术家更加大胆、直接地参与抨击时政，表达民怨，其中最大的艺术特性就是增强了幽默诙谐的艺术手段。

宋徽宗在1101年登基，那年是建中靖国元年。他登基后不久，就向全国发布一个诏令，说他年纪很轻，初为人君，在料理国政方面缺乏经验，有很多事情看不到也听不到，在执政当中会有许多问题出现，他希望各地臣民能对他的施政提出批评意见，说对了，他给予奖励，说错了，他不追究。这是他继承的北宋太祖赵匡胤建立的一个传统，要时不时地征求臣下对朝廷施政的意见。

艺谏的智慧

在这样的历史背景下，当时在演艺界、文学界，包括绘画界，都发出了大体一致的声音。崇宁（1102—1106）初年，徽宗在全国对老弱孤寡者实行救济措施，但管理极为不善。杂剧界出现了“艺谏”的形式，剧作家和演员们以上演杂剧的手段当面批评徽宗及其宠臣们的“德政”，在表现三教杂剧中就有充满黑色幽默的谏词：“死者人所不免，唯穷民无所归，则择空隙地为漏泽园，无以殓则与之棺，使得葬埋，春秋享祀，恩及泉壤，其于死也如此。”唱罢，总结道：“只是百姓一般受无量苦”，深刻、辛辣地讽刺了徽宗引以为“德政”的汴京安济坊等养老院的种种惨状，徽宗的恩泽只是以死者的骨肉润泽了坟地而已，徽宗听了“为恻然长思，弗以为罪”。[29] 再如街头上演的杂剧《当十钱》，演得很火，宋徽宗听说了，就把剧组请到宫里来演，看看有什么可笑的。这个剧组就到宫里来，如实地把这个戏演了一遍。戏的内容是讽刺蔡京造大钱的事情：一个卖豆浆的老者天一亮挑着豆浆担在街上卖豆浆，一个年轻的上班族急匆匆地赶来要喝一碗豆浆。老者给他盛了一碗，年轻人喝完了，掏出一枚大铜钱。大铜钱在当时的比价是 1:10，等于是普通铜钱的十倍。卖豆浆的老头说：“我刚开张，没法找你钱，这样吧，您再喝九碗。”年轻人想没得钱找，那就喝吧，一口气连喝了五碗，肚子快鼓爆了。他对卖豆浆的老头说，“我实在喝不下了，幸亏蔡相爷他造的是当十钱，如果他要造当百钱的话，我就非得再喝九十九碗了。”演到这里，宫里全场哄堂大笑。只有两个人没笑——我想你们能猜出来是哪两个人没笑了。宋徽宗瞪着眼看着蔡京：“瞧你干的这个事，怎么弄的？”蔡京赶紧谢罪，把大钱给撤了。

徽宗周围的文人，也屡屡写出具有讽刺意味的诗文，即“诗谏”。如太学生邓肃呈诗《花石纲诗十一章并序》，讽谏徽宗收罗花石纲建艮岳：“饱食官吏不深思，务求新巧日孳孳；不知均是圃中物，迁远而近盖其私。”[30]还有著作佐郎汪藻面对“教主道君皇帝”宋徽宗崇道求仙的行为，在《桃源行》里讽刺道：“祖龙门外神传璧，方士犹言仙可得。东行欲与羡门亲，咫尺蓬莱沧海隔。那知平地有青云，只属寻常避世人……何事区区汉天子，种桃辛苦望长年！”[31]

朝臣之谏与《清明上河图》的契合

值得注意的是，张择端所揭示的诸多社会弊病，在徽宗朝之前，一直是朝廷大臣屡屡上奏的主题。自宋真宗起，北宋政治开始偏离正常的发展轨道，宗教也从佛道并重渐渐蜕变为尊崇妖道，甚至以此作为拯国之术，北宋朝官在中后期的谏言主要来自两个方面，中期主要是围绕着当时的变法与反变法铺开的，晚期主要是集中于徽宗的靡费与失政展开的，如采运花石纲、重建延福宫、新建艮岳等，这些已经远远超出了社会负荷，北宋民众为社会创造出巨大的经济财富却被北宋中后期的冗官、冗兵和冗费消耗殆尽。

上奏修城墙。北宋中后期多次上奏修城墙，最恳切的一次是樊澥在宣和三年（1120）奏曰：“比年以来，内城颓缺弗备，行人躐其颠，流潦穿其下，屡阅岁时，未闻有修治之诏，则启闭虽严，岂能周于内外，得不为国轸忧？”[32]这段土墙在《清明上河图》卷中几乎快变成了土坡，全城看不到任何防卫系统和像样的军卒。直到北宋灭亡，也未能如愿。

上奏禁止侵街。汴京城的占道经营（侵街）现象，是一个严重的历史问题，早在咸平五年（1002），右侍禁阁门祗候谢德权奉诏先撤侵街的贵要、外戚舍第，他们不从，宋真宗诏令停止，但收效甚微。百姓占不了官街就占桥梁，构成更严重的社会问题。仁宗天圣三年（1025）正月，巡护惠民河田承说奏：“河桥上多是开铺贩鬻，妨碍会篙及人马车乘往来，兼损坏桥道，望令禁止，违者重寘其罪。”诏：“在京诸河桥上不得令百姓搭盖铺占栏，有妨车马过往。”[33] 景祐元年（1034），仁宗下诏在京师闹市街道立木桩为界，任何人不得逾越。然而法不责众，侵街者得陇望蜀，最后在景祐年间（1034—1038）以默认告终。侵街现象持续了整个北宋，且愈演愈烈，皇族、贵要、外戚侵街用地建房是为了开设高档店铺，其中的经济利益可想而知，使得朝廷无从下手。

上奏改建桥梁。船桥相撞一直是汴京百姓的心头大患，真宗朝兵部郎中杨侃曾曰：“三月南河之廛市，何飞梁之新迁，患横舟之触柱。”[34] 内殿承制魏化基建议采用飞虹式的拱桥：“汴水悍激，多因桥柱坏舟，遂献此桥木式，编木为之，钉贯其中。”“诏化基与八作司营造。”[35] 当时由于造价太高，天禧元年（1017）正月，“罢修汴河无脚桥”[36]。但为几十年后建造拱桥奠定了论证基础。画家在图中告知，由于社会管理上的问题，即便建起了无脚桥，也不能避免船桥相撞的事故，桥船的安全依然是个问题。

上奏储官粮。北宋一直有朝臣力谏储存官粮，将其视为关乎社稷兴亡之事。早在景祐二年（1035），御史中丞杜衍敏锐地发现“今豪民富家乘时贱收，拙业之人旋致罄竭。及穑事不兴，小有水旱，则稽货不出，须其翔踊以谋厚利，农民贵籴才充口腹，往复受弊，无复穷已”，于是作《上仁宗乞详定常平制度》[37]。官殿中侍御史里行的钱颉在熙宁元年（1068）的奏本《上神宗乞天下置社仓》：“国之所以为国者，以有民也；民之所以为民者，以有谷也。国无九年之储不谓之有备，家无三年之蓄必谓之不给。有国有家者未始不先于储蓄也。……以臣愚欲乞于天下州县，逐乡村各令依旧置社仓，……伏乞指挥下诸路转运祥酌施行。”[38] 时为殿中侍御史的上官均在元祐五年（1090）上书哲宗，要求在民居附近设立义仓，其理由是：“贼盗之多，常生于凶岁；凶岁不足，常生于无备。备灾恤患，常平、义仓之社最为良法。……臣欲乞兴复义仓之法，令于村镇有巡检廨舍处建立仓廪，以便敛散。”[39] 画中漕粮和储存掌握在“豪民富家”手里，而当下的朝廷却毫无作为。

上奏消防大患。火灾是开封最恐怖的事件，也是朝臣屡屡上奏的要事。王安石曾描述开封晚上的一次火灾的势头 :“青烟散入夜云流，赤焰侵寻上瓦沟。门户便疑能炙手，比邻何苦却焦头。”[40] 城里着火，皇帝都要登高查看。徽宗接到关于火患的奏本后，所采取最主要的消防举措竟然是建造火德真君殿，常常率众臣跪拜，禁止有辱火德真君的语言和行为，实际的消防措施，未见一二。

上奏减税。重税在北宋是一个既严重、又敏感的问题，亲民官员的内心对此是十分痛苦的，大臣们乘大灾之年斗胆进言，枢密副使包拯、工部侍郎胡则和苏轼等就敢于向皇帝进谏减免税赋。如衢州、婺州大灾，胡则要求仁宗免除百姓的身丁钱（即人头税），朝廷不得不接受。元祐八年（1093），苏轼向哲宗上《乞免五谷力胜税钱札子》，要求取消力胜钱:“法不税五谷，使丰熟之乡，商贾争籴，以起太贱之价；灾伤之地，舟车辐辏，以压太贵之直。自先王以来，未之有改也。而近岁法令始有五谷力胜税钱，使商贾不行，农末皆病。”至徽宗朝，税赋空前高涨，引起多处爆发中小规模的农民起义。

上述诸多问题，前朝没有解决的如侵街、重税、城防、消防等问题，累积到了徽宗朝则愈演愈烈，以往基本解决了的如船桥相撞、储备官粮等问题，则故态复萌。张择端作为宫廷画家，多少会知道一些往年以来朝臣上奏而未解决的问题，特别是徽宗朝廷议论的诸多社会问题。从图中呈现出的一系列社会问题与朝臣奏本的一致性来看，说明画家的社会关注点与朝臣是一致的，也是相当准确和深刻的。作为宫廷画家，不便卷入朝廷党争，张择端面对北宋末年社会出现的种种危机，作为一个自小受儒家入世思想熏陶的宫廷画家，会借奉敕作画之机以曲谏的手法显现出他对社会的担当精神。

北宋画谏成风

张择端的画谏并非孤例，宋代类似这种劝谏类的画作是比较丰富的。在北宋神宗朝出现了郑侠借用绘画艺术抗击王安石的变法活动[41]，首开“文谏”与“画谏”相结合之法。宋神宗任用王安石推行新法，引起守旧派的强烈不满。熙宁六年(1073)七月至次年三月，天大旱，颗粒无收，而推行新法的地方官，继续横征暴敛，使很多百姓倾家荡产，以草根、树皮充饥。属于旧党的安上门监守、光州司法参军郑侠差遣画工李荣作《流民图》，奏报给宋神宗，以此来证明王安石变法之弊，要求废止新法。神宗见到《流民图》中百姓的冻饿情景，心中震撼不已，不得不废除了一些新法。后来，新党吕惠卿、邓绾等人向神宗陈述实情，神宗继续变法，郑侠被贬至英州。又如画家汤子升作《铸鉴图》，《宣和画谱》深感此图的画外寓意——“至理所寓，妙与造化相参，非徒为丹青而已者”[42]。又如哲宗朝(一作英宗朝)驸马都尉张敦礼，他的《陈元达锁谏图》被汤垕称为“其忠义之气突出缣素”[43]，成为被宋代画家们反复表现的忠臣题材。元代汤垕就劝诫类的绘画发出切身感受：“画之为艺虽小，至于使人鉴恶劝善，耸人观听，为补岂可侪于众工哉！”[44]张敦礼还曾作《阮孚腊屐图》[45]等，均被元代汤垕记录在《画鉴》里。[46]当时画劝诫类的题材相当多，以至于有人能将其汇集起来，据南宋邓椿《画继》卷四载：开封有个叫靳东发（字茂远）的人物画家，他汇集了古代到当时以谏诤为题材的人物画有百事、百幅之多，组合成了《百谏图》。张择端积极入世、关注朝政、心系民生的思想，在政治上遇到了徽宗朝初期的纳谏诏令，在艺术上，得之于前人在界画和风俗画的层层铺垫，最终成就了他的不朽之作。

注解

1 《宋史》卷一二二《礼志》，第2851页。

2 （北宋）刘道醇：《圣朝名画评》卷三“屋木门第六”，《画品丛书》，上海人民美术出版社，1982年，第147页。

3 （北宋）刘道醇：《圣朝名画评》卷三“人物门第一”，第129页。

4 （北宋）《宣和画谱》卷八，《画史丛书》（二），人民美术出版社，1986年，第84页。

5 （北宋）郭若虚：《图画见闻志》卷三，《画史丛书》（二），人民美术出版社，1986年，第36页。

6 （北宋）苏轼：《东坡全集》卷九四“郭忠恕画赞并叙”，《景印文渊阁四库全书》第1108册，台北商务印书馆，1983年，第517页。

7 （北宋）《图画见闻志》卷一“叙制作楷模”，第6页。

8 （北宋）《图画见闻志》卷一“叙制作楷模”，第6页。

9 （北宋）陈师道：《后山丛谈》卷五，中华书局，2007年，第65页。

10 （南宋）孟元老：《东京梦华录》卷五“京瓦伎艺”，山东友谊出版社，2001年，第48页。

11 （南宋）孟元老：《东京梦华录》卷五“京瓦伎艺”，山东友谊出版社，2001年，第48页。

12 席龙飞：《中国造船史》，湖北教育出版社，2000年，第145—146页。

13 关于签筹问题，笔者曾请教香港艺术博物馆馆长司徒元杰先生，他告知笔者，说在他年少时，看到香港码头也向力夫发放这种用于计酬的竹签。

14 （唐）刘悚：《隋唐嘉话》（中），中华书局，1979年，第19页。

15 （北宋）孟元老：《东京梦华录》卷五“民俗”，第47页。

16 （南宋）吴自牧：《梦粱录》卷一八“民俗”，浙江人民出版社，1980年，第161页。

17 在当时被称为“背搭”，靖康之难时，汴京人大量南迁至临安（今杭州），背搭之词至今还保留在杭州话里。

18 王世舜：《尚书译注·无逸篇》，四川人民出版社，1982年，第213页。

19 《全唐文》卷六九五，中华书局，1983年，第7131页。

20 （南宋）李焘：《续资治通鉴长编》卷一一〇，中华书局，1985年，第2564页。

21 刘渊临：《〈清明上河图〉之综合研究》，《〈清明上河图〉研究文献汇编》，万卷出版公司，2007年，第233—234页。

22 戴立强：《今本〈清明上河图〉残本说》，《〈清明上河图〉研究文献汇编》，第113页。

23 （明）杨士奇、黄维等编纂：《历代名臣奏议》（三）卷二四二，上海古籍出版社，1989年，第3180页。

24 《宋史》卷二八四，第9597页。

25 (宋)杨仲良:《皇宋通鉴长编纪事本末》卷四四"马政",黑龙江人民出版社,2006年。

26 据(清)徐松辑:《宋会要辑稿·舆服》第四四册,中华书局,1957年,第1796页,记载:"非品官,毋得起门屋……"

27 程民生:《宋代物价研究》,人民出版社,2008年,第347、352、356、421页。

28 (清)赵翼撰、王树民校证:《廿二史劄记校证》卷二五"宋制禄之厚",中华书局,1984年,第534页。

29 (南宋)洪迈:《夷坚志》支志乙卷第四"优伶箴戏",中华书局,1981年,第823页。

30 (北宋)邓肃:《栟榈文集》卷一,《景印文渊阁四库全书》第1133册,第262页。

31 (清)厉鹗:《宋诗纪事》卷三六,《景印文渊阁四库全书》第1484册,第702页。

32 (清)徐松辑:《宋会要辑稿·方域》第一八七册,第7328页。

33 (清)徐松辑:《宋会要辑稿·方域》第一九二册,第7540页。

34 (北宋)杨侃:《皇畿赋》,刊于吕祖谦编《宋文鉴》卷二,前揭《景印文渊阁四库全书》第1350册,第20页。

35 (清)徐松辑:《宋会要辑稿·方域》第一九二册,第7540页。

36 (清)徐松辑:《宋会要辑稿·方域》第一九二册,第7540页。

37 (南宋)赵汝愚:《宋朝诸臣奏议》卷一七〇,《上仁宗乞详定常平制度》,上海古籍出版社,1999年,第1153页。

38 (南宋)赵汝愚:《宋朝诸臣奏议》卷一七〇,《上神宗乞天下置社仓》,第1155页。

39 (南宋)赵汝愚:《宋朝诸臣奏议》卷一七〇,《上哲宗乞复义仓》,第1159—1160页。

40 (北宋)王安石:《临川集》卷二七,《景印文渊阁四库全书》第1105册,第195页。

41 有关郑侠呈《流民图》的研究,参见(美)曹星原:《同舟共济——〈清明上河图〉与北宋社会的冲突妥协》,台北石头出版股份有限公司,2011年,第160—170页。

42 (北宋)《宣和画谱》卷七,第74页。

43 (元)汤垕:《画鉴》,刊于《元代书画论》,湖南美术出版社,2002年,第379页。"陈元达锁谏"典出《晋书·刘聪》:刘聪欲建豪华宫殿,廷尉陈元达谏阻,刘聪欲斩杀陈元达,陈元达把自己锁在树旁将谏言说完,禁军无法驱赶,刘聪听罢从谏。

44 (元)汤垕:《画鉴》,第379页。

45 "阮孚腊屐"典出《世说新语·雅量》:东晋安东将军阮孚(约278—约326)和祖约都喜欢木屐,祖约是将此作为收藏财富而忙碌,怕被人见。阮孚则将木屐与人生相联系,有客临门,他神闲气定,在给木屐上腊,自曰:"未知一生当着几两屐!"两人的境界大为不同。

46 (元)汤垕:《画鉴》,第379页。

推荐阅读

◎ 郭若虚 :《图画见闻志》，人民美术出版社，2016 年

◎ 俞剑华点校 :《宣和画谱》，人民美术出版社，2017 年

◎ 邓椿 :《画继》，人民美术出版社，2016 年

◎ 薄松年 :《中国绘画史》，上海人民美术出版社，2013 年

◎ 余辉 :《隐忧与曲读》，北京大学出版社，2015 年

后　记

宋代被认为是中国历史的转型时期，一方面它重整残唐五代乱局，使中华大一统的主体文脉得以延续；另一方面，与汉魏晋唐相比，宋代又在诸多领域独具开创性，其“国家之制、民间之俗、官司之所持、儒者之所守”，均较之前发生了明显转换，且深远影响到元明清乃至近代中国文化的基本面貌，在中国文化史上处于承上启下、继往开来的重要地位。钱穆指出：“论中国古今社会之变，最要在宋代。宋以前，大体可称为古代中国；宋以后，乃为后代中国。就宋代而言之，政治经济、社会人生，较之前代莫不有变”。更有谢和耐、宫崎市定等国外学者把公元1000年左右的宋代比作中国的文艺复兴。

尽管饱受周边政权挤压，军事上“积贫积弱”，但宋朝被认为是中国历史上最具有人文精神、最有教养、最有思想的朝代之一。两宋之际文化昌明、思想活跃，在士人政治与人文艺术诸领域都极富特色，达到了后人难以企及的高度，陈寅恪先生称，“华夏民族之文化，历数千载之演进，造极于赵宋之世”。脱胎于宋代儒家思想的社会准则、价值观念、审美理想，深深渗透在中国社会的肌体之中，至今仍在民族的血脉中流淌。究其大者，主要在于经过社会秩序的剧烈变动与佛老思想的冲击，摆脱了出身门第束缚的宋代士人，集体展现出“文以载道”“先天下之忧而忧，后天下之乐而乐”的气魄与人格，重新划定了个人与天地自然、家国人伦的关系，为儒家理想的生活方式找到了道理和依据。他们看重内在自我人格的实现，又兼具书法、绘画、诗词等多方面修养，呈现出文雅、洒脱、有趣的人生。其“士气”通过抚琴、调香、赏花、观画、饮酒、烹茶等活动化入民俗，贡献了一系列雅致的生活范式，风尚所及，上至皇家宫廷，下至巷陌百姓，成为后世追慕的审美典范。与宋代美学相关的话题常常借由艺术家、设计师的再创造重回现代人的视野，这不仅是对古人的致敬，也是一种文化上的溯源和灵感上的启发。我们中国人为什么是今天这个样子？我们为之自豪的民族文化为什么是今天这个样子，都可以回到宋朝去寻找答案。

为了满足大家在新场景下的求知需求，《三联生活周刊》这个老牌杂志旗下的新媒体品牌——“中读”APP，邀请邓小南、杨立华、王连起、朱青生、康震、廖宝秀、扬之水、郑培凯、叶放、余辉十位重量级专家学者，以文化和审美为经纬，分别从国势、理学、书法、宋画、宋词、宋瓷、名物、茶事、雅集等十个侧面，编织宋代文人的生活美学指南，立体呈现宋人丰富的精神世界，以及千年不坠的伟大艺术传统。这是“中读”自主开发的第一门精品课，它延续了2017—2018年《三联生活周刊》两期封面专题《我们为什么爱宋朝》《宋朝那些人》的生活美学定位，由周刊常务副主编李菁提出选题创意，主编助理主笔贾冬婷完成前期的框架策划；我与编辑杨菲菲分头邀请主讲人，并在负责音频制作的编辑汤伟的配合之下，完成了整个课程的编排、采录，以及音频与文案的后期制作，编辑李南希以实习生身份参与这个项目之后，正式加入内容团队；设计、运营和市场团队也分别从各自的专业角度为课程提供了诸多建设性意见，并执行了相应的工作。这是我们团队的成果，是合作的结晶。

“宋朝美学十讲”作为“中读”上线最早、订阅人数最多的一门精品课，转化为图书，却时隔数年，主要还是在于摸索编辑思路和打磨成书面貌上。经过与周刊图书编辑段珩以及三联书店本部图书编辑的多次交流碰撞，我们达成一致意见，那就是把课程内容发展成为一本经得起推敲和阅读的书。在我们看来，这不是音频课程快餐化的副产品，而是正如“中读”品牌所界定的，旨在向大众提供一种介于流行普及阅读和专业学术阅读之间的中层读物，真正做到把新媒体高效便捷的创新能力和传统出版深入扎实的优势相叠加，为读者提供升级迭代的知识内容。因此，除去音频课程的主线，三联学术分社的编辑费了很多功夫为正文补充资料，通过辅文系统和辅图系统把各讲零散的文稿穿插组织起来，并选配大量精美高清图片，呈现出宋代文物应有的质地和细节。对于深度内容生产来说，不同产品形态的开发实际上促进了整个原创内容的生产。

最后，要特别感谢十位参与我们项目的主讲老师，没有他们，就不会有我们今天对于宋代文明的再认知。

俞力莎

“中读”内容总监

图书在版编目（CIP）数据

宋：风雅美学的十个侧面 / 邓小南等著. —北京：生活 · 读书 · 新知三联书店，2021.1 （2025.4 重印）
（三联生活周刊 · 中读文丛）
ISBN 978－7－108－06971－9

Ⅰ. ①宋… Ⅱ. ①邓… Ⅲ. ①美学史－中国－宋代－通俗读物 Ⅳ. ①B83-092

中国版本图书馆 CIP 数据核字（2020）第 196060 号

责任编辑 杨 乐
装帧设计 蔡 煜
责任印制 卢 岳
出版发行 生活 · 讀書 · 新知 三联书店
（北京市东城区美术馆东街 22 号 100010）
网 址 www.sdxjpc.com
经 销 新华书店
印 刷 天津裕同印刷有限公司
版 次 2021 年 1 月北京第 1 版
2025 年 4 月北京第 7 次印刷
开 本 720 毫米 × 1020 毫米 1/16 印张 21
字 数 260 千字 图 258 幅
印 数 42, 301－45,300 册
定 价 88.00 元
（印装查询：01064002715；邮购查询：01084010542）